2판

실무 유체기계

FLUID MACHINERY

2판

실무 유체기계

김영득 · 김성도 지음

교문사

그 동안 첨단산업과 생활수준 향상에 따른 산업의 발달로 플랜트 및 건축 기계설비, 발전설비, 냉동ㆍ공조, 제조업 등 많은 분야에서 중요한 역할을 맡아 온 유체기계는 오늘날 4차 산업혁명과 2050 탄소 중립이라는 큰 흐름을 맞이하면서 ICT와 고효율기기 및 에너지 관리 등 많은 관련 지식을 요구하고 있습니다.

이번 2판 실무 유체기계는 1판 실무 유체기계와 마찬가지로, 유체기계를 크게 수력기계, 공기기계, 그리고 유ㆍ공압기계로 나눌 수 있는데 유ㆍ공압기계는 별도 교재가 있어, 여기에서는 수력기계 및 공기기계에 관한 내용을 주로 다루었습니다. 그리고 수력기계에서는 펌프와 수차로 나누고, 펌프에서는 주로 원심 펌프, 축류 펌프 및 특수 펌프에 관한 내용을, 수차에서는 발전(發電)의 중요성을 고려하여 관련 내용을 언급하였습니다. 공기기계에서는 주로 팬, 송풍기와 함께 압축기, 그리고 진공펌프와 펌프, 송풍기는 물론 풍력 발전기 등을 감안하여 프로펠러에 관한 내용을 실었습니다. 즉, 교재 전체를 4편으로, 편 아래에 장과 절로 구성하였는데 제1편에는 유체기계 관련 기본 이론을, 제2편에는 수력기계를, 제3편에는 공기기계를 그리고 제4편에는 유체 전동장치를 그리고 부록에는 교재 내용에 필요한 자료들을 실었습니다. 그리고 각 절에는 예제 문제를 실어 내용 이해에 중점을 두었으며, 각 장이나 편에는 연습문제를 두어 역시 내용 정리 및 이해에 도움이 되도록 하였습니다. 아울러, 단위를 SI단위 위주로 사용하였습니다.

대학 및 전문대학의 교재로 사용할 수 있도록 유체역학적 기본 이론을 토대로 유체기계를 이해하고, 설계하며, 그리고 용량 및 종류들을 선정할 수 있는 능력에 필요한 이론과 실무 적응 및 활용에 부합하는 내용을 기술하였으며, 산업체 현장에 근무하는 기술자에게도 원활한 업무 수행을 위해 필요한 내용을 반영하였습니다.

끝으로, 많은 관련 자료들을 참고하여 실무 중심으로 만들었기에 공학을 하는 학생들이나 현장 기술자 여러분들에게 도움이 되리라 믿으며, 동시에 관련 분야 산업체에 근무하는 여러분들의 많은 조언을 받아 지속적으로 교재 내용을 수정·보완할 것을 약속드립니다. 아울러, 이번 2판 교재 출간에 많은 도움을 주신 교문사 대표님과 직원 여러분들에게 감사를 전합니다.

2021년 8월
저자 일동

PART 01
유체기계

PART 02
수력기계

PART 04
유체 전동장치

부 록

PART 01

유체기계

Chapter 1 개요

개 요

1.1 유체기계란?

유체기계(流體機械, fluid machinery)란 물이나 공기와 같이 점성과 압축성을 가지는 유체를 동작물질(動作物質)로 하여 유체가 가지고 있는 에너지를 기계 에너지로 변환시키든지 또는 기계 에너지를 유체 에너지, 즉 압력 에너지나 속도 에너지로 변환시키는 장치를 말한다.

여기서, 기계 에너지를 유체 에너지로 변환시키는 장치로는 펌프(pump), 팬(fan) 및 송풍기(送風機, blower), 압축기(壓縮機, compressor) 등이 있으며, 이들의 에너지 변환은 모두 회전차(回轉車, impeller)의 동역학적 작용에 의하여 이루어진다. 그리고 유체 에너지를 기계 에너지로 변환시키는 장치로는 수차(水車, turbine), 풍차(風車), 공기 드릴(air drill), 공기 브레이커(air breaker) 등이 있다. 또한 유체 에너지를 기계 에너지로, 다시 기계 에너지를 유체 에너지로 변환시키는 장치로는 유체 전동장치(傳動裝置)가 있다.

그 외에 유체에 열을 가하여 열 에너지를 기계 에너지로 변환시키는 장치인 증기 터빈(steam turbine)이나 가스 터빈(gas turbine)도 일종의 유체기계이나 이에 관한 내용은 증기 원동기나 내연기관에서 취급하므로 여기서는 다루지 않는다.

표 1.1 유체기계의 분류

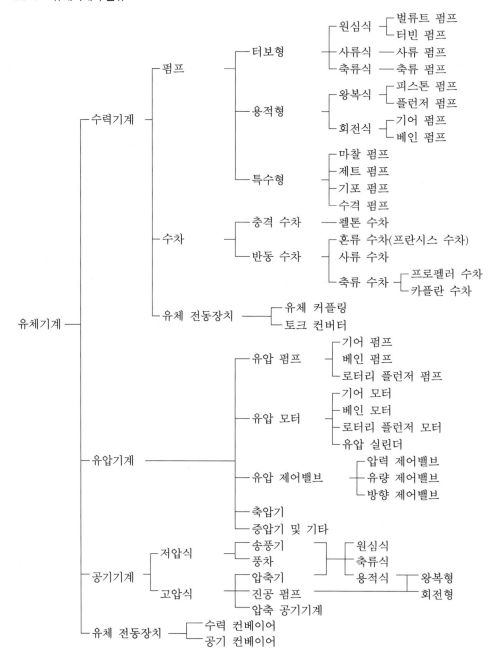

유체기계는 취급하는 유체의 종류에 따라서 즉, 물로부터 에너지를 받거나 물에 에너지를 공급하는 장치인 수력기계(水力機械), 공기로부터 에너지를 받거나 공기에 에너지를 공급하는 장치인 공기기계(空氣機械) 그리고 압축된 기름이나 공기로부터 에너지를 얻는 장치인 유·공압기계(油·空壓機械)로 분류된다. 그리고 작동원리에 따라서 터보 기계(turbo machinery), 용적식 기계(positive displacement machinery), 그리고 특수 유체기계(miscellaneous fluid machinery) 등으로 나누어진다.

수력기계에서는 일반적으로 물을 비압축성 유체로 간주하고, 공기기계에서는 풍차, 팬 및 송풍기 등에서의 공기를 역시 비압축성으로 취급할 수 있으나, 압축기와 진공 펌프 등에서는 공기를 압축성 유체로 취급하지 않으면 설명할 수 없다.

이 외에 유체기계를 응용한 것들이 많이 있으며 유체기계를 분류하면 앞의 표 1.1과 같다.

1.3 발달사

인류의 문명은 물과 함께 시작되었다고 봐도 무방하다. 이집트에서는 기원전 1500년 경에 이미 타래박이 사용되었으며, 그 후 아르키메데스(Archimedes, 고대 그리스 수학자이자 물리학자, 287~212? B.C.)의 나사 펌프(그림 1.1 참조)가 이용되었고, 최근까지도 네덜란드에서는 풍차를 이용한 양수기로 낮은 지대의 물을 퍼 올리는 데 사용되고 있었다. 16세기에 와서는 라멜리(Ramelli)에 의한 로터리 펌프(그림 1.2 참조)가 발명되었고, 세르비에르(Grolier De Serviere, 프, 1479~1565)에 의해 기어 펌프도 개발되었다.

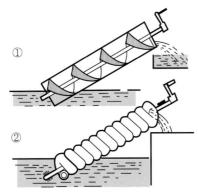

그림 1.1 나사 펌프

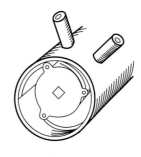

그림 1.2 로터리 펌프

17세기에는 관개용수, 도시 급수 그리고 광산 배수 등에서의 요구에 의해 펌프는 많은 변화를 하였고, 18세기에는 증기기관과 결합되어 왕복형 펌프가 나왔으며, 오일러 (Leonhard Euler, 스, 수학자 물리학자, 1707~1783)에 의하여 체계화된 원심 펌프의 이론을 기반으로 펌프로서 실용화된 것은 19세기에 이르러서였다. 이때 와류실, 안내깃 그리고 다단 펌프 등도 완성되었다. 그리고 19세기 말부터 본격적으로 전력을 이용한 원심 펌프가 만들어졌고, 특수형 펌프들도 이 무렵부터 개발되기 시작하여 실용화되었다.

수차는 물의 에너지를 기계 에너지로 바꿔주는 장치로, 최초에 생긴 것이 물레방아이다. 4세기 말에서 5세기 초에는 이를 제분(製粉)에 이용하였고, 그 후 분쇄, 제재(製材), 금속의 연삭(研削), 및 단조(鍛造) 공업 등에 응용된 것은 17세기에 이르러서였다. 그리고 18세기에 오일러 등에 의하여 수차의 기초 이론이 확립되었으며, 프랑스의 포네이롱 (Fouraneyron)에 의하여 그림 1.3과 같은 37 kW 용량의 포네이롱 수차가 완성되었는데, 이것이 일종의 원심형 수차이다. 그림 1.4는 바커(Barker)가 고안한 반동 수차의 일종이며, 1855년 미국인 프란시스(Francis)는 흡출관을 이용하고 안내깃에 의한 수량 조절을 할 수 있는 프란시스 수차를 완성하였다.

그러나 유럽에서는 저라드(Girard)가 그림 1.5와 같은 충격 수차를 개발하였으며, 1882년 미국에서는 펠톤(Pelton)이 충격형 수차를 개발하여 현재와 같은 고(高) 낙차 수력을 이용할 수 있게 되었다. 1920년경 카플란(V. Kaplan, 체코)이 가변익 축류 수차를 고안한 후 현재는 70만 kW 용량의 수차도 나와 있다.

근대 유체기계의 발달과정을 연대순으로 나타내면 표 1.2와 같다.

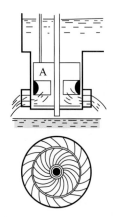

그림 1.3 Fouraneyron 수차

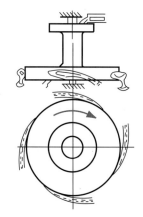

그림 1.4 Barker 수차

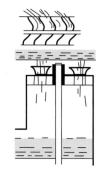

그림 1.5 Girard 수차

표 1.2 근대 유체기계의 발달 과정

연 대	인 명	내 용
1588	Ramelli(伊)	로터리 펌프를 발명
1593	Serviere(佛)	기어 펌프, 윙 펌프를 발명
1680	Jordan	원심력을 이용한 조든 펌프를 발명
1725	Barker	반동 수력 터빈을 고안
1750	Euler	터보기계의 이론을 발표
1765	Smeaton	왕복형 송풍기(단동 4실린더) 제작
1795	Bramah(英)	수압기를 제작
1798	Mongolfier	수격 펌프를 제작
1818	McConty(美)	보스턴 시에서 처음으로 원심 펌프를 제작
1830	Revillion(佛)	나사 펌프를 발명
1832	Fourneyron	37 kW의 포네이롱 수차를 완성
1843	Jonval(佛)	축류 수차를 완성
1855	Francis(美)	프란시스 수차를 완성
1859	Worthington	듀플렉스 펌프를 완성
1870	Pelton(美)	펠톤 수차를 완성
1870	Westinghous	공기 제동기를 완성
1880		기포 펌프가 제작됨
1890	東京石川島造船所(日)	2엽(葉)의 로터리 펌프를 제작
1905	芝浦制作所(日)	원심 펌프를 제작
1912	Kaplan(墺)	카플란 수차를 고안

1.4 단위

1.4.1 힘 또는 무게

힘과 무게는 차원이 같은 물리량이다. 힘(force)은 뉴턴의 제 2 운동법칙에 의하면 운동을 하고 있는 물체의 질량과 그 물체의 운동 방향의 가속도의 곱으로 정의된다. 그러므로 질량 1 kg의 물체가 1 m/s^{2}의 가속도로 움직일 때 물체가 가하는 힘의 크기는

$$F = M \times a \tag{1.1}$$

로 정의되고, 단위는 SI 단위로 뉴턴(N, Newton)을 사용하며 $1\,\text{N} = 1\,\text{kg·m/s}^2$이다.

그리고 무게(weight)는 질량이 $1\,\text{kg}$인 물체가 중력 가속도로 가하는 힘의 크기로, 지구 표면에서의 물체 무게는

$$W = F = M \times g \tag{1.2}$$

로 정의, 질량이 1kg인 물체의 무게는 $1\,\text{kg} \times 9.80665\,\text{m/s}^2 \fallingdotseq 9.8\,\text{kg·m/s}^2 = 9.8\,\text{N}$이다.

그리고 MKS계 중력(공학) 단위계 MKS 단위에서는 $1\,\text{kg}$의 질량에 해당하는 무게는 다음과 같이 $1\,\text{kg}_f$로 표시한다.

$$1\,\text{kg}_f = 1\,\text{kg} \times 9.80665\,\text{m/s}^2 \fallingdotseq 9.8\,\text{kg·m/s}^2 = 9.8\,\text{N}$$

유체기계에서는 주로 SI 단위를 사용하나, 아직도 질량(이학) 단위계의 CGS 및 MKS 단위와 중력(공학) 단위계가 현장에서 사용되고 있으며 이는 표 1.3과 같다.

표 1.3 단위계

물리량	기호	SI 단위계	질량 단위계 (CGS 단위)	중력 단위계	SI 단위 - 중력 단위 환산 계수
각 도	α, β, γ	rad	rad	rad	
길 이	l	m	cm	m	
면 적	A, S	m^2	cm^2	m^2	
체 적	V, v	m^3	cm^3	m^3	
시 간	t	s	s	s	
각속도	w	rad/s	rad/s	rad/s	
속 도	u, v, w, c	m/s	cm/s	m/s	
가속도	a, g	m/s^2	cm/s^2	m/s^2	
주 기	T	s	s	s	
주파수 또는 진동수	f, v	Hz	c/s	c/s	$1\,\text{c/s} = 1\,\text{Hz}$
질 량	m	kg	g	$\text{kg}_f \cdot \text{s}^2/\text{m}$	
비체적	v	m^3/kg	cm^3/g	m^3/kg_f	
운동량	p	kg·m/s	g·cm/s	$\text{kg}_f \cdot \text{s}$	
	I, J	kg·m^2	g·m^2	$\text{kg}_f \cdot \text{m} \cdot \text{s}^2$	$1\,\text{dyne} = 10^{-5}\,\text{N}$
힘, 무게	F, W	N	g·cm/s^2	kg_f	$1\,\text{kg}_f = 9.80665\,\text{N}$
비중량	γ	N/m^3	$\text{g·cm}^2/\text{s}^2$	kg_f/m^3	$1\,\text{kg}_f/\text{m}^3 = 9.80665\,\text{N/m}^3$
힘의 모멘트, 토크	M, T	N·m	g·cm/s^2	kg_f/m	$1\,\text{kg}_f \cdot \text{m} = 9.80665$ N·m(=J)

(계속)

물리량	기호	SI 단위계	질량 단위계 (CGS 단위)	중력 단위계	SI 단위 - 중력 단위 환산 계수
압 력	p	$Pa=N/m^2$	$g/cm \cdot s^2$ bar	kg_f/m^2 $kg \cdot w/m^2$ mH_2O mAq atm mHg $Torr$	$1\ Pa=1\ N/m^2$ $1\ bar=10^5\ N/m^2$ $1\ kg_f/m^2=9.80665\ N/m^2$ $1\ Torr=1\ mmHg$ $1\ mH_2O=9806.65\ N/m^2$ $1\ atm=101325\ N/m^2$
압축률	β	Pa^{-1}, m^2/N	$cm \cdot s^2/g$	m^2/kg_f	
점 도	μ	$Pa \cdot s$ $N \cdot s/m^2$	$g/cm \cdot s$ P	$kg_f \cdot s/m^2$	$1\ P=0.1\ N \cdot s/m^2$ $1\ kg_f \cdot s/m^2=9.80665\ Pa \cdot s$
동점도	ν	m^2/s	cm^2/s	m^2/s	$1\ St=10^{-4}\ m^2/s$
일	A, W	J	$g \cdot cm^2/s^2$	$kg_f \cdot m$	$1\ J=1\ N \cdot m$
에너지	E	$W \cdot s$			$1\ W \cdot s=1\ J$ $1\ erg=10^{-7}\ J$ $1\ kg_f \cdot m=9.80665\ J$
공 률	p	W	$g \cdot cm^2/s^3$	$kg_f \cdot m/s$	$1\ kg_f \cdot m/s=9.80665\ W$
유 량	q, Q	m^3/s m^3/min	cm^3/s	m^3/s	$1\ PS=75\ kg_f \cdot m/s$ $1\ kW=102\ kg_f \cdot m/s$

1.4.2 압력

압력(壓力, pressure)은 단위 면적에 작용하는 그 면적에 수직 방향의 힘 또는 무게로, 식 (1.3)과 같이 정의된다. 단위로는 SI 단위에서 1 m^2에 1 N의 힘이 작용하는 압력을 1 파스칼(Pa; Pascal)이라 하여 Pa(=Pascal)를 사용하고, bar도 함께 사용한다.

$$p = \frac{F}{A} = \frac{W}{A} \tag{1.3}$$

여기서, 단위의 크기는 1 $Pa=1$ N/m^2이고 1 $bar=10^5$ Pa이다.

1.4.3 일 또는 열량

어떤 물체에 힘 F를 가해서 그 물체에 힘이 작용하는 방향으로 물체가 거리 S 만큼 이동하였다면 일 또는 열량은 힘과 거리의 곱으로 정의되므로 단위는 SI 단위로 줄(J; Joule)을 사용한다.

$$W = F \times s \tag{1.4}$$

여기서, 일의 단위 크기는 $1\,\text{J} = 1\,\text{N} \cdot \text{m}$이다.

1.4.4 동력

동력(動力, power)은 단위 시간에 한 일의 양으로 정의되며, 단위는 SI 단위에서 와트(W; Watt)를 사용하고 이는 J/s에 해당된다.

$$p = \frac{W}{t} = \frac{F \times s}{t} = F \times v \tag{1.5}$$

여기서, 단위의 크기는 $1\,\text{W} = 1\,\text{J/s} = 1\,\text{Nm/s}$이다.

1.5 유체의 물리적 성질

1.5.1 밀도, 비중량, 비체적 및 비중

밀도(密度, density)란 단위 체적당 유체의 질량으로 식 (1.6)과 같이 정의되고, 단위로는 kg/m^3를 사용한다. 비중량(比重量, specific weight)은 단위 체적당 무게로 식 (1.7)과 같이 정의되고, 단위로는 N/m^3을 사용한다. 또한 밀도의 역수를 비체적(specific volume)이라 하고, 식 (1.8)과 같이 정의되고, 단위로는 m^3/kg을 사용한다.

$$\rho = \frac{M}{V} \tag{1.6}$$

$$\gamma = \frac{W}{V} \tag{1.7}$$

$$v = \frac{V}{M} \frac{1}{\left(\dfrac{M}{V} \right)} = \frac{1}{\rho} \tag{1.8}$$

그리고 표준 대기압($1\,\text{atm} = 760\,\text{mmHg} = 101325\,\text{N/m}^2$)에서 어떤 물질이 같은 체적의 4℃ 순수 물의 질량, 또는 무게에 대한 그 물질의 질량 또는 무게의 비를 그 물질의 비중(比重, specific gravity)이라 하고, 식 (1.9)와 같이 정의되며 단위는 없다. 여기서 아래 첨자 w는 물을 뜻한다.

$$s = \frac{M}{M_w} = \frac{W}{W_w} \tag{1.9}$$

그리고 식 (1.9)는 분모, 분자에 각각 같은 체적, V로 나누면 다음과 같이 변화된다.

$$s = \frac{\rho}{\rho_w} = \frac{\gamma}{\gamma_w} \tag{1.10}$$

예를 들면, 질량이 1 kg이고 그 체적이 1 m^{3}인 물질이 있다고 하면 밀도는 $\rho = 1$ kg/m^3, 비중량은 $\gamma = 9.8$ N/m^3, 비체적은 $v = 1$ m^3/kg 그리고 비중은 $s = 1/1,000$이다. 표 1.4~1.9는 여러 가지 유체에 관한 물리적 성질을 나타내고 있다.

표 1.4 **물의 밀도, 점도 및 동점도**

온도 [℃]	밀도 [kg/m^3]	점도 μx10^5[Pa·s]	동점도 νx10^7 [m^2/s]	온도 [℃]	밀도 [kg/m^3]	점도 μx10^5 [Pa·s]	동점도 νx10^7 [m^2/s]
0	999.8	179.4	17.94	50	988.0	54.9	6.56
4	1000.0	156.8	15.68	60	983.2	47.0	4.78
5	1000.0	151.9	15.20	70	977.3	40.7	4.16
10	999.7	131.0	13.10	80	971.8	35.7	3.67
20	998.2	100.8	10.11	90	965.3	28.4	2.69
30	995.6	80.0	8.04	100	958.4	28.4	2.69
40	992.2	65.3	6.95				

표 1.5 **수은의 밀도, 점도 및 동점도**

온도 [℃]	밀도 [kg/m^3]	점도 μx10^5 [Pa·s]	동점도 νx10^7 [m^2/s]
−20	13644	185.6	1.360
−10	13620	176.4	1.295
0	13595	168.5	1.239
10	13570	161.5	1.190
20	13546	155.4	1.147
40	13497	145.0	1.074
60	13448	136.7	1.017
80	13400	129.8	0.969
100	13351	124.0	0.929

표 1.6 액주계용 액체의 밀도

액 체	밀도[kg/m³] [20 ℃]	체적팽창계수 [m³/℃]	98.06 kPa, 20 ℃에서의 액체의 높이[m]
알코올	800	–	12.500
물	998.2	0.138×10^{-5}	10.018
4염화탄소	1593.5	1.277×10^{-5}	6.275
프로모폴룸	2889.9	–	3.449
수은	13546.1	0.182×10^{-6}	0.7382

표 1.7 건조공기의 밀도와 동점도

t [℃]	99.99 kPa		101.3 kPa		102.7 kPa	
	ρ [kg/m³]	$\nu \times 10^5$ [m²/s]	ρ [kg/m³]	$\nu \times 10^5$ [m²/s]	ρ [kg/m³]	$\nu \times 10^5$ [m²/s]
−10	1.325	1.265	1.342	1.247	1.360	1.231
−5	1.300	1.307	1.317	1.290	1.334	1.273
0	1.276	1.351	1.293	1.333	1.310	1.316
5	1.253	1.395	1.270	1.377	1.286	1.359
10	1.231	1.440	1.247	1.421	1.264	1.403
15	1.210	1.486	1.226	1.466	1.242	1.447
20	1.189	1.532	1.205	1.512	1.221	1.492
25	1.169	1.578	1.185	1.557	1.200	1.537
30	1.150	1.625	1.165	1.604	1.180	1.583
35	1.131	1.672	1.146	1.650	1.161	1.629
40	1.113	1.720	1.128	1.698	1.143	1.676

표 1.8 표준 대기

z [km]	t [℃]	$\dfrac{p}{p_o}$	p [kPa]	$\dfrac{\rho}{\rho_o}$	ρ [kg/m³]	$\mu \times 10^6$ [Pa·s]	$\nu \times 10^5$ [m²/s]	a [m/s]
0	15.0	1.0000	101.3	1.0000	1.226	17.98	1.466	340.7
1	8.5	0.8770	89.86	0.9074	1.112	17.65	1.587	340.7
2	2.0	0.7844	79.47	0.8215	1.007	17.34	1.722	332.9
3	−4.5	0.6918	70.08	0.7420	0.910	17.03	1.871	328.9
4	−11.0	0.6082	61.61	0.6685	0.758	16.69	2.037	324.9
5	−17.5	0.5330	53.99	0.6007	0.737	16.37	2.2222	320.9
6	−24.0	0.4654	47.15	0.5383	0.660	16.03	2.429	316.8
7	−30.5	0.4050	41.03	0.4810	0.589	15.69	2.661	312.6
8	−37.0	0.3511	35.56	0.4285	0.526	15.35	2.923	308.4
9	−43.5	0.3032	32.05	0.3850	0.467	15.00	3.217	304.1
10	−50.0	0.2607	26.41	0.3367	0.413	14.65	3.551	299.8

(계속)

z [km]	t [℃]	$\dfrac{p}{p_o}$	p [kPa]	$\dfrac{\rho}{\rho_o}$	ρ [kg/m³]	$\mu \times 10^6$ [Pa·s]	$\nu \times 10^5$ [m²/s]	a [m/s]
11	− 56.5	0.2231	22.61	0.2968	0.364	14.30	8.652	295.4
14	− 56.5	0.1390	14.08	0.1849	0.227	14.30	6.310	295.4
16	− 56.5	0.1014	10.26	0.1348	0.166	14.30	8.652	295.4
18	− 56.5	0.0739	7.49	0.0984	0.121	14.30	11.86	295.4
20	− 56.5	0.0539	5.47	0.0717	0.008	14.30	16.26	295.4
25	56.5	0.0245	2.48	0.0326	0.004	14.30	35.80	295.4
30	56.5	0.0111	1.13	0.0148	0.002	14.30	78.81	295.4

표 1.9 기체의 물리적 성질

기 체	분자기호	밀도 [kg/m³] (0℃, 101.3 kPa)	기체상수 R [J/kg·K]	비열 [0℃] (저압력)		$\kappa = \dfrac{C_p}{C_v}$
				C_p [kJ/kg·K]	C_v [kJ/kg·K]	
헬륨	He	0.1785	2077	5.197	3.120	1.66
아르곤	Ar	1.7834	208.2	0.523	0.318	1.66
수소	H_2	0.08987	4124.6	14.288	10.162	1.409
질소	N_2	1.2505	296.8	1.004	0.743	1.399
산소	O_2	1.42895	259.8	0.918	0.658	1.399
공기	–	1.2928	287.1	1.005	0.716	1.402
일산화탄소	CO	1.2500	297.0	1.041	0.743	1.400
일산화질소	NO	1.3402	277.0	0.9831	0.721	1.385
염화수소	HCl	1.6265	228.0	0.7997	0.569	1.40

1.5.2 압축률

압축률(壓縮率, compression ratio)은 체적이 V인 유체에 압력을 p에서 dp만큼 가압했을 때 체적이 dV만큼 변했다면 압축률 β는 다음 식으로 정의된다.

$$\beta = -\,\frac{\dfrac{dV}{V}}{dp} \tag{1.11}$$

이는 단위압력 변화에 대한 체적변화율로 단위는 압력 단위의 반대이다. 즉, 가하는 압력이 같을 때 부피 변화가 커질수록 압축률이 커진다.

그림 1.6은 물의 압축률을 나타낸다. 그리고 압축률 β의 역수를 체적탄성계수(bulk modulus)라 하고 K로 표시한다. 따라서 '가하는 압력에 대한 부피 변화가 작으면 압축률은 작으나 체적탄성계수는 크다.'라고 볼 수 있다.

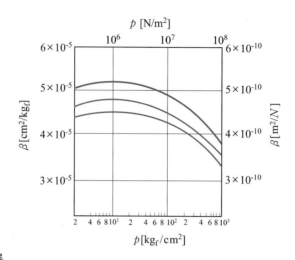

그림 1.6 **물의 압축률**

표 1.10 **액체의 체적탄성계수**

액체의 종류	온도 [℃]	압력 [MPa]	체적탄성계수 [GPa]
에틸알코올	20	0.1~50	1.162
메틸알코올	20	0.1~50	1.173
글리세린	30	0.1~100	4.458
수은	20	0.1~500	26.220
파라핀유	34	0~50	1.397
벤젠	20	10~30	1.241
물	20	0~5	2.105

체적탄성계수의 단위는 SI 단위에서 GPa를 사용하며, 각종 유체의 체적탄성계수는 표 1.10과 같다.

1.5.3 점도

(1) 점성

점성(粘性, viscosity) 또는 점도(粘度)는 물질이 갖는 고유 물성값으로, 기체의 경우 온도 상승과 함께 증가하지만, 액체의 경우는 온도 상승과 함께 보통 감소하고 압력 증가에 따라 약간 증가한다. 이는 기체의 경우 분자 사이에 잡아당기는 힘인 인력보다는 기체의 분자운동이 점성에 지배적이고 액체의 경우 인력이 지배적이기 때문이다.

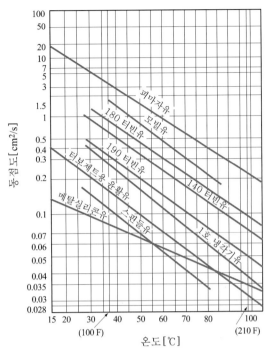

그림 1.7 각종 기름의 동점도

점성은 기호 μ로 그리고 식 (1.12)와 같이 정의되며, 단위로는 SI 단위인 $Pa \cdot s$를 주로 사용하고, 프아즈(P, Poise)를 사용하는데 그 크기는 $1\,P = 1\,g/cm\,s = 1 dyne \cdot s/cm^2$이다.

$$\mu = \frac{\tau}{(du/dy)} \tag{1.12}$$

(2) 동점성

동점성(動粘性; kinetic viscosity) 또는 동점도(動粘度) ν는 점성을 밀도로 나눈 값으로, 식 (1.13)과 같이 정의되며, 단위는 cm^2/s 또는 스토크스(St, Stokes)를 사용하고 그 크기는 $1\,St = 1\,cm^2/s = 1 dyne\,s/cm^2$이다. 그림 1.7은 각종 기름의 동점성을 나타낸다.

$$\nu = \frac{\mu}{\rho} \tag{1.13}$$

1.5.4 포화증기압

액체의 포화증기압(飽和蒸氣壓, saturated vapor pressure) p_s는 액체가 기화할 때 갖는 최대 증기압을 가리키며, 단위로는 SI 단위로 kPa를 사용한다.

표 1.11은 온도 변화에 따른 물의 밀도 및 포화증기압의 변화를 나타낸다.

표 1.11 물의 밀도 및 포화증기압

온도 [℃]	밀도 [kg/m³]	포화증기압 [kPa]	온도 [℃]	밀도 [kg/m³]	포화증기압 [kPa]
0	999.8	0.61	80	971.8	47.37
5	1000.0	0.87	90	965.3	70.11
10	999.7	1.23	100	958.4	101.32
20	998.2	2.38	110	950.6	143.27
30	995.6	4.25	120	943.4	198.54
40	992.2	7.37	130	934.6	270.0
50	988.0	12.34	140	925.9	261.4
60	983.2	19.93	159	917.4	476.0
70	977.8	31.17	160	907.4	618.0

1.6 유체에 대한 에너지 방정식

1.6.1 에너지 방정식

유체가 그림 1.8의 유관의 단면 ①과 ②를 통하여 정상류로 흐른다고 하자. 이때 이 유관을 흐르는 유체가 비압축성 비점성, 즉 이상유체라고 하면 단면 ①과 ②를 통하는 유체에 대해 에너지 보존의 법칙을 적용하면 다음과 같은 방정식이 성립한다.

$$\frac{p_1}{\gamma} + \frac{v_1^2}{2g} + z_1 = \frac{p_2}{\gamma} + \frac{v_2^2}{2g} + z_2 = \text{H (일정)} \tag{1.14}$$

여기서 v는 각 단면에 있어서 유체의 평균 속도, p는 압력, z는 기준 위치로부터의 높이, γ는 비중량을 표시한다.

식 (1.14)에서 p/r는 유체의 단위 중량당 압력 에너지, $v^2/2g$는 유체의 단위 중량당 운동 에너지, 그리고 z는 유체의 단위 중량당 위치 에너지이다. 여기서 단위 중량당 유체의 각 에너지 단위는 N·m/N=m가 되어 길이 단위와 같으며, 이것을 수두(水頭, head)라 한다. 따라서 p/r를 압력 수두(pressure head), $v^2/2g$를 속도 수두(velocity head) 그리고 z를 위치 수두(potential head)라 하고, 위의 세 가지 수두의 합을 전(全) 수두(total head)라 한다.

유체가 기체인 경우 위치 수두는 다른 수두에 비하여 비교적 작기 때문에 무시하여 일반적으로 식 (1.14)는 다음과 같이 표시할 수 있다.

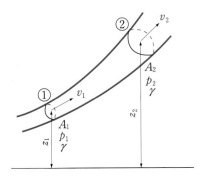

그림 1.8 이상유체의 흐름

$$p_1 + \frac{\gamma}{2g}v_1^2 = p_2 + \frac{\gamma}{2g}v_2^2 = p_t \text{ (일정)} \tag{1.15}$$

앞의 식에서 p를 정압(靜壓, static pressure), $\gamma v_1^2/2g$를 동압(動壓, dynamic pressure)이라 하며, 전체의 압력의 합을 전압(全壓, total pressure)이라 한다. 또한 식 (1.14) 및 (1.15)를 베르누이 방정식(Bernoullis' equation)이라 한다.

그림 1.8에서 단면 ①과 ②의 단면적이 상당히 작거나 단면 ①과 ② 사이의 길이가 길 때, 또는 다른 이유로 인하여 각 단면 사이의 유체의 에너지 손실이 무시될 수 없는 경우, 즉 비압축성, 비점성의 유체로 간주할 수 없는 경우의 에너지 방정식은 다음 식과 같이 표현된다.

$$\frac{p_1}{\gamma} + \frac{v_1^2}{2g} + z_1 = \frac{p_2}{\gamma} + \frac{v_2^2}{2g} + z_2 + \Delta H \tag{1.16}$$

여기서 ΔH는 에너지 손실로 손실 수두(損失水頭, head loss)라 한다.

예제 1.1

그림과 같은 원형 확대관의 단면 ①에서 ②로 공기가 흐르고 있다. 단면 ①에서의 평균 유속을 100 m/s라고 하면 단면 ②에서의 평균 유속 및 단면 ①, ② 사이의 압력 상승은 얼마나 될 것인가? 단, 공기의 비중량은 11.8 N/m³이며 에너지 손실은 없는 것으로 간주한다.

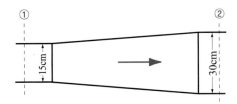

(계속)

연속 방정식에서 평균 유속은 다음과 같다.

$$v_2 = v_1 \frac{A_1}{A_2} = 100 \left(\frac{15}{30}\right)^2 = 25\,(\mathrm{m/s})$$

베르누이 방정식에서

$$p_1 + \frac{\gamma}{2g} v_1^2 = p_2 + \frac{\gamma}{2g} v_2^2$$

$$\therefore\ p_2 - p_1 = \frac{\gamma}{2g}(v_1^2 - v_2^2) = \frac{11.8}{2 \times 9.8}(100^2 - 25^2) = 5,644\,(\mathrm{N/m^2})$$

그러므로 압력 상승은 5,644 N/m²이다.

예제 1.2

오른쪽 그림과 같이 수심 1 m 위치에서 열려 있는 원형 확대관 안에 물이 아래로 흐르고 있다. 단면 ①에서의 정압은 몇 kPa, g인가? 단, $\Delta H = 0.15(v_1 - v_2)^2 / 2g$, 대기압은 101.3 kPa이다.

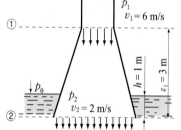

정답 단면 ②를 기준으로 단면 ①과 단면 ②에 대해 에너지 방정식을 적용하면,

$$\frac{p_1}{\gamma} + \frac{v_1^2}{2g} + z_1 = \frac{p_2}{\gamma} + \frac{v_2^2}{2g} + z_2 + \Delta H$$

$$= \frac{p_2}{\gamma} + \frac{v_2^2}{2g} + 0 + 0.15\frac{(v_1 - v_2)^2}{2g}$$

여기서 p_2는 수심 1 m에서의 정압이고, p_0는 대기압이다. 따라서 $p_2 = \gamma h + p_0$가 되고 위 식은

$$\frac{p_1}{\gamma} + \frac{v_1^2}{2g} + z_1 = \frac{\gamma h + p_0}{\gamma} + \frac{v_2^2}{2g} + 0.15\frac{(v_1 - v_2)^2}{2g}$$

양변에 비중량을 곱하고 정리하면,

$$\therefore\ p_1 - p_o = \gamma\left[-z_1 + h + \frac{1}{2g}\left\{(v_2^2 - v_1^2) + 0.15(v_1 - v_2)^2\right\}\right]$$

$$= 9800\left[-3 + 1 + \frac{1}{2 \times 9.8}\left\{(2^2 - 6^2) + 0.15(6-2)^2\right\}\right]$$

$$= -34,400(\mathrm{N/m^2,\ g}) = -34.4(\mathrm{kPa,\ g})$$

$$\therefore p_1 = -34.4 + 101.3 = 66.9(\mathrm{kPa,\ g})$$

1.6.2 펌프 및 송풍기에 대한 에너지 방정식

펌프 및 송풍기 등의 유체기계는 유체에 에너지를 가하여 유체를 한쪽에서 다른 쪽으로 이동시키는 작용을 한다. 그림 1.9와 같이 단면 ①과 ② 사이에 유체기계를 설치하면 단면 ②를 지나는 유체가 갖는 에너지는 단면 ①의 유체가 갖는 에너지에 기계가 가한 유체 에너지와의 합과 같게 된다.

유체기계가 단위 중량당 유체에 가한 일량을 H_{th} 라 하고, 기계 내에 있는 단위 중량당 유체가 잃는 에너지를 ΔH라고 하면 에너지 방정식은 다음 식과 같게 될 것이다.

$$\frac{p_1}{\gamma} + \frac{v_1^2}{2g} + z_1 + H_{th} = \frac{p_2}{\gamma} + \frac{v_2^2}{2g} + z_2 + \Delta H \tag{1.17}$$

한편, 유체기계가 단위 중량당 유체에 가한 에너지 H_{th} 는 실제로 유체가 가지고 나오는 에너지 H와 손실 에너지 ΔH와의 합, 즉 $H_{th} = H + \Delta H$이므로 위 식은 다음과 같이 된다.

$$\frac{p_1}{\gamma} + \frac{v_1^2}{2g} + z_1 + H = \frac{p_2}{\gamma} + \frac{v_2^2}{2g} + z_2 \tag{1.18a}$$

따라서

$$H = \left(\frac{p_2}{\gamma} + \frac{v_2^2}{2g} + z_2 \right) - \left(\frac{p_1}{\gamma} + \frac{v_1^2}{2g} + z_1 \right) \tag{1.18b}$$

가 되고, 펌프에서는 이 H를 전 양정(全揚程, total head)이라 하며, 단위로 m가 사용된다. 위 식 (1.18a)의 양변에 유체의 비중량 γ를 곱하면 다음과 같이 된다.

$$p_1 + \frac{\gamma}{2g} v_1^2 + \gamma z_1 + \gamma H = p_2 + \frac{\gamma}{2g} v_2^2 + \gamma z_2 \tag{1.19}$$

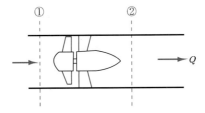

그림 1.9 **유체기계의 사용**

위 식의 각 항은 단위 체적당 에너지로 단위는 m×N/m³=N/m²로 된다. 송풍기에서는 유체가 기체이므로 위치 에너지의 변화량 $\gamma(z_2 - z_1)$는 그 크기가 작으므로 무시해도 좋다. 이때 γH를 송풍기 전압 p_t로 표현하면 다음 식으로 고쳐 쓸 수 있다.

$$p_t = \left(p_2 + \frac{\gamma}{2g}v_2^2\right) - \left(p_1 + \frac{\gamma}{2g}v_1^2\right) = p_{t2} - p_{t1} \tag{1.20}$$

예제 1.3

어떤 펌프의 송출 측 압력이 343 kPa, 흡입 측 압력이 -19.6 kPa이었다. 이 펌프의 전 양정은 몇 m인가? 단, 송출 측의 압력계와 흡입 측의 진공계와의 높이 차는 50 cm이다. 또한 송출 측과 흡입 측의 관의 안지름은 같다.

정답 펌프의 전 양정 H는 식 (1.18b)로부터 다음과 같이 계산된다.

$$H = \frac{p_2 - p_1}{\gamma} + (z_2 - z_1) + \frac{(v_2^2 - v_1^2)}{2g}$$
$$= \frac{343 \times 10^3 - (-19.6 \times 10^3)}{9,800} + 0.5 = 37.5 \,(\text{m})$$

1.6.3 수차에 대한 에너지 방정식

수차(水車, turbine)는 물이 가지고 있는 에너지를 받아 기계 에너지로 변환시켜 주는 장치이다. 물이 수차에 가하는 전 수두를 H로 나타내고, 그림 1.10 수차의 단면 ①과 ②에 대해 에너지 방정식을 적용시키면 다음과 같다.

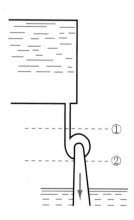

그림 1.10 수차의 이용

$$\frac{p_1}{\gamma} + \frac{1}{2g}v_1^2 + z_1 = \frac{p_2}{\gamma} + \frac{1}{2g}v_2^2 + z_2 + H \tag{1.21}$$

위 식에서 H는 단위 중량당 유체가 기계에 한 일량으로, 그 중에서 일부는 수차 내에서 에너지 손실로 없어진다. 이때 H를 **유효낙차**(有效落差, effective head)라 하며, 이것이 전부 수차에 이용된다면 수차의 이론 출력(理論 出力) L_{th}는 다음과 같다.

$$L_{th} = \gamma Q H \tag{1.22}$$

예제 1.4

유효낙차 50 m, 유량 200 m³/s인 수력 발전소 수차의 이론 출력은 몇 kW인가?

정답 $L_{th} = \gamma Q H = 9,800 \times 200 \times 50 = 9.8 \times 10^7 (\mathrm{W}) = 9.8 \times 10^4 (\mathrm{kW}) = 98 (\mathrm{MW})$

1.7 운동량 법칙

1.7.1 운동량 법칙의 정의

운동량 법칙은 모든 유체에 대하여 성립하며 뉴턴의 제 2 운동법칙에 의하면, 힘=질량 ×가속도이므로,

$$f = ma = m \times \frac{dv}{dt}$$

가 된다. 여기서 운동량 변화를 일으키는 질량 m이 시간에 관계없이 일정하다면 이 식은 다음과 같이 표현할 수 있게 된다.

$$f = \frac{d(mv)}{dt} \tag{1.23}$$

여기서 질량 m과 속도 v와의 곱은 운동량이므로, 위 식의 내용은 "물체에 작용하는 힘은 그 물체의 단위 시간당 운동량의 변화량, 즉 운동량 변화율과 같다."이다. 이것을 **운동량 법칙**(momentum theory)이라 한다.

1.7.2 수평 원형관에서의 유체 유동

직선의 수평관 내를 유체가 그림 1.11과 같이 정상류로 흐를 때 단면 ①과 단면 ② 사이에 흐르는 유체에 대해 생각해 보자. 이 유체에 외부에서 유체의 흐름 방향으로 작용하는 일정한 힘을 f 라 하고, 단면 ①과 ② 사이의 유체가 시간 dt 후에 단면 ①′과 ②′으로 진행하였다고 하면, 시간 dt 후의 운동량 증가분은 단면 ①′과 ②′ 사이의 유체가 갖는 운동량과 단면 ①과 ② 사이의 유체가 갖는 운동량의 차이, 즉 $(\rho_2 A_2 v_2 dt)v_2 - (\rho_1 A_1 v_1 dt)v_1$ 이 된다. 여기서 v_1, v_2는 각각 단면 ①과 ②에서의 평균 유속이고, 단면 A_1, A_2는 각각 단면 ①, ②의 단면적, ρ_1, ρ_2는 단면 ①, ② 흐르는 유체의 밀도이다. 그리고 운동량 법칙에 의하면,

$$f = \frac{d(mv)}{dt} = \frac{(\rho_2 A_2 v_2 dt)v_2 - (\rho_1 A_1 v_1 dt)v_1}{dt}$$
$$= (\rho_2 A_2 v_2)v_2 - (\rho_1 A_1 v_1)v_1 \tag{1.24}$$

이다. 단면 ①과 ②를 지나는 유체 유량을 각각 Q_1, Q_2라고 하면 $Q_1 = A_1 v_1$, $Q_2 = A_2 v_2$ 이므로 다음 식이 성립한다.

$$f = \rho_2 Q_2 v_2 - \rho_1 Q_1 v_1 \tag{1.25}$$

여기에 연속 방정식을 적용시키면 다음과 같다.

$$f = \rho Q(v_2 - v_1) \tag{1.26}$$

그리고 위 식에서의 외력 f 를 생각해 보자. 단면 ①과 ②에서의 압력을 각각 p_1, p_2라고 한다면 이것들에 의한 외력은 $(p_1 A_1 - p_2 A_2)$가 될 것이다. 또한 단면 ①과 ② 사이의 유체가 유체 유동 방향으로 관에 작용하는 힘을 F라고 하면, 관이 유체 유동의 방향으로

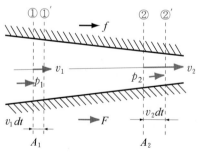

그림 1.11 수평관에서의 유체 유동

유체에 작용하는 힘은 $-F$가 된다. 그리고 전체 외력 f 는 다음과 같다.

$$f = (p_1 A_1 - p_2 A_2) - F \tag{1.27}$$

식 (1.27)을 식 (1.26)에 대입하면

$$p_1 A_1 - p_2 A_2 - F = \rho Q (v_2 - v_1)$$
$$\therefore F = \rho Q (v_1 - v_2) + (p_1 A_1 - p_2 A_2) \tag{1.28}$$

이다.

1.7.3 곡관에서의 유체 유동

그림 1.12에 나타낸 바와 같이 곡관 내를 유체가 정상상태로 유동하고 있는 경우, 단면 ①과 ② 사이의 유체 유동에 작용하는 힘을 직각 좌표 x, y 의 방향으로 나누어서 운동량의 법칙을 적용시키면 다음과 같은 식이 얻어진다.

$$F_x = (p_1 A_1 \cos\theta_1 - p_2 A_2 \cos\theta_2) + (\rho_1 Q_1 v_1 \cos\theta_1 - \rho_2 Q_2 v_2 \cos\theta_2) \tag{1.29a}$$
$$F_y = (p_1 A_1 \sin\theta_1 - p_2 A_2 \sin\theta_2) + (\rho_1 Q_1 v_1 \sin\theta_1 - \rho_2 Q_2 v_2 \sin\theta_2) \tag{1.29b}$$

여기서 F_x, F_y 는 관의 단면 ①과 ② 사이에 있는 유체가 관에 작용하는 힘 F의 x, y 방향 성분이다.

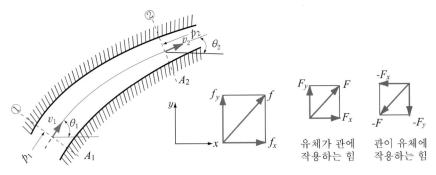

그림 1.12 곡관에서의 유체 유동

예제 1.5

식 (1.29)를 유도하여라.

정답 　유관의 단면 ①과 ② 사이의 유체에 작용하는 힘 f를 그림 1.12와 같이 f_x, f_y로 나누어 생각하면 식 (1.25)와 식 (1.27)과 같이

x축 방향에 대해서는

$$f_x = \rho_2 Q_2 v_2 \cos\theta_2 - \rho_1 Q_1 v_1 \cos\theta_1$$

$$f_x = (p_1 A_1 \cos\theta_1 - p_2 A_2 \cos\theta_2) - F_x$$

y축 방향에 대해서는

$$f_y = \rho_2 Q_2 v_2 \sin\theta_2 - \rho_1 Q_1 v_1 \sin\theta_1, \quad f_y = (p_1 A_1 \sin\theta_1 - p_2 A_2 \sin\theta_2) - F_y$$

위의 두 식에서 f_x, f_y를 각각 소거하면,

$$F_x = (p_1 A_1 \cos\theta_1 - p_2 A_2 \cos\theta_2) + (\rho_1 Q_1 v_1 \cos\theta_1 - \rho_2 Q_2 v_2 \cos\theta_2)$$

$$F_y = (p_1 A_1 \sin\theta_1 - p_2 A_2 \sin\theta_2) + (\rho_1 Q_1 v_1 \sin\theta_1 - \rho_2 Q_2 v_2 \sin\theta_2)$$

이 되어 식 (1.29a, b)와 같게 된다.

1.7.4 벽면에 충돌하는 분류

　유량이 Q, 밀도가 ρ인 분류(噴流, jet flow)가 노즐에서 속도 v로 분출하고, 그 분류에 대해 수직 방향으로 평판이 놓여 있는 경우, 분류가 평판에 작용하는 힘 F는 다음과 같다 (그림 1.13 참조).

$$F = \rho Q v \tag{1.30}$$

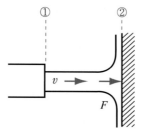

그림 1.13 평판에 부딪히는 분류

식 (1.30)을 유도하라.

정답　그림 1.13에서 분류 ①과 평판 ② 사이의 유체에 대하여 운동량 법칙을 적용하면 식 (1.28)로부터

$$F = p_1 A_1 - p_2 A_2 + \rho Q (v_1 - v_2)$$

여기서 $p_1 = p_2 = p_0 = 0$ (∵대기압)

$v_1 = v$, $v_2 = 0$ 이므로

$$\therefore \ F = \rho Q v$$

이다.

1.7.5 선회류

운동량 법칙을 힘의 모멘트에 적용하면 "어느 한 점을 중심으로 물체에 작용한 힘의 모멘트는 그 점을 중심으로 한 물체의 운동량 모멘트의 단위 시간당의 변화량과 같다"이다.

곡선 상을 운동하고 있는 질량 m 의 물체에 대하여 어느 한 점을 중심으로 작용하는 모멘트(moment-torque)를 T 라 하면 T 는 다음 식과 같이 표현된다.

$$T = \frac{d(m v_u r)}{dt} \tag{1.31}$$

여기서 v_u 는 원주 방향으로의 분속도(分速度)를, r 은 중심으로부터의 거리를 나타낸다. 이 원리를 선회류(旋回流, vortex)에 적용하여 보자.

그림 1.14에서와 같이 유체가 한 점 O 을 중심으로 정상적으로 선회하면서 바깥쪽으

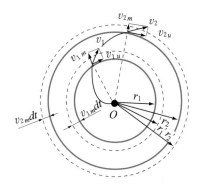

그림 1.14 **선회류**

로 유출하고 있다고 하고, 반지름 r_1, r_2인 두 원 사이에 있는 유체에 대하여 외부에서 미치는 O점을 중심으로 한 힘의 모멘트를 T라 하자.

반지름 r_1, r_2인 두 원 사이의 유체가 시간 dt 후에 반지름 $r_1{}'$, $r_2{}'$의 두 원 사이로 흐른다고 하면 dt 시간에 대한 운동량 모멘트의 증가량은

$$(2\pi r_2 v_{2m}\, dt\, \rho_2)\, v_{2u} r_2 - (2\pi r_1 v_{1m}\, dt\, \rho_1)\, v_{1u} r_1$$

이 된다. 여기서 속도 v_{1m}, v_{2m}은 각각 반지름 r_1, r_2에서 절대속도 v의 반지름 방향 분속도이며, 속도 v_{1u}, v_{2u}는 각각 반지름 r_1, r_2에서 v의 원주 방향 분속도이다. 그리고 밀도 ρ_1, ρ_2는 각각 반지름 r_1, r_2에서의 유체 밀도이다.

그러므로 운동량 모멘트의 식 (1.31)로부터 다음 식을 얻을 수 있다.

$$T = \frac{d(mv_u r)}{dt} = \frac{(2\pi r_2 v_{2m}\, dt\, \rho_2) v_{2u} r_2 - (2\pi r_1 v_{1m}\, dt\, \rho_1) v_{1u} r_1}{dt} \tag{1.32}$$

그리고 반지름 r_1, r_2의 두 원을 지나는 유체 유량을 각각 Q_1, Q_2라 하면 $Q_1 = 2\pi r_1 v_{1m}$, $Q_2 = 2\pi r_2 v_{2m}$이므로 이것을 식 (1.32)에 대입하면

$$T = \rho_2 Q_2 v_{2u} r_2 - \rho_1 Q_1 v_{1u} r_1 \tag{1.33}$$

이 된다. 또한 연속 방정식 $\rho_1 Q_1 = \rho_2 Q_2 = \rho Q$가 성립하는 경우에 식 (1.33)은 다음과 같이 정리된다.

$$T = \rho Q(v_{2u} r_2 - v_{1u} r_1) \tag{1.34}$$

예제 1.7

다음 그림에 나타낸 바와 같이 밀도 ρ, 단면적 A, 속도 v인 분류가 속도 v'로 움직이고 있는 평판에 충돌할 때 분류가 평판에 미치는 힘 F와 동력 L을 구하여라. 또, 최대 동력 $L_{\max}$을 얻자면 평판의 속도 v'를 얼마로 하면 되는가? 단, 평판에 충돌한 분류는 θ만큼 방향을 바꾼다고 한다.

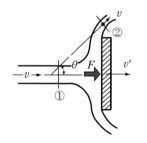

그림 1.15 크기가 작은 수직 평판에 부딪히는 분류

(계속)

정답 분류가 평판에 가하는 힘을 F라 하면 평판이 분류에 대해 떠미는 힘은 $-F$가 된다. 그리고 평판에 대한 분류의 속도는 $v-v'$, 평판에 작용하는 분류의 유량은 $A(v-v')$으로 된다.

단면 ①, ②에 대해 운동량 법칙을 적용하면

$$\rho A(v-v')\{(v-v')\cos\theta-(v-v')\}=-F$$

이 된다. 따라서 $F=\rho A(v-v')^2(1-\cos\theta)$

그러므로 동력은

$$L=Fv'=\rho A(v-v')^2(1-\cos\theta)\cdot v'$$

이다. 그리고 최대 동력 $L_{\max}$은 $dL/dv'=0$인 때이므로,

$$\frac{dL}{dv'}=\rho A(1-\cos\theta)(v^2-4vv'+3v'^2)$$
$$=\rho A(1-\cos\theta)(v-v')(v-3v')=0$$

여기서 ρ, A, v, θ는 일정하다고 하면 $v'=v$ 또는 $v'=v/3$이며, $v'<v$이므로 $v'=v/3$일 때 L이 최대값 $L_{\max}$이 된다.

따라서

$$L_{\max}=\frac{4}{27}\rho Av^3(1-\cos\theta)$$

이 된다.

연습문제

1. 펌프의 물이 그림 1.16과 같이 빨려드는 경우 펌프의 흡입 측 ②의 계기압력은 몇 kPa인가? 단, 관 내 평균 유속을 v, 관의 안지름을 d, 관의 전 길이를 l이라 하면 제 손실은 다음과 같다.

$$\Delta H_1 : \text{흡입관 입구의 손실 수두} = \zeta v^2/2g = 0.56 \times v^2/2g$$

$$\Delta H_2 : \text{곡관의 손실 수두} = \zeta v^2/2g = 1 \times v^2/2g$$

$$\Delta H_3 : \text{관 마찰에 의한 손실 수두} = f(l/d)v^2/2g = 0.025(l/d)v^2/2g$$

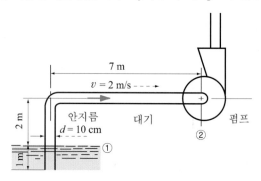

그림 1.16

정답 -27.7 kPa, g

2. 펌프의 물이 그림 1.17과 같이 관을 통하여 대기 중으로 송출되고 있다. 펌프의 송출구 ①에서의 계기압력은 몇 kPa인가? 단, 관 내의 평균유속을 v, 관의 안지름을 d, 관의 전 길이를 l이라고 하면 곡관에 의한 손실 수두는 $\Delta H_l = v^2/2g$이고, 관 마찰에 의한 손실 수두는

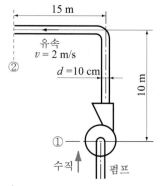

$$\Delta H_2 = f(l/d)(v^2/2g) = 0.25(l/d)(v^2/2g) \text{이다.}$$

정답 112.50 kPa, g

그림 1.17

3. 유효낙차 60 m, 유량 1.56 m³/s인 수차의 이론 출력은 몇 kW인가?

정답 917 kW

4. 단면적 A 인 곧은 수직관 내를 유체가 속도 v 로 유동하고 있다. 상류의 단면 ①과 하류의 단면 ② 사이의 압력 차 $(p_1 - p_2)$ 는 다음의 경우에 어떻게 될 것인가?

   ① 유체의 점성 때문에 유체가 관에 대하여 유동 방향으로 힘 F 를 작용하는 경우 (점성유체)

   ② 유체의 점성을 무시하는 경우 (이상유체)

   정답 ① $p_1 - p_2 = F/A$, ② $p_1 - p_2 = 0$

5. 그림 1.18은 펠톤 수차(pelton turbine)의 버킷(bucket)에 유속 v 인 분류가 분출되어 분류 방향에 대하여 α 의 각도로 유체가 유동하는 상태를 나타내고 있다. 분류가 버킷에 작용하는 힘 F 를 구하여라. 단, 노즐에서 나오는 유체의 밀도는 ρ, 유량은 Q 이다.

   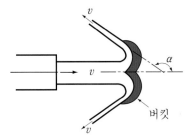
   그림 1.18

   정답 $\rho Q v (1 - \cos \alpha)$

6. 유량 $0.6\ \mathrm{m^3/min}$의 물이 그림 1.19와 같이 수평 관로 상의 $90°$ 엘보 내를 유동하고 있다. 관의 안지름이 $80\ \mathrm{mm}$일 때 물이 엘보에 작용하는 힘 F 를 구하여라. 단, 관 내 수압은 $98\ \mathrm{kPa}$로 균일하다고 가정한다.

   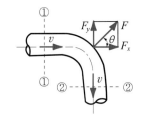
   그림 1.19

   정답 $F = 725.2\,\mathrm{N}$, $\theta = 45°$

7. 지름이 $20\ \mathrm{mm}$인 노즐에서 분사되는 분류가 이것과 직각으로 놓인 평판에 부딪혀 $50\ \mathrm{N}$의 힘을 평판에 미칠 때 분류의 유속은 얼마인가?

   정답 $v = 12.62\ \mathrm{m/s}$

8. 그림 1.20과 같이 유량 $9.8\ l/\mathrm{s}$, 유속 $20\ \mathrm{m/s}$인 분류가 이 분류 방향과 $30°$ 경사된 평판에 부딪힐 때 평판에 직각 방향으로 주어지는 힘 F_N을 구하여라. 단, 경사판 면의 마찰은 무시하고 판 위에서의 유체 유속은 분류의 속도와 같다고 가정한다.

   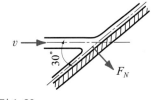
   그림 1.20

   정답 $F_N = 98N$

PART 02

수력기계

Chapter **2**

펌 프

2.1 원심 펌프

2.1.1 개요

1) 원리와 구조

그림 2.1과 같이 물을 담은 원통형의 용기를 축을 중심으로 회전시키면 용기 내의 물은 원심력(遠心力, centrifugal force)에 의하여 용기의 중심에서의 수면은 낮아지고, 가장자리는 올라가 수면은 처음의 점선 위치에서 실선과 같이 변형된다. 그리하여 가장자리에서 작용하는 수압(p_2)이 증가하는 반면에 중심부의 수압(p_1)은 낮아진다.

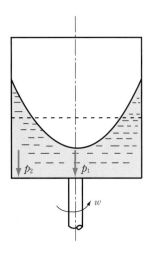

그림 2.1 회전 원통형 용기

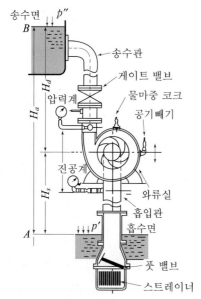

그림 2.2 **양수장치의 설치도**

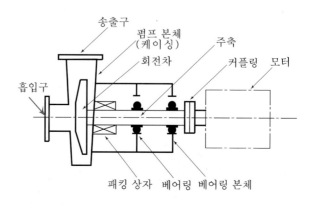

그림 2.3 **원심 펌프의 개략도**

그리고 압력이 낮은 중심부에 관을 연결하여 아래쪽의 물탱크와 연결하고, 원통형의 용기가 밀폐된 것으로 하여 회전시키면 용기 아래에 위치한 물탱크로부터 물이 차차 빨려 올라오게(吸上) 된다. 이와 같은 원리를 이용하여 그림 2.2와 같이 밀폐된 용기 대신에 케이싱(casing), 회전하는 용기 대신에 회전차(回轉車, impeller), 그리고 용기 중심 부분에 흡입관으로 구성된 것이 원심 펌프의 기본적인 구성요소이다. 원심 펌프의 경우 케이싱이라고 하는 밀폐된 공간 내에서 회전하는 회전차의 회전작용에 따른 날개(blade)로부터 원심력에 의하여 물은 회전차의 외주(外周)로 밀어 붙여지고, 회전차 중심부의 압력은 낮아지게 되어 바깥의 압력에 의하여 물은 흡입관을 따라 밀폐 용기인 케이싱으로 빨려 올라가게 된다. 빨려 올라간 물은 고속으로 회전차로부터 유출되어 적합한 에너지의 변환을 거쳐 밀폐된 용기에 모여 송출관으로 송출된다.

원심 펌프를 포함한 펌프 설치의 개략도는 그림 2.2와 같으며, 계통도는 크게 흡입관, 원심 펌프, 송출관으로 구성된다. 그리고 원심 펌프는 그림 2.3에 도시한 바와 같이 회전차, 주축(主軸), 펌프 본체, 안내깃 및 와실, 베어링, 그리고 축봉장치로 구성된다.

(1) 회전차

회전차(impeller)는 앞·뒤의 원형의 측판(shroud) 사이에 몇 장의 만곡된 깃을 가진 회전 물체로, 밀폐된 용기 내 가득찬 유체 속에서 회전차가 회전함으로써 날개로부터 유체에 에너지를 부여해 주는, 펌프에서 가장 중요한 핵심 구성요소이다.

일반적으로 회전차는 3가지 기본 형태로 나누어지는데, 전·후면의 원형 측판이 있는 것을 밀폐형(closed type), 전면 측판이 없는 것을 반개방형(semi opened type), 전·후면의 측판이 없는 것을 개방형(opened type)이라고 하는데, 원심 펌프에서는 밀폐형에 속하는 반경류형 회전차가 주로 사용된다.

회전차의 재료로는 주조와 기계 가공이 쉬우며, 주물 표면이 매끄럽고 녹이 슬지 않는다는 이점으로 청동을 사용한다. 그러나 고속 회전을 하거나 고온의 액체를 양수하고자 하는 경우에는 내열 합금의 회전차를, 또한 해수와 같이 전해질인 액체를 양수하고자 하는 경우에는 전해작용이 일어나므로, 스테인리스(스텐 주강) 또는 주철과 니켈 합금강을 쓰고, 내식성을 필요로 하는 경우에는 플라스틱제를 사용하기도 한다.

(2) 주축

주축(主軸; main shaft)은 회전차와 체결, 일체화되어 있으며 펌프의 외부에 있는 전동기 또는 원동기와 연결되어 동력을 전달하게 된다. 일반적으로 그 재료는 보통 기계 구조용 탄소강(SM45C)을 사용하며 회전차의 재료와 동일한 것을 사용하기도 한다.

(3) 와류실

와류실(渦流室; spiral casing)은 회전차나 안내깃 또는 와실로부터 에너지를 받고 최종적으로 유출되는 물을 모아서 송출관 쪽으로 보내는 스파이럴형(spiral type)의 동체이다. 그 단면이 출구 쪽으로 갈수록 커지는 확대관이므로 이 공간을 통과하는 동안에 물이 가지고 있는 속도 에너지가 송출에 적합한 압력 에너지의 형태로 변환된다.

(4) 안내깃 및 와실

안내깃(guide vane)은 회전차로부터 에너지를 받고 유출되는 유체를 와류실로 유도하는 가운데 유체가 회전차로부터 받은 속도 에너지를 보다 더 송출에 적합한 압력 에너지의 형태로 변환시키거나 여분의 에너지를 회수하는 역할을 한다. 일반적으로 고정되어 있으나 특수한 설계에서는 깃을 가동식으로 하여 유량의 대·소에 따라 안내깃의 각도를 변화시키는 가변 익형도 있다. 안내깃에서 깃의 수는 보통 회전차의 깃 수보다도 몇 장 적게 하여 서로 소(素)가 되도록 한다. 반면에 와실(vortex chamber)은 회전차의 출구 바깥 둘레에 배치된 환상(環狀)의 공간으로 케이싱에 고정된다.

(5) 베어링

베어링(bearing)은 펌프 본체를 관통하는 주축의 원활한 회전과 주축 지지를 위한 기계적 요소로서, 축봉장치와 더불어 펌프의 내부와 외부와의 경계면을 적당한 위치에 베어링을 설치함으로써 축의 역할을 다하도록 한다.

(6) 축봉장치

축봉장치(packing and sealing)는 주축이 케이싱을 관통하는 부분에서 펌프 내부의 액체가 외부로 누설되는 것을 방지하기 위한 기계요소이다.

(7) 흡입관

흡입관(suction pipe)은 펌프 본체의 중심, 즉 회전차의 중심부와 연결되고, 다른 끝 부분은 흡입 액면 속에 연결되어 빨려오는 액체가 흡입되는 관로가 된다. 흡입관의 끝에는 풋 밸브(foot valve)가 부착되어 있으며, 이 내부에는 체크 밸브(check valve)가 장착되어 있는데 펌프의 운전이 정지되었을 경우에 흡입 관로 내 물의 역류를 방지하는 역할을 하여 흡입 관로 내의 물이 비게 되는 것을 방지한다. 풋 밸브의 아래에는 여과기(strainer)가 있어 고형 물질의 유입이 방지된다.

그러나 이러한 부수적인 장치들은 흡입 관로 내 유체가 빨려오는데 저항이 되어 공동현상을 초래하게 하는 원인이 된다.

(8) 송출관

송출관(discharge pipe)은 와류실의 출구에 연결되어 양수하고자 하는 곳으로 액체를 송출하는 관로이다. 와류실과 송출관 사이에 게이트 밸브(gate valve)를 달아 펌프 시동 때에는 닫아두었다가(체절운전) 점차 밸브를 열어 필요한 유량을 송출하도록 한다.

원심 펌프는 원리, 구조 및 운전 성능의 관점에서 보아 다른 펌프보다 많은 이점을 가지며, 같은 원리로 단지 설계 상의 고려를 통해서 펌프가 내는 압력 및 유량을 넓은 범위까지 제작할 수 있으므로 매우 넓은 용도에 적합하다. 즉, 종래는 왕복 펌프만의 범위였던 높은 압력의 범위와 축류 펌프가 아니면 얻을 수 없었던 대 유량의 범위까지 확장되고 있으며, 펌프의 대부분을 차지하고 있는 실정이다. 따라서 원리는 같아도 광범위한 용도에 적합하려면 구조는 여러 가지 형태가 되고, 또 분류도 여러 가지 관점에서 나누어지게 된다.

2) 분류

(1) 안내깃의 유·무에 의한 분류

① 벌류트 펌프(volute pump) : 회전차의 외주에 접해서 안내깃이 없는 원심 펌프(그림 2.4 (a) 참조)

② 디퓨저 펌프(diffuser pump) 또는 터빈 펌프(turbine pump) : 회전차의 외주에 접하여 안내깃(G)이 있는 원심 펌프(그림 2.4 (b) 참조)

(a) 벌류트 펌프	(b) 디퓨저 펌프	(c) 와실을 갖는 원심 펌프

그림 2.4 안내깃의 유·무에 의한 원심 펌프

전자는 일반적으로 회전차 1개(1단)가 발생하는 양정이 낮은 것에 사용되고, 후자는 전자보다 더 높은 양정에 사용된다. 벌류트 펌프와 디퓨저 펌프와의 중간적인 것으로 와실(W)을 가진 원심 펌프가 있다(그림 2.4 (c) 참조).

(2) 흡입구 수에 의한 분류

① 편 흡입 펌프(single suction pump) : 회전차의 한쪽에서만 유체를 흡입하는 원심 펌프로, 회전차의 형상은 일반적인 형태인 편 흡입 회전차이다(그림 2.5 (a) 참조).

② 양 흡입 펌프(double suction pump) : 회전차의 양쪽으로 대칭하여 유체를 흡입하는 원심 펌프로, 회전차의 형상은 양 흡입 회전차이다. 회전차의 치수가 동일한 경우에 편 흡입 펌프와 양정은 같지만 유량은 양 흡입 펌프가 편 흡입의 2배가 된다. 따라서 송출량이 많은 경우에 사용된다(그림 2.5 (b) 참조).

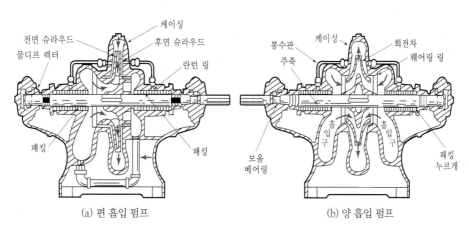

(a) 편 흡입 펌프	(b) 양 흡입 펌프

그림 2.5 흡입구 수에 의한 원심 펌프

(3) 단(stage) 수에 의한 분류

① 단단(single stage) 펌프 : 하나의 케이싱 내에 1개의 회전차로 구성된 원심 펌프로, 양정이 낮은 곳에 사용된다(그림 2.6 (a) 참조).

② 다단(multi stage) 펌프 : 하나의 케이싱 내의 동일 축에 2개 이상의 회전차를 직렬로 배치하여 순차적으로 연결되도록 하여 고압의 송출(高 揚程化)을 얻을 수 있다(그림 2.6 (b) 참조).

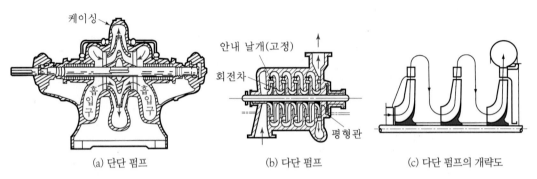

(a) 단단 펌프   (b) 다단 펌프   (c) 다단 펌프의 개략도

그림 2.6 단 수에 의한 원심 펌프

(4) 축의 형상에 의한 분류

① 횡축식(horizontal type) 펌프 : 펌프의 주축이 수평으로 놓인 원심 펌프로, 일반적으로 거의 대부분의 펌프는 여기에 속한다.

② 종축식(vertical type) 펌프 : 펌프의 주축이 수직으로 놓인 원심 펌프로, 설치장소가 협소하거나 양정이 높아서 공동현상의 발생 염려가 있을 경우에 적합하다.

(5) 케이싱의 형상에 의한 분류

① 원통형(cylindrical casing) 펌프 : 케이싱이 원통형의 일체로 제작된 펌프이다.

② 조립형(sectional casing) 펌프 : 흡입 케이싱과 송출 케이싱 사이에 여러 개의 회전차가 안내깃을 조립해 넣고 체결, 조립한 펌프이다.

③ 상하 분할형(split casing) 펌프 : 케이싱이 축을 포함하는 수평면으로 상하 2개로 분할되는 펌프로, 대형 펌프에 많이 채용되고 분해하기가 편리하다.

④ 배럴형(barrel casing) 또는 2중 동체형(double casing type) 펌프 : 다단식으로서 견고한 외측 케이싱(barrel) 속에 분할형 또는 조립형의 내측 케이싱을 삽입하고, 그 틈으로 고압수를 유도하여 높은 압력을 외측 케이싱에 부담시킴으로써 내측 케이싱에는 과대한 압력이 작용하지 않도록 한 것이다.

3) 용량

(1) 흡입 구경과 송출 구경

일반적으로 펌프의 크기는 「흡입 구경(D_s)×송출 구경(D_d) 펌프 종류」로 표시한다. 예를 들면, 흡입 구경 $D_s = 100\,mm$, 송출 구경 $D_d = 80\,mm$인 원심 펌프의 크기는 「100×80 원심 펌프」로 표시한다. 그리고 흡입 구경과 송출 구경이 다 같이 100 mm인 경우에는 「100 원심 펌프」라고 표시한다. 실제로 펌프의 흡입구 구경은 일반적으로 흡입관의 구경과 같으나 송출구 구경은 송출관의 구경과 반드시 같지는 않다.

소형 펌프의 경우나 종래에는 와류실의 송출 구경이 송출관 구경과 같고, 흡입 구경과도 같은 치수인 것이 많았으나, 최근에는 대형 펌프 또는 고 양정용 펌프에서는 그림 2.7과 같이 와류실을 작게 하여 송출 구경을 흡입 구경보다 작게 설계하는 경향이 있다. 그 이유는 회전차에서 빠른 속도로 유출되어 나온 유체가 갑자기 넓은 공간에 이르게 되면 속도가 떨어지고, 와류가 생겨 에너지의 손실이 커지게 되어 펌프의 효율이 떨어지는 것을 방지하기 위해서이다. 이러한 점을 고려하여 송출구 부근에서 손실 수두가 적게 되도록 이경관(異徑管)을 붙여 유속이 서서히 떨어지게끔 배관한다.

펌프의 구경을 결정할 때 제일 먼저 결정하지 않으면 안되는 것이 흡입구와 송출구에서의 유속이다. 유속이 빠르게 되면 마찰손실이 크게 되고, 느리게 되면 구경이 커지게 되므로 경제적이지 못하게 된다. 일반적으로 점성이 큰 액체, 고온수를 수송한다든가 또는 흡입 양정이 커서 공동현상의 발생 염려가 있을 경우에는 유속을 느리게 하여 손실 수두가 작게끔 지름이 큰 관을 채택한다.

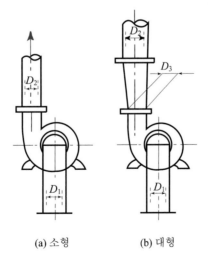

(a) 소형   (b) 대형

그림 2.7 원심 펌프에서의 송출 구경

(2) 양정의 결정

① 실 양정(H_a, actual head) : 펌프 장치에서 펌프를 중심으로 하여 흡입 액면으로부터 송출 액면까지의 수직 높이로, 펌프의 중심선으로부터 흡입 액면까지의 수직 높이를 흡입 실양정 H_{as}(actual suction head), 펌프의 중심선으로부터 송출 액면까지의 수직 높이를 송출 실양정 H_{ad}(actual discharge head)이라 하고

$$H_a = H_{as} + H_{ad} \tag{2.1}$$

가 된다.

② 계기 양정(H_m, manometric head) : 실 양정이 단순히 펌프가 유체를 이동시킨 결과만을 이야기한 것이며, 실제로 유체가 흡입관과 송출관 속을 흐를 때 생기는 마찰저항을 이겨낼 만한 동력을 펌프가 부담해야 하고, 송출관으로부터 물탱크에 방출하여 손실에 상당하는 잔류 속도 수두도 펌프가 감당해야 할 동력이 된다. 이와 같이 볼 때 사실상 그 크기를 구하기는 어렵고 하여 펌프를 중심으로 가능한 한 가까운 흡입관 측에 진공계(P_s)를, 송출관 측에 압력계(P_d)를 부착하여 각 계기 읽음으로부터 결정하는 것이 계기 양정이다(그림 2.8 참조).

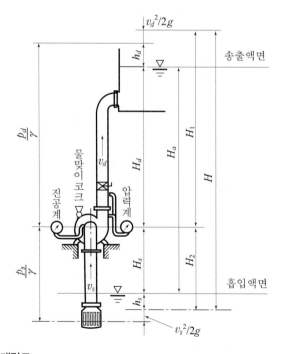

그림 2.8 펌프의 설치 개략도

베르누이 정리로부터 펌프에 관한 에너지 방정식을 세워 정리하면

$$H_m = \frac{p_d - p_s}{\gamma} + \frac{v_d^2 - v_s^2}{2g} + y \tag{2.2}$$

이고, 여기서 y는 진공계와 압력계의 설치높이 차이다.

③ 전 양정(H, total head) : 펌프를 포함한 양수장치에 대한 필요 양정을 생각해 보자. 양수장치의 흡입 액면과 송출 액면에 작용하는 압력을 각각 P_s, P_d, 흡입관과 송출관에서의 평균 유속을 각각 v_s, v_d, 흡입 관로 및 송출 관로 내에서의 전체 손실 수두를 ΔH, 실 양정을 H_a라 할 때 유체가 유동하는데 필요한 전 양정은

$$H = \frac{P_d - P_s}{\gamma} + \frac{v_d^2 - v_s^2}{2g} + H_a + \Delta H \tag{2.3}$$

로 나타낸다.

예제 2.1

펌프를 설계하고자 하는데 사용 액체는 50℃의 맑은 물이고, 흡입 액면에 작용하는 압력은 대기압이며, 송출 액면에 작용하는 압력은 490 kPa,g이다. 또한 송출 액면과 흡입 액면의 높이의 차가 30 m, 정격 유량이 유동할 때의 전체 관로계의 손실 수두가 5 m라고 한다. 여기서, 흡입관과 송출관에서의 유속이 같다고 하면 양정을 얼마로 하면 되는가?

정답 사용하는 액체는 50℃의 물이므로 물의 비중량은 표 1.4 및 표 1.11로부터 $\gamma_{50℃(물)} =$ 9682.4 N/m³이다. 따라서 $P_d = 490\,\text{kPa}$, $P_s = 0$, $H_a = 30\,\text{m}$, $\Delta H = 5\,\text{m}$, $v_s = v_d$이고, 이를 식 (2.3)에 대입하면

$$H = \frac{490 \times 10^3}{9,682.4} + 30 + 5 = 85.61 \,(\text{m})$$

이다.

예제 2.2

어떤 펌프를 가동하여 정격 유량을 수송할 때 압력계 및 진공계 눈금을 각각 38 m,Aq 2 mAq의 크기를 얻었다. 압력계와 진공계의 수직거리는 40 cm이고, 흡입관과 송출관의 지름은 같다고 하면 이 펌프의 양정은 얼마인가?

정답 문제에서 $p_d/\gamma = 38\,\text{m}$, $p_s/\gamma = 2\,\text{m}$(진공), $y = 0.4\,\text{m}$, $v_s = v_d$이므로 이 값들을 식 (2.2)에 대입하여 정리하면,

$$H_m = 38 - (-2) + 0.4 = 40.4 \,(\text{m})$$

이다.

(3) 유량

펌프의 송출량은 단위 시간에 펌프로부터 송출되는 체적 유량이다. 송출량을 Q_0, 회전차를 통과하는 유량을 Q_i, 누설 및 순환 잔류유량을 q라 하면,

$$Q_0 = Q_i - q \tag{2.4}$$

이다. 여기서, q는 회전차를 나온 후 송출관으로 나가지 못하고 일부는 외부로 누설되고, 또 다른 일부는 회전차의 바깥으로 가서 다시금 흡입되는 순환 잔류유량이 된다. q/Q_0는 소형, 고압형의 펌프 및 송출량이 작은 운전상태에서는 크게 되는데 일반적으로 $Q_i/Q_0 \fallingdotseq$ 1.02~1.10 정도가 된다.

송출량 및 펌프의 대수를 결정할 때에는 사용 용도별로 검토를 해야 한다. 펌프의 용량 및 대수 결정상의 주의사항은 다음과 같다.

① 각 펌프는 가능한 전 부하 운전이 되도록 한다.
② 유지관리 상 대수가 적고 동일 용량인 경우가 좋다.
③ 펌프 효율의 관점에서 보면 대용량의 것이 좋다.
④ 유지관리 비용 절약을 위하여 예비 펌프는 소용량으로 한다.
⑤ 유량 변화가 심한 경우는 대소 2대의 용량의 펌프를 설치하는 것이 경제적이다.

(4) 펌프의 회전수

펌프의 회전수, 즉 회전차의 회전수 N을 결정하는 방법에는 2가지가 있다.

① 전동기와 직결하여 사용할 때에는 전동기의 동기속도 n을 계산하여 펌프의 회전수를 결정한다. 전동기의 극수를 p, 전원의 주파수를 f [Hz]라 하면 동기속도 n [rpm]은 다음과 같이 된다.

$$n = \frac{120f}{p} \tag{2.5}$$

여기서, 전동기의 동기속도는 곧 전동기의 회전수를 나타내는 것이며, 무부하 상태의 이론상의 회전수이다.

실제로 펌프를 운전할 때에는 부하가 걸리기 때문에 미끄럼(slip)이 생기고, 전 부하 시에는 2~5%의 미끄럼을 고려해야 한다. 미끄럼율을 S [%]라 하면 펌프의 회전수 N [rpm]은

$$N = n\left(1 - \frac{S}{100}\right) = \frac{120f}{p}\left(1 - \frac{S}{100}\right) \tag{2.6}$$

로 된다.

② 회전차의 형상을 제일 먼저 정하고 그 회전차의 특성인 비교 회전도를 자료에서 선정하여 가장 효율이 높은 회전수를 정하는 방법이다. 이 경우에는 펌프의 정해진 양정과 유량에서 회전차의 형상과 펌프의 형식이 정해졌을 때 이들을 바탕으로 하여 회전수를 정하게 된다.

2.1.2 기본 이론

1) 이론 양정

(1) 깃 수 무한인 경우의 이론 양정($H_{th\infty}$)

회전하고 있는 회전차 내에서의 유체 유동의 해석은 매우 어렵다. 왜냐하면 회전이 수반된 가운데 깃과 깃 사이의 공간에서 유체 유동의 현상은 매우 복잡하기 때문이다. 따라서 이론적인 측면에서 유동 해석을 위해서는 깃 두께가 무한히 얇고, 또한 깃 수가 무한한 이상적인 경우를 생각하면, 회전하고 있는 회전차 내의 유체 유동의 유선은 모두 깃의 곡선 모양을 따르게 되므로 유선에 대한 방정식이 파악되어 유동 해석은 진전될 것이다. 이러한 경우의 유동을 깃 수 무한의 유체 유동이라고 하며, 이와 같은 유동으로 가정했을 때 회전차에 의해서 단위 무게의 액체에 주어지는 에너지, 즉 양정(수두)을 「깃 수 무한인 경우의 이론 양정」이라 하고, $H_{th\infty}$로 표시하기로 한다.

그림 2.9와 같은 회전차가 회전수 N [rpm]으로 회전하면 회전차 내의 깃 A, B에 의하여 회전 에너지의 일부분은 유체에 전달되고, 나머지의 일부 에너지는 유체를 교란하게만

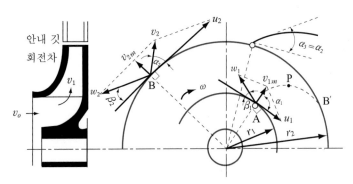

그림 2.9 회전차에서의 유체의 속도분포

하는 에너지로 손실된다. 이 경우에 유체에 주어지는 에너지는 동적 에너지와 정적 에너지가 되는데, 전자는 속도 에너지의 형태가 되고, 후자는 위치 에너지 및 압력 에너지가 된다.

이와 같이 회전차의 회전에 의하여 유체는 에너지를 받아 회전차 중심으로부터 회전차의 원 둘레 방향으로 유동을 일으키게 되며, 이러한 유동의 경로는 깃의 구조와 형상에 따라 동일하지는 않다. 즉, A로부터 B에 이르는 자연 유동이 아니라, A점에서 회전차 내에 유입한 유체는 P를 거쳐서 B′에서 회전차를 떠나는 APB′의 곡선형의 경로를 그리면서 유동되는 것으로 가상하며, 그러는 동안에 깃으로부터 에너지를 전달받는 강제 유동을 하게 된다.

유체는 회전체의 중심 가까운 곳에서 흡입되어 반지름 방향으로 회전차 출구 쪽으로 유출하게 된다. 이때 회전차 입구와 출구 상에 있는 유체 입자의 유동 궤적 상에서의 절대속도를 각각 v_1, v_2, 회전차에 대한 상대속도를 w_1, w_2, 회전차에 대한 원주속도를 u_1, u_2라고 표시한다. 여기서 아래 첨자 1은 입구를, 2는 출구를 나타내는 것으로 한다.

각각의 위치에서 위의 3가지 속도로 형성되는 속도벡터 평행사변형의 관계가 성립되는데, 절대속도 v는 각각의 위치에서 유동 궤적 상의 유체의 입자가 유동 궤적에 대한 접선방향의 속도 성분이 되며, 상대속도 w는 유체 입자의 깃 곡선에 대한 접선방향으로의 속도 성분을 말하며, 원주속도 u는 유체 입자의 회전차 출구원에 대한 접선방향의 속도 성분에 해당하는 속도벡터들로 정의된다.

평행사변형에서 상대속도 w를 평행이동하게 되면 삼각형 모양의 속도벡터 형태를 취하게 되는데, 이것을 속도 삼각형(velocity triangle)이라고 한다.

원심 펌프의 이론 양정에 대한 식은 각 운동량 원리(angular momentum theory) 또는 운동량 모멘트(moment of momentum)의 원리를 회전차의 입구와 출구를 통과하게 되는 유체의 질량에 적용함으로써 얻어지게 된다. 즉, 운동량 법칙(momentum theory)과 모멘트 원리로부터 각 운동량 법칙이 유도되는데,

$$f = \frac{d(m \cdot v)}{dt} \tag{2.7}$$

$$T = f \times r \tag{2.8}$$

로부터

$$T = \frac{d(m \cdot v_u) \cdot r}{dt} \tag{2.9}$$

가 된다. 여기서 v_u는 운동 궤적인 곡선 상의 어떤 한 점에서 원주방향 분속도이다.

회전차 입구와 출구에 있어서의 각 운동량은 회전차 내의 유체의 비중량을 γ, 유량을 Q라고 할 때 위의 관계식으로부터

$$\frac{(질량)\times(원주방향\ 분속도)\times(반지름)}{(시간)} = \frac{\gamma}{g}Q \cdot v_u \cdot r \tag{2.10}$$

의 기본 형태에 따라 토크 T는

$$T = \frac{\gamma}{g}Q(r_2 \cdot v_{2u} - r_1 v_{1u}) \tag{2.11}$$

이고, 여기서 회전차 입구와 출구에서의 속도 삼각형으로부터

$$v_{1u} = v_1 \cdot \cos\alpha_1$$
$$v_{2u} = v_2 \cdot \cos\alpha_2$$

의 관계를 식(2.11)에 대입하면

$$T = \frac{\gamma}{g}Q(r_2 \cdot v_2\cos\alpha_2 - r_1 \cdot v_1\cos\alpha_1) \tag{2.12}$$

가 되고, 깃 수가 무한인 경우에 회전차가 갖게 되는 이론 동력 $L_{th\infty}$는 2가지의 관련 공식으로부터 다음과 같이 표시될 수 있다.

$$L_{th\infty} = \frac{F\times s}{t} = F \times \frac{r\theta}{t} = T \times \omega \tag{2.13}$$

$$L_{th\infty} = \gamma \cdot Q \cdot H_{th\infty} \tag{2.14}$$

여기서 ω는 회전차의 각속도(angular velocity)이다.

식 (2.12)를 식 (2.13)에 대입하고 그 결과식을 식 (2.14)와 같게 놓아 정리하면

$$\gamma \cdot Q \cdot H_{th\infty} = \frac{\gamma}{g} \cdot Q(r_2\omega \cdot v_2\cos\alpha_2 - r_1\omega v_1\cos\alpha_1)$$

$$= \frac{\gamma}{g} \cdot Q(u_2 \cdot v_2\cos\alpha_2 - u_1 v_1\cos\alpha_1) \tag{2.15}$$

따라서

$$H_{th\infty} = \frac{1}{g}(u_2 v_2\cos\alpha_2 - u_1 v_1\cos\alpha_1) \tag{2.16}$$

식 (2.16)으로 표시되는 $H_{th\infty}$를 깃 수 무한인 경우의 이론 양정 또는 오일러의 방정식

(Euler's equation)이라고 한다.

만약 회전차의 깃 입구에서 유입되는 유체 유동이 회전차를 중심으로 반지름 방향이라고 한다면, 즉 입구에서 절대속도의 원주방향 성분을 가지지 않는다면 α_1을 90°로 간주할 수 있으므로 $v_{1u} = v_1 \cdot \cos\alpha_1 = 0$이 되므로

$$H_{th\infty} = \frac{1}{g} u_2 v_2 \cos\alpha_2 \tag{2.17}$$

로 표시된다.

(2) 깃 수 유한인 경우의 이론 양정(H_{th})

앞에서 논의한 깃 수 무한인 경우의 회전차 내의 유체 유동은 실제의 경우가 아닌 이상적으로 유동을 가정한 결과이므로, 회전차의 회전에도 불구하고 유동의 모양은 깃의 곡선을 따라가게끔 가정한 것이다.

실제로 깃은 그 두께와 깃의 수가 유한하고, 유체도 이상유체가 아니므로 유동은 깃의 형태를 그대로 따른다고 볼 수 없다. 회전차 내의 유체 입자는 자신의 위치를 계속적으로 유지하려고 하는 성질을 가지고 있다. 즉, 회전차가 우측으로 회전할 때마다 회전차 내의 유체 입자는 원래의 위치를 유지하기 위하여 상대적으로 좌측으로 1회전하게 되는 「상대적 순환」의 유동이 이루어진다.

상대적 순환 운동의 크기는 통로의 형상에 따라서 다르고, 통로가 길고 좁을 때는 넓고 짧을 때보다 작다. 실제에서는 회전차 내에서의 유동은 깃 수 무한인 경우의 균일 유동과 상대적 순환 유동이 중첩된 유동으로 되기 때문에 깃 이면의 유체 유동은 가속되고 깃 표면(전면)의 유동은 감속된다.

깃 수 유한인 경우의 이론 양정 H_{th}는 위에서 살펴본 바와 같이 깃 수 유한인 경우의 유동이 정확히 파악되기에는 상당한 어려운 인자들을 포함하므로 그 값들이 구해지지 않는 한 계산될 수 없다.

「깃 수 무한」인 경우와 「깃 수 유한」인 경우와의 차이를 표시하기 위하여 회전차 입구와 출구에 있어서 깃 수 무한인 경우에 대한 유한인 경우의 물성값 비를 각각 μ_1, μ_2라 놓으면 이것을 각각의 미끄럼계수(slip coefficient)라 한다. 이 미끄럼계수 μ를 구하기 위하여 많은 이론적인 연구와 아울러 실험적 연구도 행하여지고 있다. 그러나 여기에서는 간단히 다음과 같은 관계로 미끄럼계수 μ를 정의한다.

$$\mu = \frac{H_{th}}{H_{th\infty}} \tag{2.18}$$

회전차의 바깥지름이 460 mm인 원심 펌프가 1,150 rpm으로 회전하고 있을 때 유량은 5.1 m³/min이다. 펌프의 전 양정 및 수동력을 구하여라. 단, 물은 회전차 입구에서는 반지름 방향으로 들어오고, 회전차 출구에서의 상대속도도 반지름 방향인 것으로 하며, 또한 $H/H_{th\infty} = 0.85$로 한다.

정답 물은 회전차 입구에서 반지름 방향으로 들어오므로 $\alpha_1 = 90°$, 또 회전차 출구에서 상대속도의 방향도 반지름 방향이므로 속도 삼각형에 의하면 $v_2 \cdot \cos\alpha_2 = u_2$가 된다. 따라서 $u_2 = \pi D_2 N / 60$으로부터 $u_2 = 3.14 \times 0.46 \times 1150/60 = 27.68$ m/s가 되므로

$$H_{th\infty} = \frac{1}{g} u_2 v_2 \cos\alpha_2 = \frac{1}{g} u_2^2 = \frac{(27.67)^2}{9.8} = 78.18 \, (\text{m})$$

그러므로, 구하려는 전 양정 H는 $H/H_{th\infty} = 0.85$로부터

$$H = 0.85 \times H_{th\infty} = 0.85 \times 78.18 = 66.45 \, (\text{m})$$

이고, 수동력 $L_w = \gamma \cdot Q \cdot H$

$$= \frac{9800 \times 5.1 \times 66.45}{1000 \times 60} = 55.35 (\text{kW})$$

이다.

2) 동력

(1) 수동력(L_w)

펌프 내의 회전차의 회전에 의하여 펌프를 통과하는 유체에 주어지는 동력을 수동력(水動力, water horsepower)이라 한다. 펌프의 송출 유량을 Q[m³/min], 양정을 H[m], 액체의 비중량을 γ[N/m³]라 하면 수동력은 다음과 같이 표시된다.

$$L_w = \frac{\gamma Q H}{1,000 \times 60} \, [\text{kW}] \tag{2.19}$$

(2) 축동력(L_s)

펌프 외부의 원동기나 전동기 등 동력 공급원으로부터 펌프의 회전차를 구동하는데 필요한 동력을 **축동력**(軸動力, shaft horsepower)이라고 한다. 단위는 수동력의 단위에 맞추어 kW로 표시된다.

앞서 언급한 2가지 동력은 각각 펌프라는 유체기계를 중심으로 하여 볼 때 전자는 출력(出力, output)에 해당되고, 후자는 입력(入力, input)에 해당하는 동력으로 볼 수 있으므

로 둘 사이의 관계를 효율이라는 개념으로 정의할 수 있다.

(3) 전동기 동력(L_m)

필요 축동력을 얻을 수 있도록 전동기가 가하는 동력(전동기 동력, motor power)으로, 이는 펌프의 주축과 전동기 축 연결방법에 따라 그 크기가 달라진다. 단위로는 와트(W, Watt) 또는 킬로와트(kW, kiloWatt)를 사용하고, 전동기 명판에 나타낸 값은 명판의 정격 전압 및 정격 주파수에서 연속으로 운전할 수 있는 값이며, 정격 출력 상태를 전부하, 공회전 상태를 무부하, 정격 출력 이상의 상태를 과부하라고 한다.

3) 제 효율과 손실

효율의 일반적인 개념인 입력에 대한 출력의 관계를 펌프에 적용시키면,

$$\eta_p = \frac{L_w}{L_s} \tag{2.20}$$

로 표시할 수 있는데, 여기서 η_p를 펌프의 전(全)효율 또는 단순히 효율(效率)이라고 한다.

또한 펌프의 전 효율 η_p는 다음과 같이 3가지의 효율로 구성된다.

$$\eta_p = \eta_h \cdot \eta_m \cdot \eta_v \tag{2.21}$$

여기서 η_h는 수력 효율(hydraulic efficiency), η_m은 기계 효율(mechanical efficiency), η_v는 체적 효율(volumetric efficiency)로서 이들은 각각 다음과 같이 정의된다.

(1) 수력 효율(η_h)

펌프 내에서 생기는 수력손실을 ΔH이라 하면

$$\eta_h = \frac{\text{펌프의 실제 양정}}{\text{깃 수 유한인 경우의 이론 양정}}$$
$$= \frac{H}{H_{th}} = \frac{H_{th} - \Delta H}{H_{th}} \tag{2.22}$$

이다.

수력 효율(hydraulic efficiency) η_h는 펌프의 전 효율 η_p에 영향을 주는 인자 중에서 가장 큰 영향을 미치는 효율이다. 따라서 수력 효율의 실질적인 내용이 되는 수력손실을 규명해 보는 것이 필요하다. 수력손실을 지배하는 인자는 다양하고 복잡하며 정확히 해석하

는 것은 불가능하다.

그러나 수력손실에 미치는 손실로는

① 펌프의 흡입구에서 송출구에 이르는 유로(流路) 전체에서의 마찰로 인한 손실
② 회전차, 안내깃, 와류실, 송출관 등에서 유체의 와류(渦流)로 인한 손실
③ 회전차의 깃 입구와 출구에서의 유체 입자들의 충돌에 의한 손실 등

으로 볼 수 있다.

(2) 기계 효율(η_m)

펌프에서 회전하는 부분인 회전차와 고정된 부분인 케이싱(또는 와류실)과의 상대적인 부분에서 원활한 회전을 위한 베어링과 아울러 축의 회전을 가능하게 하면서 누설방지를 목적으로 한 축봉장치와의 관계로 야기된 마찰에 의한 동력손실(L_m)과 회전차를 단순한 원판(disc)으로 간주하고, 그 원판인 회전차가 케이싱 내의 유체를 헤치고 회전해야 하는데 따른 마찰손실 동력(L_d)을 합한 것을 **기계손실**(mechanical loss)이라고 할 수 있다. 그리고 전자를 외부 기계손실, 후자를 내부 기계손실 또는 원판 마찰손실이라고도 한다. 따라서 펌프의 기계 효율(mechanical efficiency) η_m은

$$\eta_m = \frac{L_s - (L_m + L_d)}{L_s} \tag{2.23}$$

으로 표시된다.

(3) 체적 효율(η_v)

앞에서 언급한 2가지 손실 외에도 누설 손실로 알려진 펌프에서의 유량 손실이 펌프의 회전 부분과 고정 부분 사이의 틈새를 통해서 일어나고, 펌프 출구에서의 유효 유량은 회전차를 통과한 유량보다 유량 손실만큼 적다. 이러한 유량 2가지 측면에서의 비를 **체적 효율**(volumetric efficiency) η_v라고 정의한다.

펌프가 실제로 송출하는 유량을 Q_0, 펌프의 회전차 속을 지나는 유량을 Q_i, 펌프 내부에서 누설 및 순환 잔류유량으로 인한 손실 유량을 q라 하면 체적 효율 η_v는

$$\eta_v = \frac{Q_0}{Q_i} = \frac{Q_i - q}{Q_i} = 1 - \frac{q}{Q_i} \tag{2.24}$$

가 된다.

체적 손실 또는 누설 손실로 많이 알려진 유량 손실은 누설만의 손실을 뜻하지 않으며, 오히려 누설되는 것보다는 펌프 내부에서 제대로 송출되지 못하고 펌프의 회전차

내부를 순환하면서 잔류되는 유량, 즉 순환 잔류 유량이 누설량보다 못지않게 있음을 알 수 있다. 따라서 유량 손실은 회전 부분과 고정 부분 사이의 경계 지점의 틈을 통한 누설 유량과 펌프 내부에서의 순환 잔류 유량으로 손실 유량은 나누어진다.

누설 및 순환 잔류 유량이 생기는 부분을 살펴보면 다음과 같다.

① 회전차 입구에서의 웨어링 링(wearing ring)
② 축추력 방지를 위한 평형공(balance hole)
③ 다단 펌프에서 각 단 사이의 간극
④ 패킹박스(packing box)
⑤ 봉수용 또는 냉각을 위한 주수(注水)

예제 2.4

안지름 75 cm의 원형 관을 사용하여 수평 거리로 20 km 떨어진 장소에 유량 72 m³/min의 물을 보내고자 한다. 여기에 필요한 펌프의 수동력 및 축동력은 각각 몇 kW가 되는가? 단, 원관의 관마찰계수는 0.02, 펌프의 전 효율은 75%이다.

정답 관로 내 물의 평균 유속은

$$v = \frac{Q/60}{\pi d^2/4} = \frac{72}{60} \frac{4}{3.14 \times 0.75^2} = 2.72 \, (\text{m/s})$$

이고, 원관 내 손실 수두는

$$\Delta H = f \frac{v^2}{2g} \frac{l}{d} + \frac{v^2}{2g} = 0.02 \times \frac{2.72^2}{2 \times 9.8} \times \frac{20,000}{0.75} + \frac{2.72^2}{2 \times 9.8} = 201.69 \, (\text{m})$$

이다.
그리고 전 양정 H는 배관이 수평 상태이므로 ΔH 그 자체가 된다. 따라서

수동력은 $L_w = \dfrac{\gamma Q H}{1,000 \times 60} = \dfrac{9,800 \times 75 \times 201.69}{60,000} = 2,470.70 \, (\text{kW})$

축동력은 $L_s = \dfrac{L_w}{\eta_p} = \dfrac{2470.70}{0.75} = 3294.27 \, (\text{kW})$

이다.

---

4) 상사법칙

일반적으로 어떤 새로운 유체기계를 설계하고자 할 때에는 기존의 유체기계에 관한 자료들을 참고로 하는데, 특히 터보 유체기계에 대해서 원형과 모형 사이의 상사성(相似性,

similarity)을 적용한다. 이는 형상을 같게 하고 단지 치수를 바꾸어 모형에 대해 적합한 회전수를 바꾸어줌으로써 원형과의 성능을 비교하는데 적절하게 응용되고 있다. 이와 같이 두 유체기계 사이에 상사성을 적용하는 것은 형상과 구조의 상사인 기하학적 상사성과 유체기계 내부에서 이루어지는 유동에 대한 운동학적인 역학적 상사성이 성립되는 유체역학적 상사성을 의미한다.

터보 유체기계 내부에서의 유동 특성을 대표하는 속도 삼각형이 상사가 되는 것을 전제로 한 유체기계의 어느 회전수에 있어서 성능에 대해 다른 유체기계의 다른 회전수에서의 성능을 추정하는데 효과적인 방법으로 이용되고 있다.

구조가 상사인 2대의 펌프에서 그림 2.10은 각각의 특성곡선을 나타내며, 각 펌프에서 최고 효율에서의 회전수를 각각 N_1, N_2라 하면, 서로의 특성곡선은 상사가 됨을 알 수 있다.

그림 2.10에서 두 특성곡선이 서로 대응하는 위치인 최고 효율점, 즉 펌프 내의 유동도 상사가 되는 특성곡선 상에 있어서의 유량을 Q_1, Q_2, 양정을 H_1, H_2, 축동력을 L_{s1}, L_{s2}라 하면 2대의 펌프 사이에는 다음과 같은 상사의 법칙이 성립하게 된다.

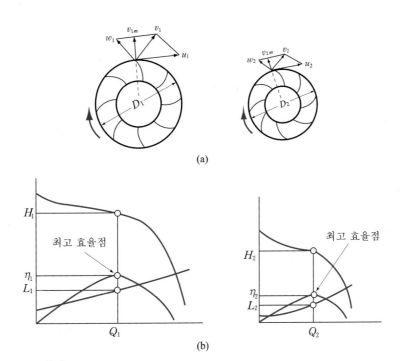

그림 2.10 두 상사 펌프의 특성곡선

(1) 유량에 관한 상사법칙(Q similarity)

2대의 펌프 회전차 출구에서 유로의 면적을 A_1, A_2, 반지름 방향의 유속을 v_{1m}, v_{2m} 이라고 하면

$$Q_1 = A_1 \cdot v_{1m}$$
$$Q_2 = A_2 \cdot v_{2m}$$

이 되고, 각각의 회전차의 원주속도를 u_1, u_2라 하면 유동은 상사가 되므로 그림에서

$$\frac{v_{1m}}{v_{2m}} = \frac{u_1}{u_2}$$

가 성립된다. 그리고 앞의 두 식으로부터

$$\frac{Q_1}{A_1 u_1} = \frac{Q_2}{A_2 u_2} \tag{2.25}$$

를 얻게 된다.

위의 관계식은 2대의 펌프 사이에 상사인 관계가 성립되면 내부의 유동이 상사인 관계를 유지하는 한 일정한 상수가 되며 일반적으로

$$\frac{Q}{Au} = \phi \tag{2.26}$$

로 표시한다. 이 상수 ϕ를 **유량계수**(coefficient of discharge)라 한다.

기하학적인 상사로부터 구조가 상사이므로 2대의 펌프의 유로의 단면적의 비는 b를 회전차의 출구 폭이라고 하면

$$\frac{A_1}{A_2} = \frac{\pi D_1 \cdot b_1}{\pi D_2 \cdot b_2} = \frac{\pi D_1 \cdot D_1}{\pi D_2 \cdot D_2} = \left(\frac{D_1}{D_2}\right)^2 \tag{2.27}$$

이 된다. 그리고 주어진 회전차의 원주속도의 비도 다음의 관계로 표시된다.

$$\frac{u_1}{u_2} = \frac{\pi D_1 \cdot N_1/60}{\pi D_2 \cdot N_2/60} = \frac{D_1}{D_2} \cdot \frac{N_1}{N_2} \tag{2.28}$$

따라서 위의 두 식, 식 (2.26)과 (2.27)에 의하여 식 (2.25)는 다음과 같이 정리된다.

$$\frac{Q_1}{D_1^3 N_1} = \frac{Q_2}{D_2^3 N_2} \tag{2.29a}$$

또는

$$Q_2 = Q_1 \times \left(\frac{D_2}{D_1}\right)^3 \times \left(\frac{N_2}{N_1}\right) \tag{2.29b}$$

이 식 (2.29)를 유량에 관한 **상사법칙**이라 한다.

예제 2.5

어떤 펌프가 970 rpm으로 회전할 때 전 양정 9.2 m, 유량 0.6 m³/min를 송출한다. 펌프의 회전수가 1,450 rpm일 때 유량은 몇 m³/min가 되는가?

정답 유량에 관한 상사법칙, 식 (2.29b)로부터

$$Q_2 = Q_1 \times \left(\frac{D_2}{D_1}\right)^3 \times \left(\frac{N_2}{N_1}\right)$$

에서 동일 펌프이므로 $D_1 = D_2$가 된다. 따라서

$$Q_2 = 0.6 \times (1)^3 \times \left(\frac{1,450}{970}\right) = 0.9 \, (\mathrm{m}^3/\mathrm{min})$$

이다.

---

(2) 양정에 관한 상사법칙(H similarity)

2대의 펌프에 대한 이론 상의 양정은 식 (2.17)로부터 각각 다음과 같이 표시된다.

$$H_{th\infty 1} = \frac{1}{g} u_1 v_1 \cos\alpha_1$$

$$H_{th\infty 2} = \frac{1}{g} u_2 v_2 \cos\alpha_2 \tag{2.30}$$

2대의 펌프가 기하학적 상사와 역학적 상사인 관계를 모두 만족한다고 보면 미끄럼 계수 μ와 수력 효율 η_h도 각각 동일하다. 따라서,

$$\mu_1 \cdot \eta_{h1} = \mu_2 \cdot \eta_{h2}$$

$$\frac{H_{th1}}{H_{th\infty 1}} \cdot \frac{H_1}{H_{th1}} = \frac{H_{th2}}{H_{th\infty 2}} \cdot \frac{H_2}{H_{th2}}$$

가 되며

$$\frac{H_{th\infty1}}{H_{th\infty2}} = \frac{H_1}{H_2} \tag{2.31}$$

가 된다.

또한 유체 유동 상태가 상사인 관계로부터

$$\frac{v_1}{v_2} = \frac{u_1}{u_2} \tag{2.32}$$

$$\alpha_1 = \alpha_2$$

가 성립하므로 식 (2.30), (2.31) 및 (2.32)로부터

$$\frac{H_1}{u_1^2/2g} = \frac{H_2}{u_2^2/2g} \tag{2.33}$$

을 얻는다. 이 식의 값도 역시 상사 관계가 유지되는 한 일정한 값을 취하게 되므로 일반적으로는

$$\frac{H}{u^2/2g} = \psi \tag{2.34}$$

로 표시되고, 이 ψ를 **양정계수**(coefficient of head)라 한다.

또한

$$u_1 = \pi D_1 N_1 / 60$$

$$u_2 = \pi D_2 N_2 / 60$$

의 관계로부터 식 (2.33)은 다음과 같이 표시된다.

$$\frac{H_1}{D_1^2 \cdot N_1^2} = \frac{H_2}{D_2^2 \cdot N_2^2} \tag{2.35a}$$

또는

$$H_2 = H_1 \times \left(\frac{D_2}{D_1}\right)^2 \times \left(\frac{N_2}{N_1}\right)^2 \tag{2.35b}$$

이 식 (2.35)를 **양정에 관한 상사법칙**이라 한다.

어떤 펌프가 2,000 rpm으로 운전될 때 전 양정 100 m인 경우에 $0.17\,\mathrm{m^3/s}$의 유량을 방출한다. 이것과 상사이고 크기가 2배인 펌프가 1,500 rpm으로 운전되고 그 외는 동일한 상태로 운전하는 경우의 전 양정을 구하여라.

정답　양정에 관한 상사법칙의 식 (2.35)로부터

$$H_2 = H_1 \times \left(\frac{D_2}{D_1}\right)^2 \times \left(\frac{N_2}{N_1}\right)^2 = 100 \times \left(\frac{2}{1}\right)^2 \times \left(\frac{1{,}500}{2{,}000}\right)^2 = 225\,(\mathrm{m})$$

이다.

(3) 축동력에 관한 상사법칙(L_s similarity)

상사 관계가 성립되는 2대의 펌프 효율은 식 (2.19)로부터 각각

$$\eta_{p1} = \frac{\gamma_1 \cdot Q_1 \cdot H_1}{60{,}000 \cdot L_{s1}} \qquad\qquad \eta_{p2} = \frac{\gamma_2 \cdot Q_2 \cdot H_2}{60{,}000 \cdot L_{s2}}$$

가 되고, 상사 관계로부터 $\eta_{p1} = \eta_{p2}$이 되므로

$$\frac{L_{s1}}{\gamma_1 \cdot Q_1 \cdot H_1} = \frac{L_{s2}}{\gamma_2 \cdot Q_2 \cdot H_2} \tag{2.36}$$

가 된다. 그리고 식 (2.25)와 (2.33)에서

$$\frac{Q_1}{A_1 u_1} = \frac{Q_2}{A_2 u_2}$$

$$\frac{H_1}{u_1^2/2g} = \frac{H_2}{u_2^2/2g}$$

를 식 (2.36)에 대입하면

$$\frac{L_{s1}}{A_1 \gamma_1 u_1^3/2g} = \frac{L_{s2}}{A_2 \gamma_2 u_2^3/2g} \tag{2.37a}$$

가 되는데, 이 값도 상사 관계가 유지되는 한 항상 일정하므로 일반적으로는

$$\frac{L_s}{A\gamma u^3/2g} = \xi \tag{2.37b}$$

로 표시되고, 이 상수 ξ를 **출력계수**(coefficient of output)라 한다.

또한

$$\frac{A_1}{A_2} = \left(\frac{D_1}{D_2}\right)^2$$

$$\frac{u_1}{u_2} = \frac{D_1 \cdot N_1}{D_2 \cdot N_2}$$

의 관계로부터 식 (2.37a)는 다음과 같이 정리된다.

$$\frac{L_{s1}}{\gamma_1 \cdot D_1^5 \cdot N_1^3} = \frac{L_{s2}}{\gamma_2 \cdot D_2^5 \cdot N_2^3} \tag{2.38}$$

또한 같은 유체를 취급하는 경우에는 $\gamma_1 = \gamma_2$라 보면

$$L_{s2} = L_{s1} \times \left(\frac{D_2}{D_1}\right)^5 \times \left(\frac{N_2}{N_1}\right)^3 \tag{2.39}$$

이 된다. 이 식 (2.39)를 **축동력에 관한 상사법칙**이라 한다.

예제 2.7

50 Hz인 지역에서 펌프의 회전수가 1,450 rpm인 경우에 양정 25 m, 유량 4 m³/min, 그리고 축동력이 22 kW인 펌프가 60 Hz인 지역에서 펌프의 회전수가 1,740 rpm으로 된다면 축동력은 몇 kW가 되는가?

정답 동일 펌프이므로 $D_1 = D_2$가 된다.
축동력에 관한 상사법칙, 식 (2.39)로부터

$$L_{s2} = L_{s1} \times \left(\frac{D_2}{D_1}\right)^5 \times \left(\frac{N_2}{N_1}\right)^3 = 22 \times (1)^5 \times \left(\frac{1,740}{1,450}\right)^3 = 38.02 \,(\text{kW})$$

이다.

---

5) 비교 회전도(n_s)

형상과 구조가 상사한 두 펌프에서 유체의 유동 상태가 상사일 때 앞에서 언급한 상사법칙에 관련된 식 (2.29), (2.35), (2.39)의 관계가 성립된다. 여기에서 펌프에 대한 비교 회전도 n_s의 관련 식을 유도하기 위하여 식 (2.29)와 (2.35)로부터 각각 D_1과 D_2를

소거, 정리하면

$$\frac{N_1 \cdot Q_1^{1/2}}{H_1^{3/4}} = \frac{N_2 \cdot Q_2^{1/2}}{H_2^{3/4}} \tag{2.40}$$

를 얻는다.

상사인 2대의 펌프 또는 회전차에서 유동 상태가 상사할 경우에 식 (2.40)의 관계가 성립되어야 하며, 이것과 반대로 A 펌프의 회전수, 유량 및 양정이 각각 N_1, Q_1, H_1, B 펌프가 각각 N_2, Q_2, H_2인 운전 상태에 있을 때 식 (2.40)의 관계가 성립하면 A, B 두 펌프 또는 회전차는 기하학적 상사인 동시에 운동학적 상사 관계를 성립하게 된다.

따라서 A 펌프를 기준되는 펌프라 보고 N_1을 N, Q_1을 Q, H_1을 H라 놓고, B 펌프를 기준되는 펌프 A에 대해 상사 관계의 펌프라 하고, Q_2를 단위 유량(1 m³/min), H_2를 단위 양정(1 m)으로 할 때에 펌프에 주어져야 할 회전수 N_2를 n_s라고 정의한다. 이러한 관계를 식 (2.40)에 대입, 정리하면 다음과 같이 된다.

$$n_s = \frac{N \cdot Q^{1/2}}{H^{3/4}} \tag{2.41}$$

앞 식에서 n_s를 펌프에 대한 **비교 회전도**(比較 回轉度, specific speed)라 하고, 그 정의는 다음과 같다.

두 펌프 또는 회전차에 있어서 하나의 펌프를 형상과 운전 상태를 상사하게 유지하면서 단지 그 크기만을 바꾸어 단위 유량에서 단위 양정을 내게 할 때 그 펌프에 주어져야 할 회전수를 기준이 되는 펌프의 비교 회전도 n_s라고 정의한다. 따라서, '비교 회전도가 같은 펌프는 모두 상사 관계에 있다.'라고 할 수 있다. 그리고 비교 회전도는 펌프의 형상을 나타내는 척도가 되며 펌프의 성능을 나타내거나 최 적합한 회전수를 결정하는 데 이용된다.

비교 회전도 n_s의 값은 두 펌프가 기하학적 상사이고, 역학적 상사일 때는 일정하며, 펌프의 크기나 회전수에 따라 변하지 않는다. 식 (2.41)에서 양정 H 및 유량 Q는 일반적으로 특성곡선 상에서 최고 효율점에 대한 값들을 각각 나타낸다. 그리고 펌프가 양 흡입일 경우에는 앞 식에서 유량 Q 대신에 $Q/2$를, 그리고 단수가 i인 다단 펌프일 경우에는 양정 H 대신에 H/i를 대입하여 사용한다.

비교 회전도 n_s는 무차원수가 아니므로 양정 H, 유량 Q, 회전수 N의 단위에 따라 값이 달라진다. 일반적으로 유량 Q는 m³/min, 양정 H는 m, 회전수 N은 rpm의 단위를 사용하는데 이때의 비교 회전도를 n_s[m³/min, m, rpm]라 하고, 각기 다른 단위를 사용했을

표 2.1 비교 회전도 n_s의 단위 환산계수

$n_s{'}$ (각 단위)	k
m, m³/sec, rpm	0.129
m, l/sec, rpm	4.08
ft, ft³/min, rpm	2.44
ft, ft³/sec, rpm	0.314
ft, US gallon/min, rpm	6.67
ft, imp gallon/min, rpm	6.09
ft, meter 마력, rpm	0.471

때의 비교 회전도를 $n_s{'}$라 하면

$$n_s{'} = k n_s \tag{2.42}$$

가 되고, 상수 k는 다른 단위와의 환산계수이고, 그 값은 각 단위에 따라 표 2.1에 주어진다.

6) 비교 회전도 n_s와 펌프의 형식

회전차 치수 및 깃 각도가 비교 회전도에 미치는 영향을 보면

① D_1/D_2의 비가 커지면 비교 회전도도 커지는데 축류형의 펌프는 D_1/D_2가 거의 1에 가깝고, 따라서 비교 회전도 값이 최대가 된다.

② 축 방향의 유동에 대하여 큰 입구 각도와 절대속도에 대해 비교 회전도는 커지며, 큰 비교 회전도는 회전차가 큰 흡입 양정에서 운전되는 능력을 감소시킨다. 그 이유는 큰 입구 속도는 이용할 수 있는 정압을 감소시키고, 따라서 공동현상이 일어나기 쉽기 때문이다.

③ 비교 회전도는 미끄럼 계수 μ가 작을수록 증가하고, 깃의 수가 적어지고 깃의 길이가 짧아진다.

펌프의 비교 회전도 n_s로부터 알 수 있는 바와 같이 회전수를 일정하게 하면 높은 양정에서 유량이 적은 펌프의 회전차는 비교 회전도 n_s의 값이 작고, 반대로 유량이 크고 양정이 낮은 펌프의 비교 회전도 n_s의 값은 크게 된다. 그리고 높은 양정, 적은 유량인 펌프의 회전차는 출구 지름에 대하여 출구 폭이 좁고, 반대로 낮은 양정, 큰 유량의 펌프일수록 출구 지름에 대한 출구 폭의 치수는 크게 된다. 이와 같은 사실로부터 회전차의 형상을 비교 회전도 n_s에 따라 정리하면 표 2.2와 같다.

표 2.2 비교 회전도 n_s에 따른 회전차의 형상

번호	회전차의 형식	n_s의 범위	n_s가 잘 사용되는 값	흐름에 의한 분류	전양정 [m]	양수량 [m³/min]	펌프의 명칭	
1		80~120	100	반경류형 (半徑流形)	30	8 이하	고 양정 원심 펌프	터빈
2		120~250	150	반경류형	20	10 이하	고 양정 원심 펌프	터빈 벌류트
3		250~450	350	혼류형 (混流形)	12	10~100	중 양정 원심 펌프	벌류트
4		450~750	550	혼류형	10	10~300	저 양정 원심 펌프	양 흡입 벌류트
5		700~1,000	800	사류형 (斜流形)	8	8~200	사류 펌프	
6		800~1,200	1,100	사류형	5	8~400	축류 펌프	
7		1,200~2,200	1,500	축류형 (軸流形)	3	8 이상	축류 펌프	

표에서도 알 수 있듯이 비교 회전도 n_s가 커질수록 출구 지름에 대한 출구 폭과 입구 지름이 점점 커지게 된다. 식 (2.41)을 유동 상태에 따라 살펴보면 비교 회전도 n_s의 값이 달라지는 것을 알 수 있다. 즉, 유량이 감소하면 비교 회전도 n_s는 적게 되고, $Q=0$에서 $n_s=0$이 되며, 양정이 $H=0$이면 비교 회전도 n_s는 ∞가 된다.

그림 2.11은 횡축에 비교 회전도 n_s, 종축에 펌프 효율 η_p를 잡고 각종 펌프에 대해 비교 회전도 n_s와 효율 η_p와의 관계를 나타낸 것이다. 같은 종류의 펌프라도 구조가 바뀌게 되면 비교 회전도 n_s, 효율 η_p도 달라진다. 이와 같이 비교 회전도 n_s를 이용하면 터빈 펌프에서 축류 펌프에 이르기까지 계통적으로 분류할 수 있다. 그리고 동일한 유량을 내는 각종 펌프의 양정 크기를 비교해 보면 그림 2.12에서 알 수 있는 바와 같이 터빈 펌프가 가장 크고, 벌류트 펌프, 사류 펌프 그리고 축류 펌프의 순서대로 작아진다.

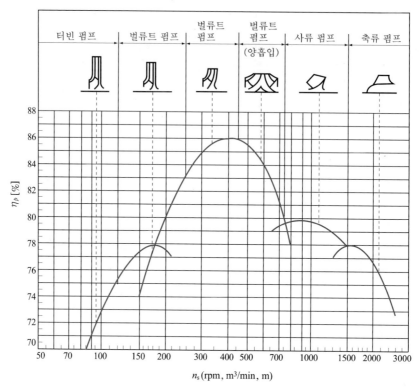

그림 2.11 비교 회전도에 따른 각 펌프의 효율

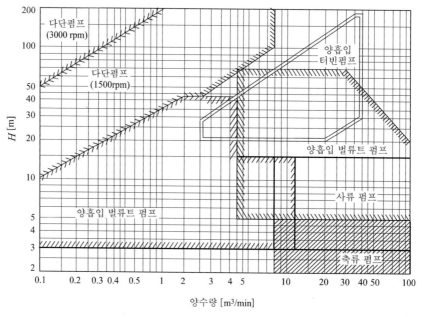

그림 2.12 양수량에 따른 각 펌프의 양정

표 2.3은 펌프의 형식을 선정하는 표로서 펌프의 유량과 양정의 기준이 된다.

표 2.3 펌프의 형식 선정표

번호	명칭	구조상의 특징						적용 범위	비교 회전도 n_s
		단수	회전차		출구 안내깃	케이싱	일반 구조		
			깃	흡입					
1	고압 펌프 (다단 펌프)	다단	단일 또는 2중 만곡의 반경류 깃, 반지름비 거의 2	단 흡입	보통이고, 반지름 방향	스파이럴 또는 원형	단마다 분할된 원통(링형) 또는 일체의 것(케이싱형) 축 방향 분할의 것(분할형)	고 양정, 저 유량 (예) 보일러 급수 펌프	108 ~ 256
2	중압 펌프			단 흡입 양 흡입	보통이고, 지름 방향		축 방향으로 돌출을 가진 케이싱 또는 축 방향 분할(분할형)	(예) 양수 발전 소형 펌프	108 ~ 318
3	저압 펌프		단일 또는 2중 만곡의 반경류 깃		없다	스파이럴	축 방향으로 돌출을 가진 케이싱 또는 축 방향 분할(분할형)	중 양정, 중 유량	108 ~ 850
4	혼류형		반 축류, 2중 만곡의 깃(프란시스형), 단 깃 출구에서는 반경류	단 흡입 양 흡입	없다	스파이럴 또는 원형	대부분은 축 방향으로 돌출한 케이싱, 축 방향 분할(분할형)		465 ~ 1,160
5	사류 펌프	다단	반 축류, 2중 만곡의 깃(프란시스형), 단 깃 출구에서는 축 방향 유동	단 흡입	축 방향	축 방향으로 놓여진 관, 때로는 스파이럴	만곡관 중에 놓여 있으나, 때로는 스파이럴 케이싱	소 양정, 대 유량	542 ~ 1,160
6	축류 펌프		프로펠러 고정 또는 가동 날개			축 방향으로 놓여진 관	만곡관 중에 설치		850 ~ 4,260

예제 2.8

1,800 rpm으로 회전하면서 유량 9.5 m³/min에서 전 양정 61 m의 펌프가 있다. 이 펌프와 상사이며 유량 38 m³/min에서 전 양정 4.5 m의 펌프를 제작하려고 한다. 어떤 형식의 펌프가 적당한가? 또한 이 펌프의 회전수를 구하여라.

정답 주어지는 펌프의 비교 회전도는

$$n_{s1} = N_1 \frac{Q_1^{1/2}}{H_1^{3/4}} = 1,800 \times \frac{9.5^{1/2}}{61^{3/4}} = 254.18 \, (\text{m, m}^3/\text{min, rpm})$$

따라서 그림 2.13에서 벌류트 펌프가 적당하다.

설계하는 펌프의 비교 회전도는

(계속)

$$n_{s2} = N_2 \frac{Q_2^{1/2}}{H_2^{3/4}} = N_2 \frac{38^{1/2}}{4.5^{3/4}} = 254.18 \, (m, \, m^3/\text{min}, \, \text{rpm}) \, \text{에서}$$

매분 회전수 N_2는

$$N_2 = 254.18 \times \frac{3.08}{6.16} = 127 \, (\text{rpm})$$

이다.

2.1.3 원심 펌프의 성능에 영향을 미치는 요소들

1) 회전차

회전차의 설계 과정에 사용되는 계산식은 깃 수 무한인 경우의 이론식이므로 실제의 회전차에 대해서는 여러 가지의 요소에 대하여 수정을 가해야 한다. 실제의 회전차는 깃의 수가 유한이고, 깃은 두께를 가지게 되므로 유체의 통로가 그만큼 좁아지고, 그래서 상대적 순환 운동에 의하여 에너지 손실을 초래하게 된다. 이와 같은 손실은 회전차의 형상에 따라 크게 영향을 미치게 되므로 회전차를 설계할 때에는 다음의 사항들을 고려해야 한다.

(1) 마찰손실을 작게 하기 위하여

① 깃의 유로 길이를 짧게 하며

② 깃의 수를 적게 하며

③ 회전차의 표면 내외를 매끈하게 가공한다.

(2) 손실 수두를 작게 하기 위하여

① 회전차 내에서 유로의 단면적이 급변하지 않도록 하며

② 깃 곡선의 곡률 반지름을 크게 하여 깃 곡선을 완만하게 한다.

(3) 비교 회전도의 값이 정해지면 만족할 만한 수력 성질을 가진 양정과 유량 곡선의 적당한 기울기와 허용할 수 있는 효율을 갖는 적당한 형식을 찾는다.

2) 깃 출구각

회전차의 깃 형상은 입구 및 출구각 β_1 및 β_2의 크기에 의하여 지배되고, 깃 곡선은 마찰과 충격이 가급적 작도록 유로를 단축하고, 단면적도 점진적으로 증가하여 유체 유동을

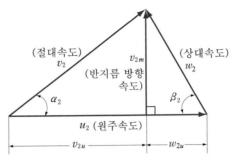

그림 2.13 회전차 출구에서의 속도 삼각형

완만하게 유도한다. 특히 깃 출구각 β_2의 대소(大小)는 펌프의 성능을 좌우하며, 회전차가 유체에 가하는 에너지가 압력의 형태로 주로 하느냐, 속도의 형태로 주로 하느냐는 비율을 정하는 중요한 문제이다.

깃 수 무한인 경우 이론 양정의 식 (2.16)으로부터 회전차 입구에서 유체의 유입 방향을 반지름 방향으로 하면 그 식은 다음과 같이 된다.

$$H_{th\infty} = \frac{1}{g}u_2 v_2 \cos\alpha_2 \tag{2.43}$$

위 식에 아래 속도 삼각형의 기하학적 관계를 이용, β_2의 값이 포함된 식으로 변형하면,

$$v_{2u} = v_2 \cdot \cos\alpha_2 = u_2 - w_{2u} \tag{2.44}$$
$$= u_2 - \frac{v_{2m}}{\tan\beta_2} = u_2 - v_{2m} \cdot \cot\beta_2$$

의 관계를 유도할 수 있는데 이 중간식을 식 (2.16)에 대입하면

$$H_{th\infty} = \frac{u_2^2}{g} - \frac{u_2 \cdot v_{2m} \cdot \cot\beta_2}{g} \tag{2.45}$$

가 된다.

식 (2.45)에서 회전차의 회전수 N을 일정하게 하면 β_2의 값에 따라 양정 $H_{th\infty}$와 유량 Q와의 관계 $Q \propto v_{2m}$를 알 수 있다. 즉, 깃 출구각 β_2가 취할 수 있는 각도의 범위는 0~180°이므로

① $\beta_2 > 90°$이면 $\cot\beta_2 < 0$이 되므로 $v_{2m} \cdot \cot\beta_2 < 0$이 되어 양정($H_{th\infty}$)의 값은 유량이 $Q \propto v_{2m}$이므로 증가에 따라 증가하게 된다.

② $\beta_2 = 90°$이면 $\cot\beta_2 = 0$가 되므로 양정($H_{th\infty}$)의 값은 유량($Q \propto v_{2m}$)의 값에 관계

없이 일정한 값(u_2^2/g)을 갖게 된다.

③ $\beta_2 < 90°$이면 $\cot\beta_2 > 0$ 가 되므로 $v_{2m} \cdot \cot\beta_2 > 0$이 되어 양정($H_{th\infty}$)의 값은 유량($Q \propto v_{2m}$)의 증가에 따라 감소하게 된다.

이러한 β_2 각도에 대한 양정과 유량과의 관계를 그래프로 살펴보면 다음과 같은 그래프로 표시된다(그림 2.14 참조). 즉, 같은 크기의 펌프라도 깃 출구각 β_2를 크게 함으로써 $H_{th\infty}$를 증대시킬 수 있다. 그러나 β_2를 크게 할수록 회전차 내의 에너지 손실은 증가하고 회전차 출구에서의 유속 v_2가 크게 되며 운동 에너지를 압력 에너지로 변환시킬 때 생기는 손실도 증가한다. 다시 말하면 β_2를 크게 할수록 효율은 반대로 떨어진다.

회전차의 형상은 β_2의 크기에 따라 회전차의 유로 형상과 단면적이 크게 변화하는 것을 알 수 있다. 즉, β_2가 커짐에 따라서 회전차는 점차 직통형으로 되어 통로가 단축되며, 유체는 회전차 내에 유입되고도 단시간 내에 통과해 버리므로 회전차는 충분히 유체에 에너지를 가하지 못하는 경향이 있을 뿐 아니라 유로의 급격한 확대로 유체 유동은 흐트러진다.

출구각이 $\beta_2 > 90°$인 깃은 전향익(前向翼, forward curved vane), $\beta_2 < 90°$인 깃은 후향익(後向翼, backward curved vane), $\beta_2 = 90°$인 깃은 직선익(直線翼, straight vane, radial vane)이라고 하며, $\beta_2 \geqq 90°$에서는 유로의 확대가 급하게 되므로 유체 유동은 불안정하고 에너지 손실이 크다. 따라서 펌프와 같이 주로 압력 에너지를 필요로 하는 경우에는 회전차 출구 후방에서 유체 유동의 속도를 확산 작용에 의해 감속시켜야 하므로 에너지 손실이 더욱 증대한다. 이와 같은 이유로 펌프의 경우는 $\beta_2 < 90°$의 후향익이 적합하다고 할 수 있다.

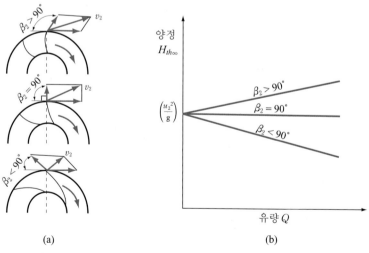

(a)   (b)

그림 2.14 깃 출구각 β_2에 따른 유량과 양정

그리고 여러 가지의 조건을 고려하여 깃 출구각 β_2는 일반적으로 20°에서 30° 사이로 하는데, Stepanoff는 β_2의 각도가 17° 30′에서 27° 30′의 범위에 있을 때 β_2가 효율에 미치는 영향이 작음을 실험을 통하여 밝히고, 비교 회전도에 관계없이 깃 출구각 β_2를 22° 30′의 값을 제시하고 있다.

3) 안내깃

펌프에서는 손실 수두를 적게 하기 위하여 회전차의 출구 이후의 유속을 어느 한도 이내로 유지하는 것이 바람직하다. 다시 말하여 유체는 회전차의 회전으로 속도 에너지 형태를 주로 받게 되는데, 이 경우 송출에 필요 이상의 속도를 가지게 되며, 게다가 실제로 유체를 송출하는데 유효한 것은 압력 에너지이므로 회전차 출구에서 여분의 속도 에너지를 압력 에너지로 변환시키는 것이 필요하다. 그래서 회전차 출구 뒤에 깃을 가지고 있는 확대 통로(vaned diffuser)를 두어 서서히 유속을 감소시켜 반 강제적으로 무리없이 유체 유동을 통과시키고 효과적으로 속도 에너지를 압력 에너지로 변환 또는 회수하고 와류실을 지나 송출관으로 송출시킨다. 여기에서 회전차 출구 뒤에 깃을 가지고 있는 확대 통로를 **안내깃**(guide vane)이라 한다.

안내깃은 회전차 출구 바깥 둘레에 그 입구를 두고 펌프의 본체에 고정되어 있으며, 안내깃의 수는 회전차의 깃 수보다 1매 정도 적게 한다. 왜냐하면 깃 수를 같게 하면 회전차의 회전마다 양쪽의 깃이 동시에 중첩되는 상태가 되어 유체 유동에 큰 변화를 일으키게 하기 때문이다. 이와 같이 원심 펌프에서 안내깃을 가지고 있는 펌프를 디퓨저 펌프(diffuser pump) 또는 터빈 펌프(turbine pump, 그림 2.4 (b) 참조)라고 하고, 안내깃을 가지고 있지 않는 원심 펌프를 벌류트 펌프(volute pump, 그림 2.4 (a) 참조)라고 한다. 또한 안내깃의 변형인 내부에 깃을 갖고 있지 않는 양 측벽만의 공간인 형태인 와실을 갖는 원심 펌프(그림 2.4 (c) 참조)도 있다.

4) 와류실

와류실(spiral casing)은 단단 또는 다단 펌프의 최종 단에 배치되어 회전차에서 나온 유체를 모아서 에너지 손실됨이 없이 유속을 적절히 하여 송출구로 유도하는 공간을 말한다. 많은 실험에 의하면 유로의 각 단면에 대한 유체의 평균 유속이 일정하게끔 설계하는데 그에 따른 공간의 형태가 스파이럴 곡선을 취하고 있다.

회전차의 전(全) 주위 또는 안내깃의 전 주위에서 송출된 유체를 받아 송출구로 유도하는 역할이므로 와류실의 각 부분의 단면적은 받는 유량에 따라 다르지 않으면 안된다. 즉,

송출구에서 멀수록 유량은 작고, 가까워짐에 따라 유량은 차차 증가하게 된다. 와류실 내의 각 부의 유속을 일정하게 하기 위해서는 위의 사실에 의하여 송출구에서 먼 부분의 단면적을 작게 하고, 가까워짐에 따라 단면적을 점차 크게 해야 한다.

5) 축봉장치

펌프의 경우 회전차가 케이싱 내에서 회전해야 하므로, 즉 케이싱의 고정된 부분을 관통하여 회전차 축이 회전해야 하므로 이 부분에서는 회전이 허용되기 위한 최소한의 간극과 축을 지지해야 하는 2가지 역할이 동시에 요구된다. 이러한 부분에서는 간극을 통한 펌프 내부로부터의 누설과 외기의 침입이 생기게 되는데, 이것에 대한 방지장치를 **누설 방지장치** 또는 **축봉장치**(packing and sealing)라고 한다.

이것에 대한 일반적인 방법으로는 패킹박스(packing 또는 stuffing box)를 설치한다. 이는 직접 접촉에 의한 축봉장치인데 패킹의 소재로는 목면, 마, 석면, 합성 섬유 등이 사용된다. 그리고 U, V자형 단면을 가진 천연 및 인조고무의 링 또는 탄소 패킹 등이 사용된다(그림 2.15 참조). 아울러 흡입 축의 패킹박스에서는 외부로부터 공기가 흡입되는 것을 막기 위하여 고압수를 파이프를 통해서 랜턴 링(lantern ring)에 주입하는데, 이러한 것을 **수봉**(water sealing)이라고 한다.

그리고 고온수를 취급하는 경우에는 패킹박스의 주위를 냉각하기 위한 물 재킷(water jacket)을 비치하는 경우도 있으나 패킹박스는 누설을 완전히 차단할 수는 없다. 패킹 누르개(packing gland)를 세게 누르면 잠시 동안은 누설되지 않으나 마찰에 의한 과열 때문에 패킹은 급속히 마멸된다. 누설방지만을 생각하여 더욱 세게 누르면 펌프의 기계적 손실이 증대한다. 따라서 패킹박스의 방법은 제한된 누설을 허용하며 패킹의 과열을 방지하면서 사용해야 한다.

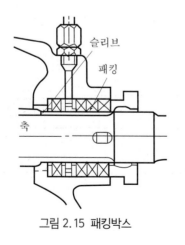

그림 2.15 패킹박스

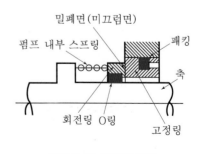

그림 2.16 기계식 시일

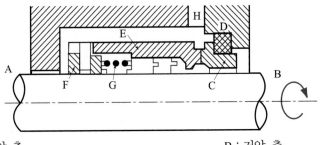

A : 고압 측
C : 고정 링(압축 링, 재질 예 : 스테라이트)
E : 회전 링(시일 링, 재질 예 : 소성 탄소)
G : 스프링

B : 저압 측
D : 패킹
F : 스프링 받침
H : 냉각수 공급구

그림 2.17 기계식 시일의 한 예

독극물과 같은 상당히 주의를 필요로 하는 액체를 취급하는 펌프는 누설방지가 완벽해야 하므로 패킹박스 대신에 기계식 시일(mechanical seal) 또는 기계식 시일과 패킹박스가 같이 사용된다(그림 2.16 참조). 기계식 시일의 원리는 회전축 측과 케이싱 측에 설치된 밀봉 단면의 고체끼리 축에 수직인 평면에서 서로 접촉하여 관계 운동을 가지면서 함께 회전하는 형식으로 이 면에서 누설을 완전히 방지하는 방법이다.

그림 2.17에서 축에 고정된 시일은 압축 링과 축 패킹을 거쳐서 시일 링(seal ring)에 접속되고, 스프링으로 최후의 시일 링의 그랜드(gland) 충전물을 누르게 된다. 따라서 시일 링은 축 방향으로는 다소 움직일 수 있으나 회전 방향으로 축과 함께 회전한다. 축 사이의 누설은 보통 O링으로 불리는 축 패킹으로 완전히 방지할 수 있으므로, 시일 링과 그랜드 충전물과의 접촉면만으로 누설을 방지하게 된다.

2.1.4 운전 특성과 제 현상

1) 운전

어떠한 펌프에서도 시동의 경우에는 펌프의 케이싱 내에 액체가 충만하고, 반드시 펌프의 깃이 액체 속에 있지 않으면 펌핑 작용을 할 수 없다. 이것은 공기에 대하여 회전차가 회전을 하여 에너지를 가하여도 유체를 빨아올리는데 필요한 압력을 생기게 할 수 없기 때문이다. 따라서 펌프를 시동할 때는 액체가 케이싱 내에 충만하고 있는가를 체크하고 충만되어 있지 않을 경우에는 프라이밍(priming)에 의하여 액체를 채우든가 또는 대형 펌프에서는 진공 펌프를 설치해 두어 이것을 운전해서 액체를 충만시킨다. 일

단 운전하였다가 정지한 경우에는 보통 흡입관의 입구에 설치한 풋 밸브(foot valve)가 역지 밸브(check valve)의 작용을 하여 흡입관과 케이싱 속의 액체가 비지 않게 할 수 있으므로 장시간의 정지가 아닐 때에는 그대로 시동할 수 있다.

일반적인 회전 기계에서와 마찬가지로 펌프 운전에서는 베어링, 축 조인트, 축 등에 대하여 주의를 해야 한다. 그리고 특별히 주의해야 할 것은 축봉장치의 작동 상태, 흡입관, 케이싱 등에서의 누설이고, 아울러 흡입관과 축봉장치에 있어서의 공기의 침입 여부를 확인할 필요가 있다. 이것은 펌핑 작용을 해치는 가장 큰 원인 중의 하나가 되며, 흡입관 입구 가까이에 흡입관을 막게 하는 장애물 따위에도 조심을 해야 하고, 흡입관을 흡수 탱크에 넣는 경우에는 흡입구의 위치가 적어도 흡입 액면으로부터 흡입관 지름의 1.5배 이상이어야 한다. 그렇지 않으면 흡입관 가까이의 수면이 저하되어 공기가 흡입될 우려가 있다.

원심 펌프를 시동할 때 송출 밸브를 완전히 닫아서 체절운전을 하는 것이 특징이기도 하나, 체절운전을 오랫동안 하거나 대단히 작은 유량만으로 장시간 운전할 경우에는 케이싱 내의 액체가 과열되므로 피해야 한다.

그림 2.18에서 빗금친 부분은 송출 밸브를 잠금으로서 펌프가 행한 양정의 일부를 소비한 것을 표시한다. 펌프 장치에 유동을 일으키기 위하여 사용된 유효한 양정은 그림에서 빗금친 아래 부분, 즉 h 곡선으로 표시된 것이다. 유효하게 사용된 양정을 사용하여 구한 효율을 운전 효율(運轉 效率)이라 하고, 이것을 나타내는 운전 효율 곡선(η')은 정격 송출량이 아닌 운전이므로 역시 정격보다 떨어진다.

일반적으로 펌프 운전은 항상 정격 송출량에서만 운전되는 것이 아니므로 정격 이하의 송출량에서도 운전 효율을 고려할 필요가 있다.

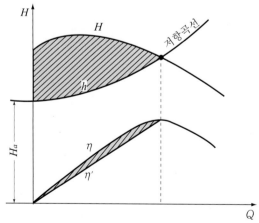

그림 2.18 펌프의 운전 특성곡선

2) 연합 운전

단일 양수 관로에 2대 이상의 펌프를 설치하는 경우가 있는데 그 연결방법은 직렬과 병렬로 나눌 수 있다. 펌프를 직렬로 연결한 경우는 원리상 다단 펌프에 의하여 양정을 크게 한 것과 같으나 펌프 사이의 관로 저항을 가산해야 한다. 따라서 양정의 변화가 커서 1대의 펌프로는 양정이 부족할 경우 2대 이상의 펌프를 직렬로 연결하여 운전하는데 이를 직렬 운전이라 한다. 그리고 펌프를 병렬로 연결하는 경우에는 유량의 변화가 크고 1대의 펌프로써 유량이 부족할 때로서 2대 이상의 펌프를 병렬로 연결하여 운전하는 방법으로 병렬 운전이다.

(1) 직렬 운전

① 특성이 동일한 펌프의 직렬 운전 : 그림 2.19에서 곡선 I을 단독 펌프일 때의 특성곡선이라고 하면 동일 특성인 다른 1대의 펌프를 직렬 운전할 경우의 연합 특성곡선은 II와 같이 된다. II는 I을 세로축 방향으로 2배하면 구해진다. 이때 2대째의 펌프는 압입 운전이 되기 때문에 그 흡입관 부는 내압에 대하여 유의할 필요가 있다. 저항곡선이 R일 때의 운전점은 A이고, 단독인 펌프는 각각 H_1을 부담한다.

② 특성이 다른 펌프의 직렬 운전 : 그림 2.20과 같이 특성이 각각 I인 펌프와 II인 펌프를 직렬 운전할 때의 연합 특성곡선은 III과 같이 된다. 즉, III은 I, II를 세로축 방향으로 합치면 된다. 저항곡선이 R일 때의 연합 운전점은 A이고, 각 펌프의 운전점은 B, C이다.

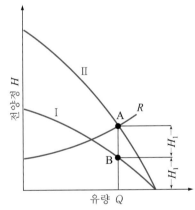

그림 2.19 직렬 운전 시 연합 특성곡선
(동일 펌프의 경우)

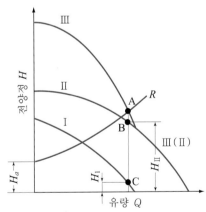

그림 2.20 직렬 운전 시 연합 특성곡선
(서로 다른 펌프의 경우)

(2) 병렬 운전

① **특성이 동일한 펌프의 병렬 운전** : 그림 2.21에 있어서 I을 펌프 단독 운전인 경우의 운전 특성곡선으로 하면 동일 특성인 다른 1대의 펌프를 병렬로 운전할 때의 특성곡선은 II와 같이 된다. II는 I을 가로축 방향으로 2배하면 구해지고, 저항 곡선이 R일 때의 운전점은 A이다.

② **특성이 다른 펌프의 병렬 운전** : 그림 2.22에서와 같이 특성이 다른 2대의 펌프 I, II를 병렬로 운전할 때의 연합 특성곡선은 III과 같이 되고, III은 I, II를 가로축 방향으로 합함으로써 구해진다. 저항곡선이 R_1일 때의 운전점은 A로서 펌프 I, II의 유량은 각각 Q_I, Q_{II}와 같이 된다. 저항이 R_2보다 크게 되면 I의 펌프는 양수되지 않고, 이 펌프가 체크 밸브 또는 풋 밸브를 가지고 있다면 체절운전 상태가 된다. 이들의 밸브가 없으면 I의 펌프는 역류 상태가 된다.

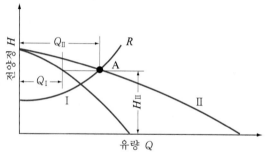

그림 2.21 병렬 운전 시 연합 특성곡선(동일 펌프의 경우)

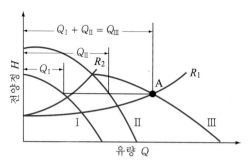

그림 2.22 병렬 운전 시 연합 특성곡선(서로 다른 펌프의 경우)

3) 성능곡선

펌프뿐만 아니라 일반적으로 기계 전반의 성능의 작동상태를 판단할 수 있도록 나타낸 선도를 **성능곡선**(性能 曲線, performance curve)이라 한다. 펌프에서는 회전차의 회전수를 일정하게 하고 횡축에 유량을 잡고, 종축에 양정, 효율, 축동력의 값을 잡는다. 최고 효율점을 100%로 하여 무차원이 되도록 백분율로 나타낸 선도를 성능곡선 또는 **특성곡선**이라 한다.

일반적인 성능곡선은 그림 2.23과 같이 $Q-H$, $Q-L$, $Q-\eta$ 곡선으로 표시된다. 이들 곡선은 보통의 펌프 장치에서 회전수를 일정하게 유지하면서 펌프의 송출 밸브를 조정하여 관로에 저항을 줌으로써 구한다. 양정 곡선, 즉 $Q-H$ 곡선의 종축과의 교점, 다시 말해 $Q=0$일 때의 양정을 H_0로 표시하고 이것을 체절 양정(shut-off head)이라고 한다. 그림에서 표시된 바와 같이 $Q-H$ 곡선에서는 유량의 증가에 따라 H가 증가하다가 어떠한 Q의 값에서 $H_{\max}$에 도달하고, 거기서 유량 Q가 더욱 증가함에 따라서 H는 감소한다. 이와 같이 $H_{\max}$를 가진 양정 곡선을 우향 상승 기울기의 양정 곡선이라고 한다. 이것은 $H_{\max}$에 도달할 때까지의 $Q-H$ 곡선의 상태를 말하는 것이고, 위에서 말한 우향 상승 기울기의 곡선을 빼면 일반적으로 H_0에서 우향 하강으로 Q가 증가하는 방향으로 H가 내려가는 것이 보통이다. 이 우향 하강 기울기의 정도가 매우 적어서 횡축에 거의 평행하다고 볼 수 있는 부분이 길 때는 특히 평탄한 $Q-H$ 곡선이 된다.

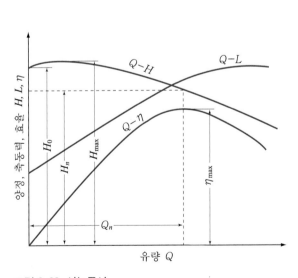

그림 2.23 성능곡선

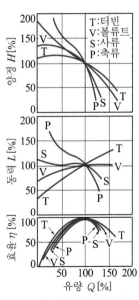

그림 2.24 펌프 형식에 따른 특성곡선

그림 2.24는 펌프 형식에 따라서 특성곡선이 어떻게 달라지는가를 비교한 것이고, 효율이 최고일 때의 양정, 유량과 축동력을 기준으로 한 백분율로 표시한 것이다. 물론 여기서 사용한 특성곡선은 각각의 형식의 특징을 대표하는 전형적인 예이고, 각각에는 다소의 차이가 있다.

터빈 펌프와 벌류트 펌프와의 구조상의 큰 차이는 안내깃의 유·무(有無)이지만 이 양자의 특성상의 차이는 양정 곡선에서 뚜렷이 나타나 있다. 일반적으로 벌류트 펌프는 하강특성이 되고, 우향 상승 특성을 갖는 경우는 드물다.

4) 제(際) 현상

(1) 공동현상

일반적으로 유체가 관 속을 흐르고 있을 때 흐르는 유체 속 어느 부분의 정압이 그때의 유체 온도에 해당하는 포화증기압(vapor pressure) 이하로 되면 유체가 증발하여 부분적으로 증기가 발생하는데, 이러한 현상을 **공동현상**(空洞現像, cavitation)이라고 한다. 특히 펌프에서 회전차 속을 유체가 흐를 때 회전차 입구에서의 흡입으로 인한 압력 저하가 국부적이지만 그때의 액체 온도에 상당하는 포화증기압 이하로 떨어지면 비등 현상에 의하여 생긴 증기와 액체 중에 포함되어 기체가 함께 미세한 기포가 발생하고, 압력 저하와 함께 기포가 급격히 성장하는데 회전차의 바깥 출구 하류 부분의 압력이 상승된 고압 영역에 이르러서는 기포는 파괴된다.

이와 같은 압력의 급변 현상에 의하여 소음과 진동이 발생되고, 이것에 의하여 깃의 금속 표면에 기계적 손상이 발생하는 것을 **침식**이라 하고, 기포 내 포함된 산류(酸類)에 의한 화학적 손상도 생기는데 이를 **부식**(腐蝕)이라 한다. 또한 대부분의 공동현상의 침식은 예리한 칼 끝으로 쪼은 것과 같은 작은 구멍이 모인 형태로 되는데 이것을 **피팅**(pitting)이라고 부른다.

이와 같은 회전차 내에서 발생하는 공동현상은 다음과 같은 결과를 낳는다.

① 소음과 진동 : 기포의 생성과 파괴가 순식간에 반복되므로 그것에 의한 충격파에 의하여 소음과 진동이 수반되고 때로는 운전 불능으로 되는 수도 있다.

② 성능의 저하 : 공동현상은 펌프의 회전차 깃 입구 뒷면에서 발생하게 되므로 회전차 내의 유동이 산만해지고 양정, 효율 및 축동력이 함께 급격히 저하한다. 이러한 경향은 깃 통로가 넓고, 또 짧은 비교 회전도가 큰 펌프일수록 큰 영향을 받는다.

③ 깃의 손상 : 깃의 침식은 성능을 저하시킬 뿐만 아니라, 특히 깃의 벽면 부분의 결손, 즉 괴식(壞蝕)은 중대한 사고 발생으로 이어질 염려가 있기 때문에 공동현상이 발생

된 그대로 장시간 운전을 하는 것은 극히 위험을 초래하게 된다.

이런 공동현상을 방지하기 위해서는 펌프 내 최저 압력을 그때의 액체 온도의 포화증기압 이하로 내려가지 않도록 해야 하며 그것은 다음과 같이 계산이 가능하다. 즉, 펌프 입구의 흡입 액면에서의 높이를 H_s, 속도를 v_1, 압력을 p_1, 흡입관에서 유체의 손실 수두를 ΔH_s 그리고 흡입 액면의 유효 압력수두를 H_{ao}로 하면

$$\frac{p_1}{\gamma} = H_{ao} - (H_s + \Delta H_s) = H_a - H_v - (H_s + \Delta H_s) \tag{2.46}$$

이 된다.

단, 흡입 액면의 대기압 수두를 H_a, 액체 온도에 해당하는 포화증기압 수두를 H_v로 하면 $H_{ao} = H_a - H_v$의 관계가 성립되며, $P_1/\gamma = H_{sv}$를 **정미 유효 흡입양정**(NPSH, net positive suction head)이라 부른다. 이 H_{sv}는 펌프의 설치 상태에서 정해지는 것이며, 대기압 수두 H_a에서 H_s와 ΔH_s을 뺀 나머지가 증기압 H_v 이상의 수두, 즉 공동현상 발생까지의 여유 양정을 말한다.

그림 2.25에서는 그 여유 수두를 $(H_{sv} - \Delta H)$로 표시하고 있으며, ΔH는 유속에 의하며 주도되는 흡입 측의 압력강하 수두이며, 입구에서의 속도수두 $v_1^2/2g$, 마찰 손실 수두 $\zeta_1 \dfrac{v_1^2}{2g}$, 입구 충격 등 기타에 의한 압력강하 수두 $\zeta_2 \dfrac{v_1^2}{2g}$ 등을 포함하고 있다.

펌프에서 공동현상이 발생하지 않는 조건은 이 압력강하 ΔH 이하로 펌프 내의 국소 저압이 생기지 않도록 운전 조건을 유지하는 일이다. 즉, 공동현상이 발생하지 않기 위해서는

$$H_{sv} > \Delta H \tag{2.47}$$

가 필요하다.

펌프 설계점에서 양정 H_n에 대한 흡입 측 압력강하 수두 ΔH_n의 비를 σ로 놓으면 공동현상이 처음 발생했을 때

$$\sigma = \frac{\Delta H_n}{H_n} = \frac{H_{sv}}{H_n} \tag{2.48}$$

이며, 기하학적 상사인 펌프에서 이 σ가 같으면 공동현상의 발생 상황도 동일하다. 이 σ를 Thoma의 **공동현상계수**라 부른다.

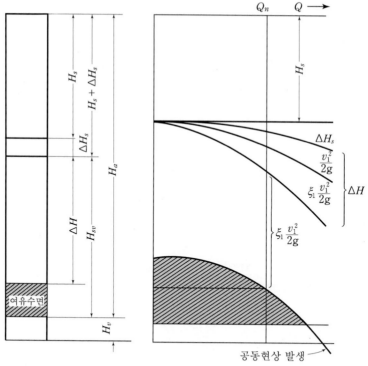

그림 2.25 공동현상의 발생조건

일반 펌프에 대하여 미국의 수력협회(Hydrauric Institute)에서 발표하고 있는 σ와 비교 회전도 n_s와의 관계는 다음의 식과 같다.

$$\sigma = \frac{78.8}{10^6} n_s^{4/3} \quad \text{(편 흡입 펌프)} \tag{2.49a}$$

$$\sigma = \frac{50}{10^6} n_s^{4/3} \quad \text{(양 흡입 펌프)} \tag{2.49b}$$

또, 다음 식으로 정의되는 **흡입 비교 회전도**(suction specific speed) S가 있다.

$$S = \frac{N \cdot Q^{1/2}}{\Delta H^{3/4}} \tag{2.50}$$

그러나 이것도 사실은 Thoma의 공동현상계수 σ와 관계가 있고 별도의 의의를 가지는 것은 아니다. 또한 비교 회전도 및 Thoma의 공동현상계수

$$n_s = \frac{N \cdot Q^{1/2}}{H^{3/4}}$$

$$\sigma = \frac{H_{sv}}{H_n}$$

를 사용하여 식 (2.50)을 변형하면

$$S = \frac{N \cdot Q^{1/2}}{H_{sv}^{3/4}} = \frac{N \cdot Q^{1/2}}{H^{3/4}} \cdot \left(\frac{H_n}{H_{sv}}\right)^{3/4} = n_s \left(\frac{1}{\sigma}\right)^{3/4} \tag{2.51a}$$

이 되므로

$$S^{4/3} = \frac{n_s^{4/3}}{\sigma} \tag{2.51b}$$

인 관계를 얻는다.

이 식에 앞의 식 (2.49a), (2.49b)의 관계를 사용하면 편 흡입과 양 흡입의 경우에 대한 S의 값이 각각 정해진다. 즉,

$$\text{단 흡입의 경우 : } S^{4/3} = (1/7.88) \times 10^5 \tag{2.52a}$$
$$S \fallingdotseq 1200$$
$$\text{양 흡입의 경우 : } S^{4/3} = (1/5) \times 10^5 \tag{2.52b}$$
$$S \fallingdotseq 1700$$

을 얻는다. 그리고 식 (2.51a)에서 H_{sv}에 대해 정리하면

$$H_{sv} = \left(\frac{1}{S}\right)^{4/3} N^{4/3} \cdot Q^{2/3} \tag{2.53}$$

가 되고, 이 식에 앞에서 구한 흡입 비교 회전도 S의 값을 대입하면

$$\text{편 흡입 : } H_{sv} = 7.88 \times 10^{-5} \times N^{4/3} \times Q^{2/3} \tag{2.54a}$$
$$\text{양 흡입 : } H_{sv} = 5 \times 10^{-5} \times N^{4/3} \times Q^{2/3} \tag{2.54b}$$

가 된다.

앞에서 말한 바와 같이 공동현상은 펌프의 성능을 저하시키고 효율을 저하시키며, 오랫동안 이와 같은 운전을 하면 깃에 손상이 생겨서 펌프의 수명을 짧게 하는 결과가 된다.

따라서 공동현상을 방지하기 위해서는

① 펌프의 설치 위치를 가능한 낮추어서 정미 유효 흡입수두 NPSH를 크게 한다.
② 펌프 회전차의 회전수를 작게 한다. 즉, 회전수가 작아지면 비교 회전도가 작아지고 공동현상이 일어나기 어렵다.
③ ①의 방법에도 불구하고 여전히 공동현상 발생이 계속되면 흡입 관로 중의 마찰손실로 인한 압력강하의 요인을 제거 또는 개선한다.

등이다.

예제 2.9

양정 60 m, 유량 2 m³/min, 회전수 2,890 rpm을 설계조건으로 하는 편 흡입 펌프가 있다. 취급하는 액체가 80℃의 맑은 물이면 공동현상의 발생을 방지하기 위한 흡입조건을 어떻게 하면 되는가? 단, 흡입관 내에서의 유체 유동에 의한 손실 수두는 1 m라고 한다.

정답 먼저 요구 NPSH, H_{sv}를 식 (2.54a)로부터 구한다.

$$H_{sv} = 7.88 \times 10^{-5} \times 2,890^{4/3} \times 2^{2/3} = 5.15 \, (\text{m})$$

또한 80℃ 물의 밀도는 표 1.11에서 971.8 kg/m³, 포화증기압은 47.37 kPa이므로 증기압 수두 H_v는 4.97 m가 되고, 이를 식 (2.46)에 대입하면

$$\frac{p_1}{\gamma} = H_{sv} = H_a - H_v - (H_s + \Delta H) \text{에서}$$

$$H_s = H_a - H_v - \Delta H - H_{sv}$$

$$= \frac{1.033 \times 10^4}{971.8} - 4.97 - 1 - 5.15 = -0.49 \, (\text{m})$$

여기서 H_s가 −0.49 m이므로 흡입 액면이 펌프 입구에서 0.49 m 이상 높은 곳에 있어 압입을 주어야 공동현상 발생을 막을 수 있으며, 실제로는 3 m 이상의 압입을 가해야 한다.

전 양정 19.5 m, 유량 2.6 m³/min, 회전수 1,450 rpm을 정격으로 하는 편 흡입 벌류트 펌프가 있다. 이 펌프를 지상에 설치하여 물을 빨아올리는 경우 우물의 수면이 지하 몇 m에 있을 때 공동현상이 발생하기 시작하는가? 단, 수면에 작용하는 압력은 1기압(= 101.234 kPa), 수온은 80℃, 그리고 흡입관 내 손실 수두는 1 m라고 한다.

정답   NPSH, H_{sv}는 식 (2.54a)에서

$$H_{sv} = 7.88 \times 10^{-5} \times N^{4/3} \times Q^{2/3}$$
$$= 7.88 \times 10^{-5} \times 1450^{4/3} \times 2.6^{2/3} = 2.45 \text{(m)}$$

표 1.11에서 80℃ 물의 밀도 및 증기압으로부터 각각 비중량 $\gamma = 9,523.64$ N/m³, $p_v = 43.37$ kPa이므로, 식 (2.46)에서

$$H_s = H_a - H_v - \Delta H - H_{sv}$$
$$= \frac{(101.234 - 43.37) \times 10^3}{9,523.64} - 1 - 2.45 = 2.63 \text{(m)}$$

이다.

(2) 수격현상

유체가 유동하고 있는 관로의 끝에 달린 밸브를 갑자기 닫을 경우 유체의 감속된 분량의 운동 에너지가 압력 에너지로 변하기 때문에 밸브의 직전 지점에서 고압이 발생하고, 이 고압의 영역은 관로 속의 압력파의 전파속도로 상류 쪽의 관로로 향하여 진행하며, 다시금 되돌아오는 것을 왕복 반복하여 압력의 변화를 가져와 관로의 벽면을 타격하는 현상을 **수격현상**(水擊現象, water hammer)이라고 한다.

이 현상은 관로 속의 유속이 빠를수록, 또 밸브를 닫는 시간이 짧을수록 심하여 때로는 관이나 밸브를 파괴하는 수도 있다. 수격현상은 수차에서는 오래 전부터 취급하여 왔으나 최근에 와서는 펌프가 대형화됨에 따라 여기서도 문제가 되고 있다. 즉, 펌프가 운전 중에 정전 등으로 인하여 구동력을 잃게 되면 유량에 급격한 변화가 일어나고, 정상운전 때의 액체의 압력을 초과하는 압력 변동이 생겨 수격현상의 원인이 되기도 한다.

수격현상의 방지 대책으로 압력강하의 경우에는 압력을 완화시키는 방법으로 플라이 휠(fly wheel)을 설치하여 관성을 부여하는 방법과 조압 물탱크(調壓 水槽, surge tank)를 관로 중에 설치하여 적정 압력상태를 유지하도록 하고, 압력 상승의 경우에는 송출 밸브를 펌프의 송출구 가까이에 설치하여 이 밸브로서 압력을 제어하는 방법이 채택되고 있다.

(3) 맥동현상

펌프의 성능곡선은 그림 2.23에 나타난 바와 같이 산(山) 모양의 유량-양정곡선($Q-H$)을 갖는다. 배관 장치에서 송출관의 도중에 물 탱크(水槽, water tank)가 있어서 유량 조절을 수조의 후방에 있는 밸브로 하는 경우에 유량을 줄이면 수조 내의 수두는 일시적으로 상승하여 펌프의 저항은 증가하게 되고, 반대로 수두가 내려가게 되면 유량은 감소하여 저항을 크게 하여 이와 같은 현상은 반복하게 된다. 이와 같이 유량-양정과의 관계가 주기적으로 변동을 가져오는 현상을 **맥동현상**(脈動現象, surging)이라고 한다.

실제로 펌프 운전에서는 펌프의 입구와 출구에 부착된 진공계와 압력계에서의 미세한 움직임과 동시에 유량의 변화를 가져오는데, 이때 압력과 유량 변동의 주기는 비교적 규칙적이고 거의 일정한데, 만약 맥동 현상이 일어났다면 송출 밸브의 개도(開度)를 변경시키든가 하여 인위적으로 운전 상태를 변경하지 않는 한 그 상태가 계속되는 것이 보통이다.

펌프에서 맥동현상이 일어나는 조건으로는 다음의 3가지를 들고 있다. 첫 번째로 펌프의 $Q-H$ 곡선이 산(山) 모양의 곡선으로서 이 곡선의 상승부에서 운전하는 경우, 두 번째는 송출관로 중에 외부와 접촉할 수 있는 물 탱크 등이 있을 경우 세 번째로 송출유량의 조절이 물 탱크의 뒤에서 행해지는 경우를 들 수 있다.

그리고 맥동현상의 방지대책으로는

① 종래에는 깃 출구각 β_2를 작게 하여 우향 상승 기울기의 양정 곡선을 만드는 방법을 취해 왔으나, 이 방법은 효율을 저하시키는 결점이 있고 β_2의 감소만으로는 서징현상의 방지가 완전히 이루어질 수 없다.
② 송출 밸브를 사용하여 펌프 내 양수량을 맥동현상 때의 양수량 이상으로 증가시키거나 회전차의 회전수를 변화시킨다.
③ 관로에 있어서 불필요한 공기 탱크나 잔류 공기는 제거하고 관로의 단면적, 액체의 유속, 저항 등을 조정한다.

등을 들 수 있다.

(4) 축추력 현상

그림 2.26에서 편 흡입 회전차에 있어서 전면 슈라우드(front shroud)와 후면 슈라우드(back shroud)에 작용하는 정압의 차이와 함께 단면적의 차로 인한 작용력의 차이로 그림에서 화살표 방향과 같이 회전차가 축 방향, 펌프의 입구 쪽으로 추력이 작용하여 밀리게 되는데, 이 현상을 축추력 현상(軸推力 現像, axial thrust force)이라고 한다.

그리고 축추력의 크기 T_h는 다음과 같이 나타낸다.

전면 측벽 후면 측벽 축추력

그림 2.26 축추력 현상의 발생

$$T_h = \frac{\pi}{4}(d_a^2 - d_b^2)(p_1 - p_2) \tag{2.54}$$

여기서 d_a : 웨어링 링(wearing ring)의 지름 d_b : 회전차 축의 지름

p_1 : 회전차 후면 슈라우드에 작용하는 압력

p_2 : 회전차 전면 슈라우드에 작용하는 압력(흡입 압력)

이다. 이때 축추력은 회전차 1개에 대한 경우이고, 단수가 i 단인 다단 펌프인 경우 추력은 $T_h \times i$ 가 된다.

축추력 현상의 방지대책, 즉 축의 평형을 위해서는 다음과 같은 방법들이 있다.

① 드러스트 베어링(thrust bearing)의 설치
② 회전차 뒤면 슈라우드의 보스(boss) 부분에 흡입 측과 통하는 구멍을 내어 회전차 앞·뒤의 압력이 평형이 되게끔 유도하는 방법(평형공, balance hole)
③ 다단 펌프에 있어서는 전체 회전차의 반수씩을 대향되게끔 배열하여 축추력이 상쇄 되게끔 하는 방법(자기 평형, self balance)
④ 회전차 앞·뒤면 슈라우드에 각각 웨어링 링을 붙이고 뒤면 슈라우드와 케이싱과의 틈에 흡입 압력을 유도하여 양측 벽 사이의 압력 차를 경감시키는 방법
⑤ 뒤면 슈라우드의 뒷면에 방사상의 턱(rib)을 달아 뒤면 슈라우드에 작용하는 압력을 감쇠시키는 방법
⑥ 다단 펌프인 경우 회전차 모두를 동일 방향으로 배열한 상태에서 최종 단에 밸런스 디스크(balance disc)나 밸런스 피스톤(balance piston)을 부착하여 제어하는 방법

이와 같은 축추력 현상 이외에 벌류트 펌프의 경우에는 정격 유량 이외의 유량에 대하여 와류실 내의 원주 방향으로의 압력분포가 균일하지 않는 경우가 생기게 된다. 그 결과 그림 2.27과 같이 반지름 방향으로의 추력(radial thrust force)을 발생한다.

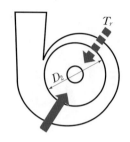

그림 2.27 반지름 방향의 추력

Stepanoff에 의하면 반지름 방향의 추력 T_r 은

$$T_r = K\gamma HD_2B_2 \tag{2.55}$$

으로 되는데, B_2 는 양 슈라우드를 포함한 회전차의 축 방향 폭이고, K 는 유량 Q 에 따라 변하는 상수로서 실험식에 의하면

$$K = 0.36\left\{1 - \left(\frac{Q}{Q_n}\right)^2\right\} \tag{2.56}$$

으로 표시된다. 여기서 Q_n 은 정격 유량을 표시한다.

반지름 방향의 추력은 축의 휨을 증가시키는 나쁜 영향을 미치는데 이것의 방지대책으로는 2중 벌류트 케이싱(double volute casing)이 있으나 완전히 반지름 방향의 추력을 방지할 수 없다.

이 추력은 정격 유량보다 클 때에는 점선 방향이 되고, 정격 유량보다 작을 때에는 실선 방향으로 작용하게 된다. 그리고 다단 펌프에서는 이것을 방지하기 위하여 각 단의 케이싱의 위치를 어긋나게 해서 각 단에 작용하는 반지름 방향 추력을 상쇄시키기도 한다.

2.1.5 사양과 기초 설계

1) 설계와 KS 규격

원심 펌프는 그림 2.28의 펌프 운전점에서 나타내는 바와 같이 식 (2.3)으로 주어지는 펌프의 토출구와 흡입구에서의 전 양정의 차, H 를 송출 유량 Q 에 대해 나타낸 유량–양정 곡선($Q-H$ 곡선)과 일반적으로 $\{H_a + (C_1 + C_2)Q^2\}$ 로 표시되는 관로계의 저항 곡선과의 교점 I이랑 II로 운전이 이루어진다.

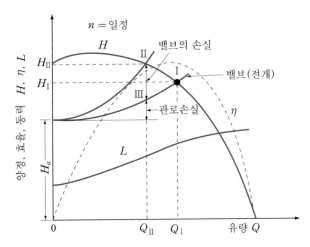

그림 2.28 펌프의 운전점

여기서 H_a는 실 양정으로 흡입 수면과 토출 수면의 높이 차이이고, $(C_1 + C_2)Q^2$은 관로 및 밸브 손실이 유량의 제곱에 비례하므로 $C_1 Q^2$이 관로 손실, $C_2 Q^2$이 밸브 손실에 해당, 즉 관로에서의 전 손실 수두를 나타내고, 계수 C_1은 관로 상태에서 정하는 정수 그리고 계수 C_2는 밸브의 개폐 상태에 의해 정하는 정수이다. 운전점에서의 $(C_1 + C_2)Q_1^2$의 값은 나중에 기술하는 식 (2.60)에서 표시하는 전 손실 수두 ΔH와 같고(2.1.4의 3) 참조) $R = (C_1 + C_2)Q^2$ 으로 표시한다.

그림 2.28에서 $(H_a + R)$와 Q와의 관계를 나타내는 곡선을 저항 곡선(system head curve)이라 하고, 펌프의 운전점(operating point)은 유량-양정 곡선과 유량-저항 곡선의 교점이 된다. 송출 밸브를 완전히 열었을 때의 운전점 I은 최고 효율점 유량과 일치하도록 고른다. 밸브 개도(開度)를 작게 하면 밸브 저항이 증가하고, 저항 곡선이 변화하여 운전점은 유량 Q가 작은 II로 이동한다. 펌프의 운전점에서의 전 양정 H는 실 양정 H_a 와 관로에서의 전 손실 수두 R의 합과 같다. 즉, $H = H_a + R = H_a + (C_1 + C_2)Q^2$ 이다.

유량 조절에는 펌프의 토출 측에 설치되는 밸브가 사용되어 유량을 감소시키는 경우에는 밸브의 개도를 작게 한다. 이때 밸브의 저항이 증대하기 때문에 관로 저항이 증대하고, 유량-양정 곡선과 유량-저항 곡선과의 새로운 교점은 II점으로 이동하고 그 결과 유량은 Q_{II} 으로 감소한다.

게이트 밸브(gate valve)를 교축함으로써 유량을 줄이는 경우에는 본래라면 H_I의 수두에서 충분한데 반해 펌프는 H_{II} 의 수두를 내기 때문에 II점의 펌프 운전 효율은

$$\eta_p = \frac{H_I}{H_n}$$

로 된다.

따라서 일반적 소정의 유량과 양정을 감당하는 케이싱, 임펠러, 주축, 패킹 및 전동기로 구성되는 원심 펌프의 설계순서는 다음과 같다.

① 운전점에서의 유량 Q를 사양으로 한다.
② 사양으로 주어진 실 양정 H_a를 기초로 운전점 II에서의 전 양정 H를 구한다.
③ 회전수와 축동력을 구한다.
④ 운전점에 해당하는 유량으로 양수 가능한 펌프의 회전차 및 케이싱을 설계한다.

2) 사 양

0~40℃ 물을 취급하는 편 흡입 단단 펌프이고, 최고 사용압력 1 MPa 이하에서 사용하는 흡입 구경 40~200 mm의 일반용 소형 원심 펌프로 공통 수두 상에서 50 또는 60 Hz의 4극 혹은 2극 3상 유도전동기와 축이음에 의해 직결되는 「소형 다단 원심 펌프」의 규격이 KS B 7505(펌프 토출구, 중심형 또는 편심형)에서 정해지고 있다. 이 중에서 케이싱의 형에 따라 송출구가 편심으로 설치된 종래형의 ①형과 송출구가 중심에 설치된 ISO에 준한 ①형의 구조가 표시되고 있다.

(1) 펌프의 구경과 송출 유량과의 관계

①형 펌프의 흡입 구경은 표 2.4에 나타내는 송출 유량 Q, 주파수 f 및 전동기 극수 P에 따라 KS B 7505으로 규정되고 있고, 표 2.4에는 KS D 3507「배관용 탄소강 강관」에서 발췌한 안지름 등이 함께 표시되어 있다. 이에 의하면 펌프 흡입구에서의 평균유속 v_s는 1~6 m/s의 범위에 있지만 보통은 $v_s = 2$~2.5 m/s가 채용된다.

펌프의 송출 구경 d_d는 양정이 높은 펌프에서는 유속이 크게 되고, 이것을 송출 구경에서 급격히 작게 하면 손실 수두가 증대하기 때문에 이것을 방지하기 위해 송출 구경에서의 평균유속 v_d를 크게 하여 2.5~4.0 m/s로 선택하는 경우가 많다. 즉, 흡입 구경 d_s보다 작은 송출 구경 d_d를 선택하는 일이 많다. 그 경우는 펌프 송출구에 지름이 다른 관(異徑管, reducer)을 설치, 펌프 뒤의 관경을 펌프의 송출 구경 d_d보다 크게 하여 흡입 구경 d_s와 같게 선택하기도 한다.

표 2.4 송출 유량 범위와 펌프의 흡입 구경의 관계(KS B 7505, KS D 3507)

호칭지름	바깥지름	안지름	토출량 범위 (m³/min)					
			50 Hz			60 Hz		
			2극	4극		2극	4극	
				①형	①형		①형	①형
40	48.6	41.6		0.16 이하	0.20 이하		0.20 이하	0.22 이하
50	60.5	52.9		0.10~0.32	0.16~0.32		0.12~0.40	0.18~0.36
65	76.3	67.9		0.20~0.63	0.25~0.50		0.25~0.80	0.28~0.56
80	89.1	80.7		0.40~1.25	0.40~0.80		0.50~1.60	0.45~0.90
100	114.3	105.3	0.8~2.5	0.63~2.0	0.63~1.25	1.0~3.15	0.8~2.5	0.71~1.40
125	139.8	130.8	1.25~6.3	0.80~3.15	1.00~2.00	1.6~8.0	1.0~4.0	1.12~2.24
150	165.2	155.2		1.6~5.0	1.6~3.15		2.0~6.3	1.8~3.55
200	216.3	204.7		2.5~10	2.5~5.0		3.15~12.5	2.8~5.6

(2) 전 양정

펌프가 발생하는 전 양정 H는 식 (2.3)으로 표시된다. 이 전 양정 H는 양수를 가능하게 하는데 필요한 관로계의 전 양정과 같다. 즉, 한 예로 그림 2.29에서 표시하는 양수계에 있어서

$$H = H_a + \Delta H \tag{2.57}$$

로 된다. 여기서 H_a는 실 양정, ΔH는 관로계에서의 전 손실이다.

전 손실 수두 ΔH를 구하는 데는 직관부에서는 다시 – 바이스바흐 식(Darcy-Weisbach's equation)

$$h_L = \lambda \frac{l}{d} \frac{v^2}{2g} \tag{2.58}$$

으로 구하고, 그 밖의 배관 요소에 의한 국부 손실은

$$h_L = \zeta \frac{v^2}{2g} \tag{2.59}$$

로 구한다.
그리고 이들 총합

$$\Delta H = \left(\lambda \frac{l}{d} + \sum_{i=1} \zeta_i + 1 \right) \frac{v^2}{2g} \tag{2.60}$$

을 전 손실 수두 ΔH로 한다. 여기서 λ는 관 마찰 계수, l은 원관 길이, d는 원관의 안지름, v는 원관 내 유체의 평균유속, g는 중력 가속도, 그리고 ζ는 손실(저항)계수로 주된 값을 표 2.5에 나타내었다.

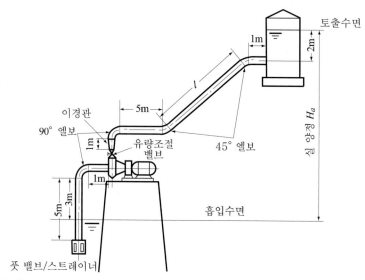

그림 2.29 양수계

표 2.5 배관 요소의 손실계수

배관 요소		손실계수, ζ
풋 밸브	호칭지름 150 mm 이상	1.5
	125 mm 이하	2.0
엘보	90°	0.21
	45°	0.14
게이트 밸브 (전개)	호칭지름 200 mm 이상	0.11
	150 mm 이하	0.18
출구		1

(3) 회전수

3상 유도 전동기의 동기 회전수 N [rpm]는

$$N = \frac{120f}{P} \tag{2.61}$$

이다. 여기서 P는 극수, f는 전원 주파수로 우리나라, 미국, 캐나다 등의 경우 60 Hz, 일본에서는 동 일본이 50 Hz, 서 일본이 60 Hz, 그리고 영국, 스위스 및 독일 등이 50 Hz이다.

전동기에 부하를 걸면 미끄럼(slip) S가 생기고, 이때 회전속도 n는

$$n = (1 - S)N \tag{2.62}$$

에 따라 감소한다. 이때 S의 값은 일반 시중 제품은 $S = 0.01 \sim 0.05$이고, 출력이 작은 전동기일수록 S값은 크며, 출력이 큰 전동기일수록 S값은 작다.

(4) 동력과 효율

식 (2.19)에서 구한 수동력 L_w는 펌프 효율 η_p의 식 (2.20)에 대입하여 축동력 L_s를 구한다. 펌프 효율 η_p의 최고값은 KS B 7505에서 A 효율(그림 2.30 참조)로 정해지고, 운전점에서의 송출 유량 Q에 있어서 이 A 효율 이상으로 되지 않으면 안된다. 3상 유도 전동기의 축동력 L_s와 전동기 효율과의 관계를 그림 2.31에 나타낸다.

정격 출력 L_r은 원칙적으로 220 V인 정격 전압 및 정격 주파수 f에서 전동기 축에 연결하여 발생하는 출력으로

$$L_r = \frac{(1 + \alpha) L_s}{\eta_r} \tag{2.63}$$

로 결정한다. 여기서 α는 동력 여유 계수로, 장시간의 펌프 사용에 의한 내부 누설 증대에 따른 축동력의 증대 및 전압 강하 등에 대비하여 $\alpha = 0.1 \sim 0.2$로 한다. η_r는 전동 장치의 효율로, 플랜지로 펌프 축과 전동기 축을 직결하는 경우에는 $\eta_r = 1.0$이다.

한편, 정격 출력(표 2.6 참조)이 KS C 4202으로 정해지고 있기 때문에 식 (2.63)으로 구한 L_r의 1 랭크 큰 값의 출력을 명판에 기록하는 정격 출력으로 한다.

표 2.6 일반용 저압 3상 보호형 유도 전동기의 정격 출력

0.2	0.4	0.75	1.5	2.2	3.7	5.5	7.5	11	15	18.5	22	30	37

출처 : KS C 4202(단위 : kW)

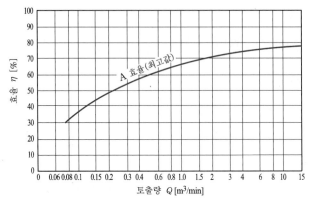

그림 2.30 펌프 효율(출처 : KS B 7505)

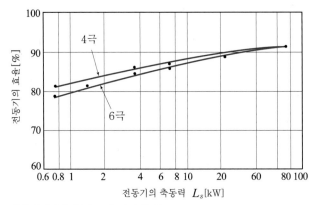

그림 2.31 3상 유도 전동기의 축동력과 효율과의 관계

표 2.7 명판의 한 예

구 분	내 용	구 분	내 용
명칭	횡축 편 흡입 단단 소형 원심 펌프	전동기	4극, 3상 유도 전동기
양수액	상온의 맑은 물(20℃)	케이싱	①형(토출구가 편심되어 설치)
송출 유량 Q	1.5 m³/min	이경관	필요에 따라 사용
실 양정 H_a	14 m(그림 2.29 참조)	구동 방법	전동기와 플랜지에 의해 직결
주파수 f	60 Hz	주요 재료	KS B 7505 참조

3) 설계 예

그림 2.29에 나타낸 양수계에 설치되는 다음 사양의 소형 원심 펌프를 설계한다.

(1) 펌프 구경

운전점의 송출 유량 $Q = 1.5 \text{ m}^3/\text{min}$에서 펌프의 흡입구 호칭지름을 표 2.4에서 100 mm로 한다. 호칭지름 100 mm의 안지름 d_s는 표 2.4에서 105.3 mm이기 때문에 펌프 흡입구에서의 평균 유속 v_s는 2.87 m/s이다.

펌프 송출구에서 평균 유속의 목표를 4.0 m/s로 택하면 펌프의 송출 구경은 89.2 mm로 계산된다. 이 값에 제일 가까운 호칭지름은 KS D 3507에 의하면 80 mm(안지름 $d_i = 80.7$ mm)이다. 따라서 펌프 송출구에서의 정확한 평균 유속 v_d는 4.88 m/s로 된다. 그러니까 설계 예의 펌프는 「100×80 원심 펌프」가 된다. 이 결과는 송출량을 기준으로 하여 표 2.4에서 구한 펌프의 흡입구 치수, 토출구 치수와 각각 일치한다.

(2) 배관

배관에는 흡입 측, 송출 측 모두에 표 2.4에 나타내는 호칭지름 100 mm의 배관용 탄소강 강관을 사용한다. 따라서 펌프 송출구와 유량 조절 밸브(게이트 밸브) 사이에 이경관을 사용함으로써 $v_d = 4.88$ m/s인 펌프 송출구에서의 평균 유속이 이경관을 지나간 위치에서는 2.87 m/s 까지 점차 감소된다.

(3) 전 양정

20℃ 물의 동점도는 $\nu = 1.01 \times 10^{-6} \text{ m}^2/\text{s}$이기 때문에 배관 내의 유체 흐름의 레이놀즈수 R_e는

$$R_e = \frac{v_s d_s}{\nu} = 2.99 \times 105 \tag{2.64}$$

이다.

시중의 배관 제품 중 강관의 거칠기는 0.05 mm이기 때문에 관의 상대적 거칠기 ϵ/d_s는 0.000475로 된다. 이때 관 마찰 계수 λ는 무디 선도(Moody diagram)에서 0.0175로 되지만, 지름 변화를 생각하여 λ를 1.5배로 함과 동시에 간단히 하기 위해 이경관의 손실 수두가 직관과 같다고 본다.

또한 호칭지름 100 mm의 관은 소형에 속하기 때문에 풋 밸브 및 게이트 밸브의 손실계수 ζ는 표 2.5에 표시하는 소형의 값을 선택한다. 그림 2.29에 표시하는 양수계에 있어서 엘보(elbow), 펌프 및 게이트 밸브의 수직 방향 길이를 무시하면 직관부의 길이는 24 m가

되기 때문에 전 손실 수두는 식 (2.60)으로부터

$$\Delta H = [1.5 \times 0.0175 \times \frac{24}{0.1053} + 2 \times (0.21 + 0.14) + (2.0 + 0.18) + 1] \times \frac{2.87^2}{(2 \times 9.8)}$$
$$= 4.11\,(\mathrm{m})$$

이다.

따라서 전 양정은 식 (2.57)에서 $H = 18.1$ m로 되고, 값을 반올림하여 $H = 18$ m로 결정한다.

(4) 회전수

전원 주파수가 60 Hz일 때 4극 전동기의 동기 회전수 N는 식 (2.61)에서 1,800 rpm으로 된다. 미끄럼 계수 S의 값을 0.03으로 하면 회전자 속도 n는 식 (2.62)에서 1,746 rpm으로 된다.

(5) 축동력

20℃ 물의 밀도, $\rho = 998.2$ kg/m^{3}을 사용하여 수동력 L_w를 식 (2.19)에서 구하면,

$$L_w = 998.2 \times 9.8 \times \frac{1.5}{60} \times 18 = 4410\,(\mathrm{W}) = 4.41\,(\mathrm{kW})$$

이다.

운전점에서의 송출 유량 $Q = 1.5$ m^3/min에서의 A 효율 η_p는 그림 2.30에서 0.69이므로 축동력 L_s는 식 (2.20)에서 6.39 kW로 된다. 동력 여유 계수 $\alpha = 0.20$으로 하면 식 (2.63)에서 정격 출력 L_r는 7.66 kW, 따라서 명판에 기입되는 정격 출력은 표 2.6에서 11 kW로 정한다. 이때 전동기의 플랜지 축 지름은 KS C 4202에서 42 mm이다. 그리고 회전차, 케이싱, 주축(main shaft) 및 패킹 설계 등에 대해서는 별도의 교재를 참고하기로 한다.

연습문제

1. 전 양정 25 m, 유량 1.5 m³/min, 비교 회전도 230인 원심 펌프의 흡입 구경과 송출 구경을 구하여라.

   정답 125 mm, 100 mm

2. 펌프가 매분 455회전하고, 전 양정 136 m에 대해 5.7 m³/sec의 물을 송출한다. 벨트 연결의 모터 동력이 11,840 kW이라고 하면 전 효율은 몇 %가 되는가? 단, 벨트 연결 모터의 동력과 축동력의 비는 1.20이다.

   정답 77 %

3. 펌프가 매분 455회전하고, 전 양정 136 m에 대해 5.7 m³/sec의 물의 양을 송출한다. 축동력이 8,570 kW라면 수력 효율은 몇 %인가? 단, 체적 효율 및 기계 효율은 각각 98%이다.

   정답 93 %

4. 다음 그림과 같은 흡입관을 가지는 원심 펌프로 상온의 맑은 물을 퍼올릴 때 유량이 1 m³/min에서의 진공계의 읽음을 펌프 중심선의 값으로 환산하여라. 단, 흡입관은 지름 100 mm의 관으로 하고, 흡입관 전 길이는 4 m, 풋 밸브의 손실계수는 2.0, 그리고 관의 마찰 손실계수는 0.02로 하여 계산한다.

   정답 −3.60 m(=−35.24 kPa)

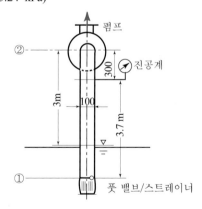

5. 다음과 같은 치수의 편 흡입 단단 벌류트 펌프를 회전수 1,450 rpm으로 운전할 때의 깃 수 무한인 경우의 이론 수두 $H_{th\,\infty}$ 를 계산하여라. 단, 정격 유량은 4.0 m³/min로 하고 회전차에 유입할 때의 물의 방향은 반지름 방향이고, 출구 측 상대속도는 $w_2 = 5$ m/s이다.

회전차 출구의 지름 $D_2 = 85 \text{ mm}$

회전차 출구 폭 $b_2 = 33 \text{ mm}$

회전차 출구 각도 $\beta_2 = 25°$

정답 1.26 m

6. 펌프를 이용하여 흡수면에서 50 m 높은 수면의 연못에 유량 $Q = 0.3 \text{ m}^3/\text{s}$로 물을 퍼올리는데 필요한 수동력을 구하여라. 단, 관의 안지름은 300 mm, 전 길이는 300 m라 하고, 관의 마찰 계수는 $\lambda = 0.028$이다.

정답 222.85 kW

7. 어떤 펌프가 매분 2,000회전으로 전 양정 100 m에 대하여 $0.17 \text{ m}^3/\text{s}$의 물을 송출한다. 이것과 상사하고, 치수가 2배인 펌프가 매분 1,500회전으로 운전하는 경우 물의 송출량은 몇 m^3/s인가?

정답 $0.51 \text{ m}^3/\text{s}$

8. 어떤 펌프가 매분 2,000회전으로 전 양정 100 m에 대하여 $0.17 \text{ m}^3/\text{s}$의 유량을 방출할 때 축동력은 185 kW이다. 이것과 상사이고 치수가 2배인 펌프가 매분 1,500회전하고 다른 것은 동일한 상태로 운전하는 경우에 축동력은 몇 kW인가?

정답 2,497.5 kW

9. 회전수가 450 rpm일 때 전 양정이 122 m, 양수량 $5.65 \text{ m}^3/\text{s}$인 단단 원심 펌프가 있다. 이 펌프의 회전차 바깥지름이 207.5 mm라면, 이 펌프와 상사이고 회전차 바깥지름이 45.7 mm인 모형 펌프를 제작하려고 할 때 이 모형 펌프의 전 양정이 98 m이면 모형 펌프의 매분 회전수는 얼마이어야 하는가?

정답 89 rpm

10. 전 양정 211 m, 맑은 물의 유량이 $7.9 \text{ m}^3/\text{s}$인 펌프의 수동력은 몇 kW인가? 또, 이 펌프의 축동력을 18,300 kW라 하면 전 효율은 몇 %가 되는가?

정답 $L_w = 16,336 \text{ kW}$, $\eta_p = 89.3 \%$

11. 회전수 1,450 rpm일 때 전 양정 19.5 m, 유량 $2.6 \text{ m}^3/\text{min}$의 용량을 내는 펌프의 축동력, 전동기 동력(직결) 및 회전차의 축지름을 구하여라. 단, 펌프의 전 효율은 80%이고, 축의 허용 비틀림 응력은 11.76 MPa이며, 안전 계수는 1.1로 한다.

정답 10.51 kW, 12.59 kW, 34 mm

12. 펌프에서 물을 퍼올리는 경우 펌프와 흡수면과의 수직거리인 흡입 실 양정이 5 m이고, 흡입관 내의 손실 수두는 1 m이다. 정미 유효 흡입수두(NPSN)를 구하여라. 단, 수온은 20℃이고 흡수면 상의 기압은 101.23 kPa이다.

    정답 4.1 m

13. 회전수가 매분 2,910회전일 때 전 양정 55 m, 유량 1.5 m³/min를 만족시키는 편 흡입 벌류트 펌프가 있다. 이 펌프로서 우물물을 흡입하는 경우 흡입 실 양정이 몇 m 이상이 되면 공동현상을 일으키는가? 단, 수면의 기압은 101.23 kPa, 물의 온도는 60℃, 흡입관 내 손실 수두는 1 m이다.

    정답 3.19 m

14. 펌프 중심에서 높이가 30 m 높은 곳에 있는 탱크로 매분 2.5 m³의 맑은 물을 펌프 중심에서 2 m 아래에 있는 저수 탱크에서 급수하고자 한다. 배관계의 전 수력손실이 이 유량에서 1.5 m라고 하면, 어떤 원심 펌프를 선정하는 것이 좋은가? 단, 전원 주파수는 60 Hz, 전동기 극수는 4단, 그리고 미끄럼 계수는 3%로 한다.

    정답 $H = 33.5$ m, $Q = 2.5$ m³/min, $N = 1750$ rpm, $n_s = 198.71 (rpm, m^3/min, m)$, 벌류트 펌프

15. 회전수가 450 rpm일 때 전 양정 122 m, 양수량 5.66 m³/s를 송출하는 단단 원심 펌프가 있다. 흡입 실 양정과 흡입관 내 손실 수두의 합은 3.0 m이다. 이 펌프와 상사하고 전 양정 98 m를 만족하는 모형 펌프를 제작하여 공동현상 발생을 똑같이 하려면 모형 쪽에서는 흡입 실 양정을 몇 m로 하여야 하는가? 단, 모형 펌프의 흡입관 내 손실 수두는 1 m, 실물과 모형은 다 같이 수온은 10℃, 수면에서의 대기압은 101.23 kPa이다.

    정답 3.42 m

16. 운전 중에 있는 펌프의 압력계를 읽었더니 송출 측이 343 kPa, 흡입 측이 -19.6 kPa였다. 이 펌프의 전 양정은 몇 m인가? 단, 송출 측 압력계는 흡입 측 압력계보다 50 cm 위에 있으며, 송출관 지름은 흡입관 지름의 0.9배이고, 흡입관 내 유속은 2 m/s이다.

    정답 $H = 37.61$ m

17. 회전차의 바깥지름이 300 mm인 원심 펌프가 2,500 rpm으로 회전할 때 이론 양정 $H_{th\infty}$를 구하여라. 단, 회전차 입구에서 물은 반지름 방향으로 유입하고, 회전차 출구에서의 상대 유속이 반지름 방향이다.

    정답 $H_{th\infty} = 157.20$ m

18. 안지름 45 cm, 전 길이 1,000 m인 관로를 통하여 매초 300 l의 수량을 수면 차가 50 m인 높이에 양수하기 위한 펌프의 수동력은 몇 kW인가? 단, 관로는 마찰 이외의 손실을 무시하며, 관마찰손실 계수는 $f = 0.030$이다.

정답 182.72 kW

19. 3,600 rpm의 회전속도로 120 m의 전 양정에 대하여 1.23 m³/min의 물을 송출하는 펌프가 요구되고 있다. 비교 회전도 $n_s = 200 \sim 260$(m³/min, m, rpm)의 범위인 다단 펌프로 만족시키려 한다면 몇 단 펌프를 사용해야 되는가?

정답 3 단

20. 전 양정 19.5 m, 유량 2.6 m³/min, 회전수 1,450 rpm으로 운전되는 편 흡입 벌류트 펌프가 있다. 이 펌프의 흡입 실 양정이 얼마일 때 공동현상이 발생하는가? 단, 수면상의 대기압은 101.23 kPa 이며, 수온은 80℃이고 흡입관 내의 손실 수두는 1 m이다. 또한 수온이 80℃일 때 비중량 및 포화 증기압은 각각 $\gamma = 9,557$ N/m³, $p_s = 47.37$ kPa이다.

정답 $H_s = 2.22$ m

21. 회전수 1,440 rpm, 전 양정 18.3 m, 물의 유량 0.67 m³/min로 운전되고 있는 편 흡인 원심 펌프가 있다. 공동현상을 일으킬 한계 흡입 실 양정을 구하여라. 단, 흡입관은 안지름 68 mm인 수직 주철 관으로 관 마찰 계수는 0.025이고, 수면 아래 1 m에 입구 손실계수가 0.56인 입구가, 그리고 도중 에 게이트 밸브(손실계수 1.69)가 설치되어 있다. 수면 상의 대기압은 101.23 kPa, 수온은 40℃이 고 이때 물의 비중량 및 포화증기압은 각각 $\gamma = 9,737$ N/m³, $p_s = 2.19$ kPa 이다.

정답 $H_s = 6.3$ m

축류 펌프

2.2.1 개요

축류 펌프는 유량이 매우 크고, 반면에 양정은 보통 10 m 이하로, 비교 회전도 n_s 가 1,000(m^3/min, m, rpm) 이상의 경우에 적합한 터보 펌프이다. 비교 회전도 n_s 의 증가에 따라서 회전차 내의 유체 유동 방향은 반경류형으로부터 사류형, 축류형으로 바뀌고 축류 펌프는 유체 유동 방향이 회전차의 입구와 출구에서 축 방향으로 진행된다.

축류 펌프는 깃의 양력에 의하여 유체에 속도 에너지 및 압력 에너지를 부여함으로써 유체는 회전차 내를 축 방향으로 유입 및 유출되며, 유출된 유체의 속도 에너지를 압력 에너지로 변환하기 위하여 안내깃을 회전차의 뒤에 설치하고 있다.

축류 펌프의 특징을 살펴보면 다음과 같다.

① 비교 회전도가 크므로 저(低) 양정에서도 회전수를 크게 할 수 있으므로 원동기와 직결할 수 있다.
② 유량이 큰 데 비하여 형태가 작아 설치 면적과 기초공사 등에 이점이 있다.
③ 구조가 간단하고 펌프 내의 유로에 단면 변화가 적으므로 에너지 손실이 적다.
④ 가동익형으로 하면 넓은 범위의 유량에 걸쳐 높은 효율을 얻을 수 있다.

2.2.2 구조와 성능

그림 2.32와 같이 안내깃과 일체인 동체(胴體) 및 곡동(曲胴)으로서 펌프의 외곽을 구성하고 안내깃, 보스에 내장된 수중 베어링과 곡동 바깥의 베어링(thrust bearing)으로써 회전차의 축을 지지하는 구조로 되어 있다. 축이 곡동을 관통하는 부분에는 패킹박스를 두어 유체의 누설이나 공기의 유입을 방지한다. 펌프의 동체는 보통 주철제이며, 깃은 주철 또는 주강제이나 양수액이 해수 또는 특수 용액일 때에는 동체를 청동으로, 깃을 청동 또는 인청동으로 제작하며, 주요 접액부에는 청동제 축 슬리브를 삽입하는 경우가 있다.

회전차 내의 깃이 유량의 변동에 따라서 가동형인 축류 펌프를 **가동익 축류 펌프**라고 하며, 그 구조는 그림 2.35와 같다. 회전차가 운전 중이라도 자유로이 깃의 각도를 조정할 수 있도록 만들어진 것이다. 동체 바깥에 있는 핸들 W 를 회전시키면 축 S 로부터 슬라이더 R 로 운동이 전달되어 링크 기구에 의하여 보스 C 에 붙여진 깃 B 는 회전축의 둘레에서 회전하는 구조로 되어 있다.

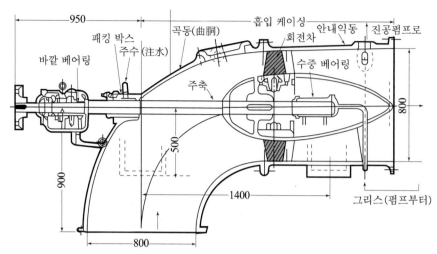

그림 2.32 축류 펌프 (固定翼)

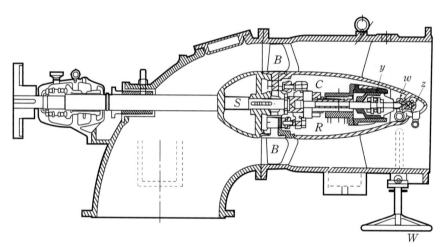

그림 2.33 축류 펌프 (可動翼)

　축류 펌프는 체절운전을 해서는 안되며 만약 체절운전을 하게 되면 전동기를 손상하는 결과를 낳게 된다. 따라서 축류 펌프는 일반적으로 송출 밸브를 전개하여 운전해야 하므로 흡입구의 말단에 간단한 역류 방지 밸브를 설치하는 것이 보통이다.

　축류 펌프는 양정 변화가 큰 곳에는 적합하나 체절 축동력이 큰 것이 취급상 결점이다. 따라서 송출 밸브를 체절한 채로 시동할 때에는 송출 측에 바이패스 관을 설치하여 흡입 측으로 환류시킨다든지 또는 회전속도를 점차적으로 상승시키면서 송출 밸브의 개도를 증가시키는 방법을 취한다. 가동익 축류 펌프는 양정에 따라 적당하게 깃의 각도를 조절할 수 있으므로 축동력 곡선도 고정익 축류 펌프와는 다른 형상을 가지게 된다. 따라서 송출 밸브를 체절한 채로 시동하여도 지장이 없으며 정격 유량 이외의 점에서의 효율도 고정익의 경우보다 양호하고, 더욱이 항상 원동기의 능력 최대한 양수할 수 있어서 이상적인 특성을 나타내고 있다.

축류 펌프의 흡입 양정을 일정 높이 이상으로 높게 취하여 운전하게 되면 공동현상을 일으키게 된다. 보통 깃 입구 부근 및 깃 뒷면에서 뚜렷하게 저압이 되고, 이 부근에서 발생한 기포가 소멸할 때 소음 및 진동이 일어나고, 펌프 효율을 저하시키며 나아가 깃 뒷면 및 동체 내면을 부식시킨다.

축류 펌프에서 공동현상이 발생될 때 원심 펌프에서와 같이 양정 곡선이 급격히 저하하는 일은 없고 유량의 전반에 걸쳐서 저하한다. 이것은 축류 펌프가 원심 펌프에 비하여 깃의 피치가 크고 깃 뒷면에 접해서 공동현상이 일어나도 흡입구 전체가 즉시 그 범위에 들어가지 않고 영향을 받지 않는 유선 부분이 남아 있기 때문이다. 공동현상은 회전속도가 크고 펌프의 전 양정이 클수록 격렬하고, 축류 펌프에서는 Thoma의 공동현상 계수를 $\sigma = 1.4$ 정도로 취하여 허용 흡입 양정을 결정해야 한다. 동일한 양정의 경우 축류 펌프는 원심 펌프에 비하여 허용 흡입 양정이 상당히 작아진다.

2.2.3 이론

축류 펌프의 깃에 대한 이론은 일반적으로 익형 이론에 의하여 설명되고 있다. 깃이 각도 α를 유지하며 w_∞의 속도로 유체 속을 나는 경우나 유속 w_∞인 유체 속에 놓여 있는 경우에 유체는 깃에 경사 방향으로 힘 R을 가한다.

그림 2.34에서 이 힘의 유체 유동의 수평 방향의 분력을 항력(抗力, drag force), 유체 유동의 수직 방향의 분력을 양력(揚力, lift force)이라고 하여 구별한다. 그리고 익형(翼型, airfoil)의 전단과 후단을 연결하는 직선을 익현(翼弦, chord), 그 길이 l을 익현 길이(chord length)라 하고, 유체의 상대운동 방향인 유동 방향과 익현이 이루는 각 α를 영각(迎角, attack angle)이라고 한다.

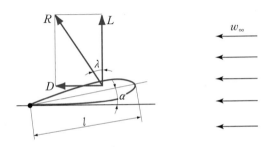

그림 2.34 익형

양력을 L, 항력을 D 라고 하면 이들은 각각 유체의 밀도 γ/g, 속도의 2제곱 w_∞^2, 깃 면적 A 에 비례하므로 다음과 같은 식이 성립된다.

$$L = C_L \frac{\gamma}{2g} w_\infty^2 \cdot A \tag{2.65a}$$

$$D = C_D \frac{\gamma}{2g} w_\infty^2 \cdot A \tag{2.65b}$$

여기서 익현 길이 l, 익폭 b 에 대하여 깃 면적 A 는 $l \times b$ 로 되며, 익폭 b 를 단위 길이로 취하면 양력 L 과 항력 D 는 다음과 같이 된다.

$$L = C_L \frac{\gamma}{2g} w_\infty^2 \cdot l \tag{2.66a}$$

$$D = C_D \frac{\gamma}{2g} w_\infty^2 \cdot l \tag{2.66b}$$

앞의 식에서 C_L, C_D 는 무차원 상수로서 각각 양력 계수, 항력 계수라고 하며, C_L, C_D 는 영각 α 에 따라 각각 변한다.

그림 2.35는 $C_L - \alpha$ 및 $C_L - \tan\lambda$ 의 관계를 표시하며 이는 실험에 의하여 구해진 것이다. $\tan\lambda = C_D / C_L$ 이며, λ 가 작을 때는 $\lambda \fallingdotseq C_D / C_L$ 이다. 그리고 α 가 증가함에 따라서 C_L 은 처음에는 직선적으로 증대하다가 나중에 최대값에 도달한 후에는 급격히 감소한다. 이와 같은 상태를 실속(失速, stall)이라 한다.

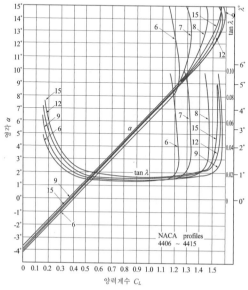

그림 2.35 $C_L - \alpha$ 및 $C_L - \tan\lambda$ 의 관계

그림 2.36 익형에서 그 중앙을 통과하는 일점쇄선을 익형의 **골격선**(骨格線, camber line), 익현에서 골격선까지의 높이 C를 **휨**(camber), 하연(下椽)에서 상연(上椽)까지 중 최대 높이 h를 **익형 두께**라 한다. 이들 휨과 두께는 익현 상의 위치에 따라 다르지만 일반적으로 휨과 두께라 하면 익현 상에서 최대값을 취하고, 익현 길이에 대한 백분율(%)로 나타낸다.

익형은 그 성능을 조사한 연구기관의 명칭을 앞에 붙여서 부른다. 예를 들면, NACA(미국), RAF(영국), Göttingen(독일) 등이 있으며, NACA의 호칭방법에는 4자리법과 7자리법이 있다.

익형 이론은 그림 2.37에 표시하는 바와 같은 회전차를 반지름 r의 원통으로 절단하여 그것을 전개한 그림은 (b)와 같이 표시된다. 익렬(翼列)은 원주속도 u로서 오른쪽으로 진행한다고 하고, 익렬의 입구 ①, 출구 ②에서 유체의 상대속도를 각각 w_1, w_2로 한다. 유체가 익형에 미치는 영향을 고려한 경우는 w_1, w_2의 벡터 곱인 평균 상대속도 w_∞를 갖고 있다. 또, 유체는 균일한 속도 w_∞로서 익형에 작용하는 것으로 한다.

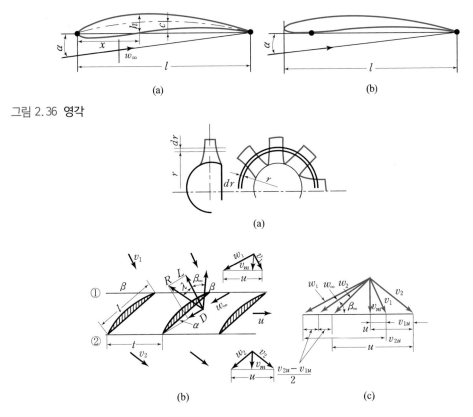

(a)　　　　　　　　　　(b)

그림 2.36 **영각**

(a)

(b)　　　　　　　　　　(c)

그림 2.37 **회전차 단면도와 속도 삼각형**

익렬 중의 각 익형의 양력, 항력을 식 (2.66)의 단일 날개의 경우와 근사적으로 동일하다고 보면

$$L = C_L \frac{\gamma}{2g} w_\infty^2 \cdot l$$

$$D = C_D \frac{\gamma}{2g} w_\infty^2 \cdot l$$

로 표시된다.

또한 w_∞ 의 각도 β_∞ 는 그림 2.37 (c)에서 알 수 있듯이 다음과 같이 표시된다.

$$\tan\beta_\infty = \frac{v_m}{u - (v_{2u} + v_{1u})/2} \tag{2.67}$$

양력 L과 항력 D의 합력 R의 회전방향 성분 $R\sin(\beta_\infty + \lambda)$는 다음과 같이 변형된다 (그림 2.37 (b) 참조).

$$R\sin(\beta_\infty + \lambda) = \frac{L}{\cos\lambda} sin(B_\infty + \lambda)$$

$$= C_L \frac{\gamma}{2g} w_\infty^2 \cdot l \frac{\sin(\beta_\infty + \lambda)}{\cos\lambda}$$

그림 2.37 (a)에서 나타난 회전차의 미소 단면적 $(2\pi r\,dr)$을 축 방향으로 통과하는 유량 dQ에 대하여 Z매의 깃이 회전방향에 미치는 힘 dF는 단위 익 폭에 관한 값인 위 식에 Zdr을 곱한 것과 같다.

$$dF = Zdr\, C_L \frac{\gamma}{2g} w_\infty^2 \cdot l \frac{\sin(\beta_\infty + \lambda)}{\cos\lambda} \tag{2.68}$$

한편, 단면을 통과하는 유량 dQ, 이론 양정 H_{th}에 대한 수동력 $\gamma \cdot H_{th} \cdot dQ$는 회전차의 dr 부분에 필요로 하는 동력 $dF \cdot u$와 동일하기 때문에 다음과 같이 된다.

$$\gamma \cdot H_{th} \cdot dQ = dF \cdot u$$

이것에 식 (2.68)을 대입하면

$$H_{th} = \frac{dF \cdot u}{\gamma \cdot dQ} = \frac{dF \cdot u}{\gamma \cdot 2\pi \cdot r \cdot dr \cdot v_m} = C_L \frac{lZ}{2\pi r} \frac{u}{v_m} \frac{w_\infty^2}{2g} \frac{\sin(\beta_\infty + \lambda)}{\cos\lambda}$$

익렬의 피치를 t라 하면 $t = 2\pi r / Z$ 이며, 따라서

$$H_{th} = C_L \frac{l}{t} \frac{u}{v_m} \frac{w_\infty^2}{2g} \frac{\sin(\beta_\infty + \lambda)}{\cos\lambda} \tag{2.69}$$

다음에 그림 2.37 (c)로부터 $w_\infty = v_m/\sin\beta_\infty$이며, 운동량 법칙에 의한 식에서

$$H_{th}\left(= \frac{H}{\eta_h}\right) = \frac{u}{g}(v_{2u} - v_{1u}) \tag{2.70}$$

로 된다. 식 (2.70)을 식 (2.69)에 대입하면 다음의 결과를 얻게 된다.

$$C_L \frac{l}{t} = \frac{2(v_{2u} - v_{1u})}{v_m} \frac{\cos\lambda \sin^2\beta_\infty}{\sin(\beta_\infty + \lambda)} \tag{2.71}$$

여기서, 익현 길이 l과 익렬 피치 t와의 비 (l/t)를 **솔리디티**(solidity)라 하고, l/t의 증가에 따라 유량은 변하지 않지만 양정은 증가한다.

가동익의 경사각은 깃 각도에 비례하여 유량은 증대하지만 양정은 일정하며, 고정익의 깃 각도는 가동익의 깃 각도처럼 펌프의 성능에 많은 영향을 미치는 것은 아니며, 고정익의 깃 수는 일반적으로 가동익의 깃 수보다 많게 취하는데 이것은 공명 진동을 피하기 위한 것이다.

예제 2.11

300 rpm으로 회전하고 있는 단단 축류 펌프가 있다. 지름 530 mm인 익렬을 관찰한 결과 물이 4.05 m/s의 속도로 축 방향으로 회전차 입구로 흡입되어 회전차 출구에서는 회전 방향으로 3.85 m/s의 분속도를 얻어서 나오고 있다. $C_L \frac{l}{t}$의 값을 구하여라. 단, $\lambda = 1^0$라 한다.

정답
$$u = \frac{\pi DN}{60} = \frac{3.14 \times 0.530 \times 300}{60} \fallingdotseq 8.3 \, (\text{m/s})$$

$$\beta_\infty = \tan^{-1} \frac{v_m}{u - \dfrac{v_{2u} + v_{1u}}{2}} = \tan^{-1}\frac{4.05}{8.3 - \dfrac{3.85 + 0}{2}} = \tan^{-1} 0.636$$

$$\therefore \ \beta_\infty = 32°30'$$

$$C_L \frac{l}{t} = \frac{2(v_{2u} - v_{1u})}{v_m} \frac{\cos\lambda \sin^2\beta_\infty}{\sin(\beta_\infty + \lambda)}$$

$$= \frac{2(3.85 - 0)}{4.05} \times \frac{\cos 1° \sin^2 32°30'}{\sin(32°30' + 1°)} \fallingdotseq 0.97$$

2.2.4 계획과 운전

원심 펌프에서는 체절 상태의 축동력이 다른 모든 운전 상태에서보다도 작은 데 비하여 고정익 축류 펌프에서는 체절 상태에서 가장 큰 축동력을 필요로 한다. 따라서 원심 펌프에서는 송출 밸브를 전폐한 체절 상태에서 시동시키나 축류 펌프에서는 체절운전이 불가능하다.

보통 축류 펌프를 시동할 때에는 앞에서도 언급한 바와 같이 송출 측에 바이패스 관을 설치하여 흡입 측으로 귀환시키든가 펌프 축의 회전속도를 변화할 수 있도록 하여 시동은 저속에서 행하여 점차로 증속하는 방법을 취한다. 경우에 따라서는 송출 밸브를 전개하여 시동하는 방법을 취할 때도 있으나 관 내의 유체 유동을 즉시 따라가지 못하므로 잠시 동안은 큰 축동력이 걸리게 된다.

가동익 축류 펌프에서는 유량 또는 양정에 따라서 날개의 각도를 조절할 수 있으므로 축동력은 유량에 관계없이 일정하게 할 수 있다. 따라서 가동익에서는 송출 밸브를 잠근 상태로 시동해도 지장은 없다. 그러나 깃의 설치 각도를 바꾸기 위한 부수적인 장치를 설치해야 하기 때문에 고정익 축류 펌프에 비하여 가격이 고가이다.

1. 매분 회전수가 300이고 전 양정 3 m, 유량 130 m³/min의 펌프를 설계하려고 한다. 펌프의 종류 및 효율을 구하여라.

   정답 축류 펌프, 78%

2. 익폭 10 m, 익현 길이 1.8 m인 날개를 가지는 비행기가 112 m/s의 속도로 날고 있다. 이때 날개의 영각은 1°로서 양력 계수가 0.036, 항력 계수가 0.0761이면 양력과 항력은 얼마로 되는가? 단, 비행기 본체의 영향은 무시하고 공기의 비중량은 11.76 N/m³로 한다.

   정답 $L = 44.10 \, \text{kN}$, $D = 10.29 \, \text{kN}$

3. 매분 회전수가 300이고 전 양정 3 m, 유량 130 m³/min의 축류 펌프 설계에서 회전차의 바깥지름 및 안지름과 익현 길이의 피치의 대한 비 l/t 을 구하여라.

   정답 940 mm, 510 mm, 0.6

4. 전 양정 2.5 m, 유량 11.5 m³/min, 회전수 1,000 rpm인 축류 펌프의 회전차의 바깥지름이 280 mm 이다. 익형의 $C_L \cdot l/t$ 를 구하여라. 단, 수력 효율 $\eta_h = 0.95$, 보스비(=D$_i$/D$_o$) 0.5, $\tan^{-1}(D/L) = \lambda = 1°$ 로 한다.

   정답 0.583

5. 무게가 98 kN인 비행기가 270 km/hr의 속도로 수평 비행할 때의 추진력과 필요 동력을 구하여라. 단, 이때 $L/D = 5/1$ 이다.

   정답 $T = 19,600 \, \text{N}$, $P = 1,470 \, \text{kW}$

2.3 사류 펌프

사류(射流) 펌프(diagonal flow pump)는 펌프의 비교 회전도 n_s 가 600 이상인 저 양정, 대 유량의 경우에는 반지름 방향으로 유출하는 원심 펌프로서는 효율이 나쁘기 때문에 비교 회전도 n_s 의 증가와 함께 원심 펌프에서 축류 펌프로 이행하는 중간적 위치에 해당하는 펌프이다. 원심 펌프보다 고속으로 운전할 수 있으므로 소형, 경량이 가능하고 또한 축류 펌프보다 고 양정에서 사용하여도 공동현상 발생의 염려가 없으며, 비교 회전도 n_s 가 비교적 작은 것은 체절운전이 가능하고 취급이 편리하다.

유체의 유동은 회전축에 대해 경사 방향으로 유입하고 경사 방향으로 유출한다. 즉, 사류 펌프는 자오선 단면 상에 있어서 회전차 유로가 축심에 대해 경사져 있으며, 이러한 경사는 비교 회전도가 증가함에 따라 축류형에 가까워진다.

사류 펌프의 회전차는 밀폐형(폐쇄형)과 반개방형이 있으며, 보통 전자는 비교 회전도 범위가 $n_s = 600 \sim 1000$, 후자는 $n_s = 900 \sim 1,300$의 범위에서 사용되고 있는데, 비교 회전도 n_s 가 커지면 회전차 내의 상대 유속은 커지고, 마찰손실이 커지기 때문에 이 손실을 감소시키기 위해 깃의 수를 적게 하고, 동시에 전면 슈라우드를 없앤 반개방형 회전차를 채택하게 된다. 회전차의 출구 주변에는 보통 유체의 속도 에너지를 압력 에너지로 변환시키는 안내깃이 설치되어 있으나 안내깃이 없는 것도 있다.

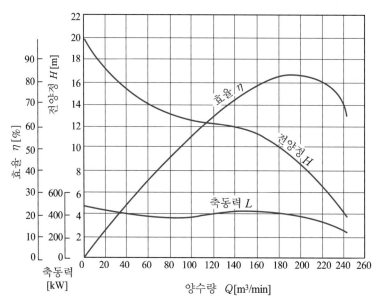

그림 2.38 특성곡선 I(사류 펌프)

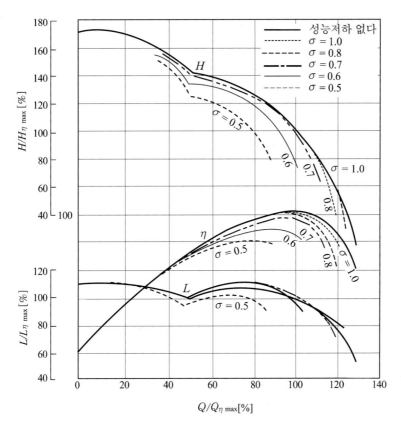

그림 2.39 특성곡선 Ⅱ(사류 펌프)

사류 펌프는 일반적으로 양정이 3~20 m, 비교 회전도가 600~1,300의 범위에서 사용되는데, 주로 도시의 상하수도용, 관개 배수용, 공업 용수의 수송 등에 사용되고 있다. 사류 펌프의 성능 특성은 체절 축동력이 원동기 출력보다 크므로 축류 펌프와 마찬가지로 체절 운전을 할 수 없다.

사류 펌프의 흡입 성능은 축류 펌프와 유사한 경향을 가지고 있고, 흡입 진공도를 여러 가지로 변화시켜서 운전하였을 때의 성능곡선을 살펴보면 Thoma의 공동현상 계수 σ 가 작아지면 양정은 전 송출량 범위를 걸쳐서 저하되는 것이 많다.

또, 축류 펌프와 다르게 체절점을 포함한 전 유량 범위에서 사용하는 일이 많으므로 저 유량 범위나 대 유량에서의 공동현상이나 과소 유량 범위 또는 실속점에서의 소음 및 진동에도 주의를 필요로 한다.

1. 양정 10 m, 송출량 25 m³/min인 사류 펌프에서 비교 회전도가 $n_s = 900$(rpm, m, m³/min)일 때 펌프의 회전수, 전동기 극수 및 수동력을 구하라. 단, 주파수는 60 Hz, 물의 비중량은 9,800 N/m³ 이다.

    정답 1,012 rpm, 7, 40.83 kW

2. 문제 1에서 펌프 효율이 80%, 모터 효율이 85%이고 축과 전동기가 직결이면 축동력, 전동기 동력과 소비동력은 각각 얼마인가 ?

    정답 51.04 kW, 61.25 kW, 72.06 kW

2.4 용적식 펌프

2.4.1 개요

그림 2.40과 같이 실린더 내의 피스톤 상부에 무게 W의 유체가 들어 있고 바닥에는 상하 운동이 가능한 피스톤으로 되어 있다. 이때 유체와 고체 또는 고체와 고체 사이에는 마찰이 없는 상태, 즉 피스톤과 실린더 벽면 사이에는 마찰이 전혀 없다고 가정한다. 피스톤은 유체 무게에 의한 힘 W에 대항하는 위 방향으로 힘 W를 외부에서 받음으로써 정지 상태에 있게 된다. 만일 피스톤이 등속으로 서서히 h만큼 하강했다고 하면 피스톤은 접촉 경계면을 통해서 아래쪽으로 W라는 힘을 받고, 그 힘을 받는 방향으로 h만큼 이동했기 때문에 피스톤은 유체로부터 Wh라는 에너지를 받은 것이 된다. 반면에, 유체 측에서 보면 유체는 피스톤으로부터 위 방향으로 W라는 힘을 받고 힘의 방향과 반대 방향으로 h만큼 내려간 것으로 되므로 유체는 피스톤으로부터 $-Wh$라는 에너지를 받는 것으로 된다. 바꾸어 말하면 Wh의 일량이 감소한 것이며, 이것은 유체의 위치 에너지의 감소량에 해당한다. 이와는 반대로 피스톤이 위 방향으로 W라는 힘을 가하고 등속으로 h만큼 상승한 때 유체는 Wh의 에너지를 받고 그것이 유체의 위치 에너지로서 저장된다.

이상과 같이 유체와 유체기계의 운동 부분의 접촉면을 통한 에너지의 전달은 유체가 정지 상태에서 갖고 있는 힘, 즉 정압에 의해 이루어지는 것이므로 정역학적인 에너지 전달이라고 한다. 이러한 정역학적인 에너지 전달 방법으로부터 어떤 공간에 액체를 흡입하여 용적을 이동 변화함으로써 고압으로 만들어 압출하는 펌프를 용적식 펌프라 하고, 압력 에너지에 비하여 속도 에너지가 극히 적은 것을 다루게 되며, 그 종류에는 왕복식(reciprocating type)과 회전식(rotary type)이 있다.

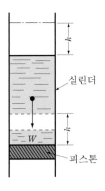

그림 2.40 **피스톤의 일**

2.4.2 종류

1) 왕복 펌프

(1) 개요

왕복 펌프(reciprocating pump)는 흡입 및 송출 밸브가 장치된 일정한 체적을 가진 실린더 내를 피스톤, 플런저 또는 버킷 등의 왕복 직선운동에 의하여 실린더 내를 진공으로 만들어 액체를 흡입하고, 이에 용적의 이동 변화를 통하여 소정의 압력을 가함으로써 액체에 정압력 에너지를 공급하여 송수하는 펌프를 말한다.

왕복 펌프의 일반적인 구성은 피스톤 또는 플런저(plunger), 실린더, 흡입 및 송출밸브 그리고 피스톤을 왕복 직선운동 시키는 연결기구인 크랭크와 크랭크 암으로 구성되어 있다.

그림 2.41 (a)에 따르면 우측으로 움직이는 행정에서 실린더 내부는 음압(진공)으로 흡입밸브는 자동적으로 열려 행정 체적에 상당하는 액체가 흡입되고, 좌측으로 움직이는 행정에서는 흡입 밸브는 닫히고 액체는 송출 밸브를 통과하여 송출관으로 송출된다. 즉, 피스톤 또는 플런저 1왕복에 1회의 흡입과 송출이 이루어진다. 이와 같은 작동방식을 **단동식**(單動式, single acting type)이라고 한다.

피스톤의 단면적을 A, 행정을 S, 단위 시간 당의 피스톤 왕복수를 n이라고 하면 단위 시간당의 이론 송출량 Q_{th}는 다음과 같다.

$$Q_{th} = n A S \tag{2.72}$$

그림 2.41 (b)와 같이 피스톤의 좌우 양쪽에 각각 실린더를 설치하면 피스톤 또는 플런저의 우향 행정에서는 좌측 실린더 내부는 진공이 되어 액체는 흡입 밸브를 열고 실린더 내에 흡입됨과 동시에 우측 실린더 속의 액체는 송출 밸브를 열고 밖으로 송출된다. 반대로 피스톤 또는 플런저의 좌향 행정에서 우측의 실린더 내부는 진공이 되어 여기에 액체가 흡입되며, 좌측 실린더 속의 액체는 송출 밸브를 열고 외부로 송출된다. 이상과 같이 피스톤 또는 플런저의 각 행정마다 흡입과 송출이 동시에 이루어지므로 단동식에 비해 송출 상태가 균일하여 실용상 유리하다. 이와 같은 작동방식을 **복동식**(複動式, double acting type)이라 한다.

여기서 플런저 단면적을 A, 행정을 S, 로드 단면적을 a라고 하면 우향 행정에서는 플런저의 좌측 실린더 속에 AS의 액체가 흡입되고, 우측 실린더 속에서는 $(A-a)S$의 물이 송출된다. 또, 좌향 행정에서는 우측 실린더 속에 $(A-a)S$의 액체가 흡입되고, 좌측 실린더 속에서는 AS의 액체가 송출되므로 플런저의 1왕복에 의해 송출되는 유량은

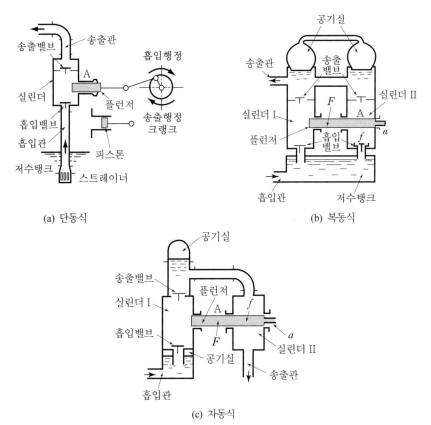

(a) 단동식

(b) 복동식

(c) 차동식

그림 2.41 **왕복 펌프의 종류**

$$(A - a)S + AS = (2A - a)S \tag{2.73}$$

이고, 따라서 단위 시간당 송출량 Q_{th}는 다음과 같이 쓸 수 있다.

$$Q_{th} = n(2A - a)S \tag{2.74}$$

그림 2.41 (c)와 같이 실린더 I의 송출 밸브 뒤에 밸브가 없는 실린더 II를 연결하고 좌우의 지름을 달리한 플런저를 좌우로 왕복 운동을 시키면 플런저의 우향 행정의 경우는 실린더 I 속은 진공이 되고 액체는 흡입 밸브를 열고 실린더 속에 흡입된다. 이때 실린더 II 속에서는 좌우 플런저의 면적의 차에 행정을 곱한 체적만큼 용적이 감소하므로 이에 상당하는 액체는 송출관을 통해서 송출된다.

플런저의 좌향 행정의 경우는 실린더 I 의 흡입 밸브는 닫히고 액체는 송출 밸브를 열고 실린더 II쪽으로 송출된다. 이때 실린더 II 속의 체적은 좌우 플런저의 단면적의 차에 행정을 곱한 크기만큼 증대하므로, 실린더 I 에서 송출된 액체 중에서 이 체적 증대에 상당하는 유량은 실린더 II 속에 축적되고 그 나머지가 송출관으로 송출된다. 이와 같은 작동방식을 **차동식**(差動式, differential acting type)이라 한다. 이 경우에는 플런저 1왕복 사이에 1회의 흡입과 2회의 송출이 이루어지고 단동식에 비해 송출 상태는 균일하게 된다.

여기서 좌측의 큰 플런저의 단면적을 A, 우측의 작은 플런저 로드의 단면적을 a, 행정을 S라고 하면 플런저의 우향 행정에서는 실린더 I 에 AS의 액체가 흡입되고, 실린더 II 에서는 $(A-a)S$의 액체가 송출된다. 또, 좌향 행정에 있어서는 실린더 I 에서 AS의 액체가 송출되지만 그중에서 $(A-a)S$의 액체는 실린더 II 속에 저장되므로 결국 송출관으로 송출되는 유량은 다음과 같다.

$$AS - (A-a)S = aS$$

따라서, 플런저 1왕복 사이에 송출되는 유량은

$$(A-a)S + aS = AS \tag{2.75}$$

가 되므로 단위 시간당의 이론 송출량은 다음과 같다.

$$Q_{th} = nAS \tag{2.76}$$

만일 $a/A = 1/2$로 하면 플런저 왕복의 각 행정에서는 같은 유량 $AS/2$가 송출되므로 송출 상태는 상당히 안정적이 된다.

왕복 펌프는 에너지를 전달하는 부분의 형상에 따라 다음과 같이 분류된다.

① 피스톤 펌프(piston pump)
② 플런저 펌프(plunger pump)
③ 버킷 펌프(bucket pump)

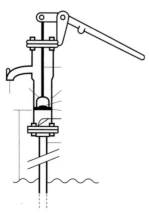

그림 2.42 버킷 펌프(가정용 우물 펌프)

이와 같은 에너지 전달 작동부의 단면 형상에 따른 분류를 크게 구별하면 피스톤과 플런저로 구분되는데, 미국의 JIC (The Joint Industry Conference)에 의하면 피스톤은 작동부의 단면이 로드의 단면보다 큰 것, 플런저는 작동부의 단면과 로드의 단면이 동일한 치수의 것으로 규정하고 있다. 전자는 저압의 경우, 후자는 고압의 경우로 공업용으로 많이 사용되며, 그 밖의 것으로 가정용 수동 펌프로 사용되는 것으로 버킷형(bucket type)이 있다.

또한 왕복 펌프는 1 행정 또는 1 왕복 동안에 수행되는 송출 회수에 따라 분류하면 다음과 같다.

① 단동 펌프(single acting pump)
② 복동 펌프(double acting pump)
③ 차동 펌프(differential acting pump)

또한 실린더의 개수에 따라 왕복 펌프는 다음과 같이 분류된다.

① 단식 펌프
② 2연식 펌프
③ 3연식 펌프

이것은 단동식 펌프를 크랭크 기구를 써서 운전할 때 송출 압력이 높으면 피스톤의 왕복 행정 중에 크랭크에 작용하는 힘이 현저하게 변동하므로 펌프는 큰 진동을 일으킨다. 이를 피하기 위해서 일반적으로 복수의 피스톤을 적당한 각도로 배열하여 크랭크 축에 설치하는데, 이 경우 실린더 수에 따라 위와 같이 분류된다.

왕복 펌프는 기본적으로 왕복 직선운동의 구조 때문에 자연히 저속 운전이 되고, 동일 유량을 내는 원심 펌프에 비하여 대형이 된다. 그러나 송출 측의 압력은 얼마든지 올릴 수 있어 송출 유량은 적으나 고압이 요구될 때 왕복 펌프가 많이 채택된다.

(2) 이론

① 이론 송출량 (Q_{th})

피스톤이 1 왕복함으로써 1회의 흡입과 송출행정이 이루어지는 단동식의 경우, 단위 시간당 이론 송출량 Q_{th} 는 다음과 같이 표시된다.

$$Q_{th} = V_0 n = ASn \, [\mathrm{m^3/min}] \tag{2.77}$$

여기서 V_0 는 이론 행정 체적(stroke volume), A 는 피스톤의 단면적 $[\mathrm{m^2}]$, S 는 행정거리 $[\mathrm{m}]$, 그리고 n 은 1분 동안의 피스톤의 왕복 회전수를 나타낸다.

② 송출량의 변화와 배수 곡선

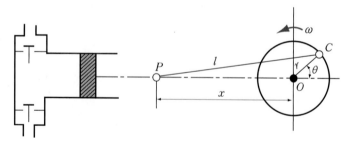

그림 2.43 왕복 펌프의 작동

왕복 펌프의 결점은 크랭크의 회전이 일정하여도 송출량은 맥동하게 되어 있다. 그림 2.43에서 축 중심 0에서 피스톤 핀 P까지의 거리를 x라고 하면

$$x = \sqrt{l^2 - r^2\sin^2\theta} - r\cos\theta$$
$$= l\left\{1 - \left(\frac{r}{l}\sin\theta\right)^2\right\}^{1/2} - r\cos\theta \tag{2.78}$$

여기서, r은 크랭크 반지름, θ는 사점에서 측정한 크랭크 암(crank arm)의 각도이다. 또한, 위 식 우변의 { } 내에서 제 2항은 제 1항에 비하여 실제로 작기 때문에 무시하게 되면

$$x = l - r\cos\theta \tag{2.79}$$

가 된다.

피스톤의 속도 u는 ω를 크랭크 각속도라고 할 때 위 식에서 다음과 같이 유도할 수 있다.

$$u = \frac{dx}{dt} = \frac{dx}{d\theta} \cdot \frac{d\theta}{dt} = \frac{dx}{d\theta} \cdot \omega = r\omega\sin\theta \tag{2.80}$$

따라서 실린더에서의 순간 송출량 Q_i는 다음과 같이 된다.

$$Q_i = Au = Ar\omega\sin\theta \tag{2.81}$$

다음에 Q_i의 최대값을 $Q_{\max}$로서 나타내면

$$Q_{\max} = (Q_i)_{\max} = (Ar\omega\sin\theta)_{\max} = Ar\omega = Ar(2\pi N/60)$$
$$= \pi A(2r)N/60 = \pi ASN/60 = \pi V_0 N/60 = \pi Q_{mean} \tag{2.82}$$

와 같이 된다.

그림 2.44에서 알 수 있는 바와 같이 단동식 실린더의 경우 송출 행정($\theta = 0 \sim \pi$)에서는 액체를 송출하지만 다음의 흡입 행정($\theta = \pi \sim 2\pi$)에서는 송출을 정지하고 다음의 송출을 위한 흡입을 하게 된다. 이와 같은 송출 상태의 불연속을 맥동이라 하며, 왕복 펌프에서는 구조적으로 피할 수 없는 결점이 된다. 이와 같은 송출관 내의 유량 변화가 큰 것을 방지하기 위해서는 복동 1실린더, 다시 복동 2실린더…와 같이 양수 작용과 더불어 실린더의 수를 많이 하면 그 변동이 적게 된다(그림 2.45 참조).

그림 2.44에서 평균 송출량(Q_{mean})을 초과하여 송출하는 과잉 송출 체적을 Δ 라고 하면

$$\delta = \frac{\Delta}{V_\circ} \tag{2.83}$$

가 된다. 여기서 δ를 과잉 송출 체적비라 하고 송출량의 변동 정도를 나타내는 척도가 된다.

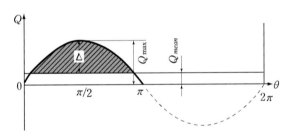

그림 2.44 **송출량의 변동**

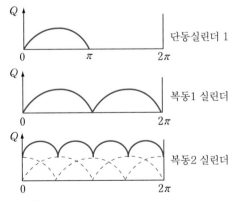

그림 2.45 **복수 실린더와 송출 유량의 변동**

표 2.8은 각종 왕복 펌프의 형식에 대한 과잉 송출 체적비 δ와 1 왕복에서의 송출 곡선의 산수 k의 값을 나타낸다.

표 2.8 왕복 펌프의 형식에 따른 과잉 송출 체적비 및 산수

펌프의 형식		δ				k	
플런저의 수	위상차	$l/r=\infty$	10	6	4	$l/r=\infty$	4
단동 플런저 1		0.551	0.552	0.552	0.554	1	1
단동 플런저 2	90°	0.355	0.356	0.358	0.360	1	1
단동 플런저 2	180°	0.105	0.106	0.107	0.110	2	2
복동 피스톤 1		0.105	0.106	0.107	0.110	2	2
복동 피스톤 2	90°	0.011	0.021	0.028	0.040	4	3
단동 플런저 3	120°	0.003	0.0061	0.0084	0.0116	6	3
복동 피스톤 3	120°	0.003	0.0061	0.0084	0.0116	6	3

③ 동력과 효율

사이클과 행정체적은 그림 2.46에서 종축의 압력 P, 횡축의 체적 V는 각각 실린더 내 액체의 압력, 체적이고, 점 ABCD는 실린더 내 액체의 사이클을 표시한다. 즉, AB는 액체의 압축행정(흡입 밸브 닫힘, 송출 밸브 닫힘), BC는 액체의 송출행정(흡입 밸브 닫힘, 송출밸브 열림), CD는 액체의 팽창행정(흡입 밸브 닫힘, 송출 밸브 닫힘), DA는 또한 액체의 흡입행정(흡입 밸브 열림, 송출 밸브 닫힘)을 나타낸다. 이 사이클은 실제로 실린더에 지시기(indicator)를 설치하여 도시할 수 있다. 이와 같이 하여 얻어진 선도를 지시선도(indicator diagram)라고 한다. 실제의 지시선도는 이 선도와는 꼭 같지 않고 약간 어긋나 있다.

피스톤이 1 왕복으로 밀어내는 체적을 행정 체적이라고 한다. 피스톤의 지름을 D[m], 행정을 S[m]라고 하면 행정 체적 V_0[m³]는 다음과 같이 표시된다.

$$V_0 = (\pi D^2/4) \quad S = AS \, [\text{m}^3] \tag{2.84}$$

㉮ 제 동력

도시 동력 L_1은 실린더 내에서 피스톤에 의하여 액체에 전달되는 동력으로, 그림 2.47의 지시선도의 면적 ABCD를 실측함으로써 얻어진다. 즉, N을 매분 회전수라고 하면

$$L_1 = (\text{실측한 지시선도의 면적 ABCD}) \times N/60 \, [\text{W}]$$

또는

$$L_1 = P_m V_0 N/60 \, [\text{W}] \tag{2.85}$$

로서 나타낼 수 있다. 여기서 P_m 을 평균 유효 압력[Pa＝N/m²]이라고 한다.

축동력 L_s 는 왕복 펌프의 크랭크 축에 전달되는 구동 동력[W]을 말한다.

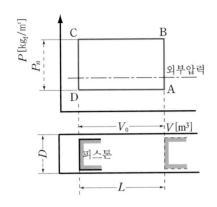

그림 2.46 사이클과 행정 체적

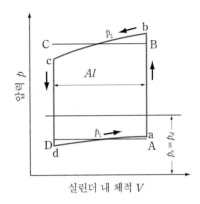

그림 2.47 실제 지시선도

㉯ 제 효율

체적 효율 η_v 는 피스톤 1왕복 중 실제의 송출량 V 와 행정 체적 V_0 와의 비이며

$$\eta_v = V / V_0 \tag{2.86}$$

로 표시된다.

수력 효율 η_h 는 펌프에 대해 최종적으로 얻어지는 압력 증가량 ΔP 와 평균 유효 압력 P_m 과의 비를 말하며, 압력 P 는 P_m 으로부터 작동 도중에 생기는 액체의 에너지 손실을 차감한 것이다.

$$\eta_h = \Delta P / P_m \tag{2.87}$$

기계 효율 η_m 은 도시 동력 L_1 와 축동력 L_s 와의 비를 기계 효율이라고 한다. 그리고 피스톤, 피스톤 로드, 크랭크 축 등의 운동에는 마찰에 의한 손실이 있게 되므로 축동력 L_s 는 도시 동력 L_1 보다는 그만큼 크게 된다.

$$\eta_m = L_1 / L_s = (P_m V_0 N / 60) / L_s \tag{2.88}$$

전 효율 η_p 는 앞에서 언급한 체적 효율, 수력 효율, 기계 효율의 곱으로서 다음의 식으로 나타낼 수 있다.

$$\eta_p = \eta_v \cdot \eta_h \cdot \eta_m = \frac{V}{V_0} \cdot \frac{P}{P_m} \cdot \frac{P_m V_0 N/60}{L_s}$$

$$= \frac{P \cdot VN/60}{L_s} \tag{2.89}$$

(3) 공기실과 밸브

피스톤 또는 플런저가 송출하는 유량에는 변동이 있으므로 송출관의 유량이 일정하게 되도록 실린더의 바로 뒤에 공기실(air chamber)을 설치한다.

그림 2.48은 공기실을 나타내며, 상단부가 공기로 충만된 밀폐 용기로서 왕복 펌프의 흡입관 및 송출관에 설치되어 피스톤 또는 플런저에서 송출되는 유량의 변동을 평균화시키는 원리이다. 피스톤의 정지 중 공기실 내의 압력을 p_0, 이때의 체적을 v_0, 피스톤 작동 중의 공기실 내의 최고 압력을 p_1, 체적을 v_1 그리고 최저 압력을 p_2, 체적을 v_2라고 하면 이들 압력들 사이를 다음과 같이 나타낸다.

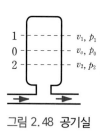

그림 2.48 공기실

$$\beta = \frac{p_1 - p_2}{p_0} \tag{2.90}$$

여기서, β를 압력 변동률이라고 한다.

피스톤의 단면적을 A, 그것의 행정을 S라고 하면 피스톤의 정지 중 공기실 내의 공기의 체적은 이론상 다음의 식과 같이 표시된다.

$$\beta = \frac{\delta AS}{v_0} \tag{2.91}$$

그리고 위 식을 증명은 공기실 내의 공기는 항상 액체와 접하고 있기 때문에 압축 및 팽창 시 등온변화를 한다고 하면 다음 식이 성립한다.

$$p_0 v_0 = p_1 v_1 = p_2 v_2$$

위 식에서 $v_1 = v_0 - (\Delta/2)$, $v_2 = v_0 + (\Delta/2)$라고 하면

$$p_1 = \frac{p_0 v_0}{v_0 - (\Delta/2)} \tag{2.92a}$$

$$p_2 = \frac{p_0 v_0}{v_0 + (\Delta/2)} \tag{2.92b}$$

따라서, 압력 변동률 β는 다음과 같다.

$$\beta = \frac{p_1 - p_2}{p_0} = \left\{ \frac{p_0 v_0}{v_0 - (\Delta/2)} - \frac{p_0 v_0}{v_0 + (\Delta/2)} \right\} \frac{1}{p_0} = \frac{v_0 \Delta}{v_0^2 - (\Delta/2)^2} \tag{2.93a}$$

$(\Delta/2)^2$은 v_0^2에 비하여 작기 때문에 무시하면 다음과 같다.

$$\beta = \Delta/v_0 \tag{2.93b}$$

위의 관계에 과잉 송출 체적비 δ의 변형식인 $\Delta = \delta AS$를 대입하면 다음의 관계식을 얻게 된다.

$$v_0 = \delta AS/\beta \tag{2.94}$$

왕복 펌프에서 밸브의 역할은 매우 크고 밸브의 선택과 설계는 상당히 중요하다. 왕복 펌프에 사용되는 밸브는 다음과 같은 특성을 구비해야 한다.

① 누설이 확실히 없으며, 밸브의 개폐가 정확할 것
② 밸브가 열려 있을 때 유동 저항이 될 수 있는 대로 적을 것
③ 왕복 펌프의 작동에 대하여 폐쇄 작동이 신속하게 추종해야 할 것
④ 내구성을 가질 것

그리고 이러한 것들은 체적 효율(①과 ③)과 수력 효율(②)에 영향을 미치게 된다. 그러나 이들은 서로 반대되는 영향을 미칠 때가 많은데, 이를 테면 ②의 특성을 가지게 하려고 밸브 시트(seat)의 상승을 크게 하면 ③의 특성을 살리기 위해서는 송출 밸브에서 송출 행정의 끝에서 대단히 빨리 닫혀야 한다. 따라서 밸브와 밸브 시트 사이의 충격이 크게 되기 쉬우므로 ④의 내구성에 대해서는 불리하게 된다. 따라서 왕복 펌프의 용도에 따라서 펌프용 밸브에는 여러 가지 종류가 있다.

그림 2.49는 여러 가지의 펌프용 밸브를 표시한다. (a)와 (b)의 원판 밸브는 간단하므로 가장 많이 사용된다. (c)의 링 밸브(ring valve)는 링 모양의 밸브가 1개인 경우이나 2중, 3중으로 하면 밸브의 올림을 크게 하지 않고 유출 단면적을 크게 할 수 있으므로 송출량이 큰 펌프에 사용된다. (d)의 볼 밸브(ball valve)는 점성이 큰 액체나 고형물을 포함하는 액체에 사용이 적당하고, 비중이 큰 액체에는 납 또는 강의 구를 고무로 싸서 사용한다. (e)는 버터플라이 밸브(butterfly valve)이고, (f)의 윙 밸브(wing valve)는 밸브의 아래쪽에 안내판이 설치된 것이다.

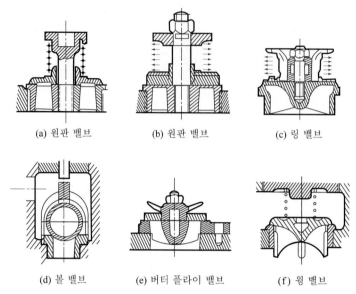

(a) 원판 밸브   (b) 원판 밸브   (c) 링 밸브

(d) 볼 밸브   (e) 버터 플라이 밸브   (f) 윙 밸브

그림 2.49 **펌프용 밸브의 종류**

(4) 운전

왕복 펌프는 다른 펌프에 비하여 높은 압력을 낼 수 있고 빨아올리는 성능이 좋으며, 물마중(priming)을 필요로 하지 않는 점 등이 장점이다. 그러나 왕복 펌프는 다른 펌프와 같이 송출 밸브로서 송출 유량을 조절하는 것이 불가능하고, 더욱이 원심 펌프에서와 같은 체절운전은 할 수 없다.

따라서 왕복 펌프에서는 장치 중에 반드시 안전 밸브 및 그 외의 안전장치가 필요하다. 또한 피스톤과 실린더 사이의 접촉 부분, 피스톤 로드가 실린더를 관통하는 곳에 있어서의 섭동(攝動) 부분이 패킹(packing)의 마모와 손상 등에 대한 문제도 있다.

그리고 왕복 펌프에서 송출 유량을 조절하는 데는 분당 회전수 N을 변화시키거나 그 일부분을 바이패스로 역류시키는 방법이 있다.

2) 회전 펌프

(1) 개요

회전 펌프(rotary pump)는 왕복 펌프의 피스톤에 해당하는 부분을 회전 운동을 하는 회전자(回轉子, rotor)로 바꾼 것이며, 왕복 펌프에서는 밸브가 펌프 작용을 하는데 없어서는 안되지만, 회전 펌프에서는 밸브를 사용할 필요가 없다. 따라서 유체 중에 고형물을 포함하는 경우에도 사용할 수는 있지만 구조상 누설되기 쉬우므로 유지관리가 불충분하면 체적 효율과 전 효율을 크게 저하시키는 원인이 된다.

회전 펌프는 원심 펌프와 왕복 펌프의 중간 특성을 가지고 있으므로 양쪽의 성능을 반반씩 가지고 있다고 할 수 있다. 그러나 양수 작용의 원리는 원심 펌프와는 전혀 다르다. 그리고 운전 특성으로 보면 회전 펌프는 왕복 펌프에 비하여 송출량의 변동이 적다는 이점이 있으나 일반적으로 왕복 펌프보다 효율은 낮다. 회전 펌프는 고체 부분과 마찰이 많으므로 윤활성이 있는 액체를 수송하는 데 적합하다.

회전 펌프는 회전자가 가장 중요한 역할을 하며 회전자의 형상, 구조 등에 따라 기어형(gear type)과 깃형(vane type)으로 분류되는데, 이 두 가지 형태의 변형인 나사 펌프(screw pump)나 로브 펌프(lobe pump)도 회전 펌프로 분류된다.

(2) 종류와 특성

① 기어 펌프

기어 펌프(gear pump)에서의 유량 송출은 그림 2.50과 같이 2개의 같은 모양과 크기의 기어를 원통 속에서 치합하고, 한쪽 구동(驅動) 기어(driving gear)에 전동기 등 외부로부터 동력을 주어 회전시키면 기어 이빨과 이빨 사이의 공간에 들어간 액체는 기어의 회전에 따라 흡입 측에서 분리될 때 이의 홈에 갇혀진 액체를 회전과 동시에 그대로 송출 측으로 압출시키는 원리이다. 따라서 원리상으로는 왕복 펌프에서 피스톤이 실린더 내에서 액체를 압출하는 것과 같다.

또한 왕복 펌프보다도 고속으로 운전할 수 있으므로 소형으로도 많은 송출량을 낼 수 있고, 점도가 높은 액체에 대하여 왕복 펌프에서는 밸브의 개폐가 신속하게 되지 않는 결점이 있으나 회전 펌프에서는 이런 염려가 없다.

그리고 기어의 치합에는 외접형 외에 내접형도 있다. 또한 치형에는 인벌류트 치형과 특수 치형이 있는데, 인벌류트 치형은 치형의 가공에 특수한 공구가 필요가 없고, 또 공작 정도도 높으며, 검사도 용이하므로 가장 널리 사용되고 있다. 특수 치형에는 정현 곡선(sine curve) 치형, 트로코이드(trochoide) 치형을 사용한 기어 펌프 등이 있다.

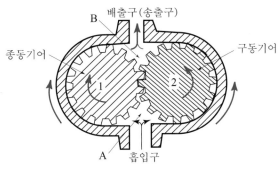

그림 2.50 기어 펌프(외접형)

이들 펌프는 소형으로 가벼우며 값이 싸고 과격한 운전, 이를테면 오염된 기름, 기름 온도의 상승, 과부하 등에 대하여 잘 견디기 때문에 건설기계, 하역기계 또는 산업용 등의 유압 구동에 사용되고 있다.

㉮ 외접형

그림 2.50에서 알 수 있는 바와 같이 외접형 기어 펌프의 1회전당 송출량은 치형 사이의 체적에서 맞물림 부분으로 폐입되어 흡입 쪽으로 되돌아가는 양만큼을 뺀 것이다. 치형과 치형 사이에 끼인 부분, 즉 기어의 축과 직각인 단면적을 a, 기어의 축 방향으로의 이빨의 길이인 이빨의 너비를 b, 이빨수를 z라 하면, 한쪽 기어의 1회전으로 송출되는 양은 abz이므로, 서로 맞물리는 기어의 지름이 같은 경우 펌프 전체로서의 이론 송출량 V_{th}는

$$V_{th} = 2abz \tag{2.95}$$

가 된다. 기어의 매분 회전수를 N이라 하면, 이론 송출량은

$$Q_{th} = 2abz\,N \tag{2.96}$$

으로 표시된다.

물론 이것은 역 송출량이나 치형의 선단, 측벽 등의 틈새 누설량은 없는 것으로 하고 있다.

즉, 그림 2.52에 표시한 치형의 공간 abcd가 치형의 면적 cdef와 같다고 생각하면

$$2az = \frac{\pi}{4}(D_o^2 - D_i^2)$$

이 되므로, 매분 이론 송출량은

$$V_{th} = \frac{\pi}{4}(D_o^2 - D_i^2)\,b\,N \tag{2.97}$$

으로 표시된다. 여기서 D_0는 이끝원의 지름, D_i는 이뿌리원의 지름이다.

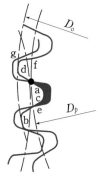

그림 2.51 이끝원과 피치원 지름

그림 2.52 치형 공간 면적

그러나 실제로는 그림 2.52에서 빗금으로 표시한 부분에 고인 액체는 흡입 쪽으로 역으로 돌아가기 때문에 한쪽 기어에서의 이론 송출량을 $\frac{\pi}{4}(D_o^2 - D_i^2)$로 생각하면 매분 송출량 Q_{th}는 이론적으로 다음과 같이 된다.

$$Q_{th} = 2 \times \frac{\pi}{4}(D_o^2 - D_p^2)\,b\,N$$

$$= \frac{\pi}{2}(D_o^2 - D_p^2)\,b\,N \tag{2.98}$$

여기서, D_p는 기어의 피치원 지름이다.

그리고 기어의 치수가 작을수록 치형 간의 공간 체적은 증대하므로 1회전 마다의 송출량은 증대한다. 송출량을 일정하게 하면 치수가 작을수록 펌프는 소형이 된다.

ⓘ 내접형

내접형 기어 펌프에는 치형이 인벌류트 곡선인 것, 트로코이드 곡선인 것 등 여러 가지가 있다. 그림 2.53은 트로코이드 치형을 가진 기어 펌프로서 외접 기어는 내접 기어보다 치수가 1개 적고, 항상 1점 접촉을 유지하면서 회전하기 때문에 폐입 작용은 없다. 그리고 내접형은 외접형에 비하면 유동의 맥동도 적고, 양 기어의 상대속도도 작으므로 기어의 마모도 적다. 그런 까닭으로 수명도 길고 고속 회전에 적합하다.

기어 펌프와 똑같은 원리로 액체를 압출하는 것에 로브 펌프(lobular pump)가 있다. 이 펌프는 기어 펌프의 이빨 수를 적게 한 것이라고 볼 수 있는데, 그림 2.54 (a)는 2 로브형이고, (b)는 3 로브형을 표시한다. 로브 펌프는 기어 펌프에 비하여 이빨 수가 작기 때문에 송출량의 맥동은 피할 수 없다. 그리고 이 펌프는 한편의 로터가 맞물림으로써 상대방을 회전시킬 수 없으므로 외부에 있는 별도의 기어에 의하여 상대방을 구동한다.

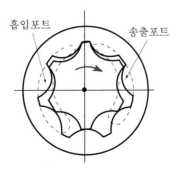

그림 2.53 기어 펌프(내접형; 트로이드 치형)

 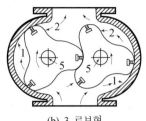

(a) 2 로브형   (b) 3 로브형

그림 2.54 **로브 펌프**

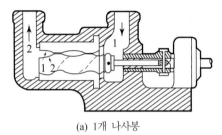 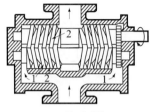

(a) 1개 나사봉   (b) 2개 나사봉

그림 2.55 **나사 펌프**

　나사봉의 회전에 의하여 액체를 밀어내는 펌프를 **나사 펌프**(screw pump)라 한다. 그리고 나사봉의 수에 따라 1개, 2개, 3개의 나사봉을 가진 나사 펌프의 3종류가 있고, 1개의 경우는 그림 2.55 (a)와 같이 한 축에 나사를 깎고 이것을 끼워진 원통 내에서 축을 회전시키는 것으로서, 이것은 점성 펌프로서의 작용을 한다. 일반적으로 나사 펌프란 나사봉이 둘 또는 셋의 경우를 말한다. 그림 2.55 (b)는 2개의 나사봉을 맞물려서 서로 반대 방향으로 회전함으로써 한쪽 나사골 안의 액체를 다른 나사산으로 밀어내는 방식이다. 대표적인 것으로 미국의 큅비 펌프(Quimby pump)가 있다. 즉, 동체의 중앙에 액체의 흡입구가 있고, 액체는 좌우로 갈라져서 봉의 양단으로 가며, 여기에서 양 나사봉의 물림으로 들어가 나사봉의 회전과 함께 다시 중앙에 모여 반대쪽 송출구로 나간다.

② 베인 펌프

　베인 펌프(vane pump)는 케이싱과 그 속에 편심되어 장착된 회전자로 구성되고, 회전자에는 반지름 방향으로 여러 가닥의 홈을 파고 그 속에서 자유롭게 움직이는 판자형의 직육면체형의 베인을 끼워 넣은 구조로 되어 있다(그림 2.56 참조).

　베인 펌프는 회전자의 회전에 따라 베인은 원심력에 의하여 케이싱에 밀어 붙여지고 케이싱에 접한 채로 회전한다. 이때 초승달 모양의 공간에 액체를 흡입하여 반대쪽으로 송출한다. 베인의 수는 10~12매가 많고 베인 구조도 여러 가지가 있다.

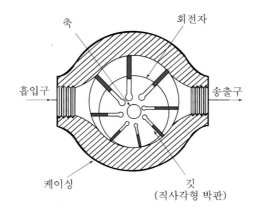

그림 2.56 베인 펌프

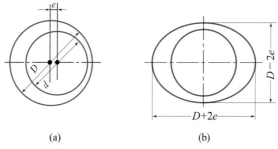

(a)   (b)

그림 2.57 베인 펌프의 내부 단면

그림 2.57은 베인 펌프의 회전자와 케이싱과의 내부 단면을 표시한 것이다. 그림 2.57 (a)에 표시한 바와 같이 1회전 중에 흡입 및 송출을 1회씩 하는 경우 케이싱의 안지름을 D, 회전자의 지름을 d, 그 편심량을 e, 회전자의 폭을 b라 하고 깃의 두께를 무시하면 1회전당 이론 송출량 V_{th}는

$$V_{th} = \left[\left\{ \pi \left(\frac{D}{2} + d \right)^2 - \pi \left(\frac{d}{2} \right)^2 \right\} - \left\{ \pi \left(\frac{D}{2} - e \right)^2 - \pi \left(\frac{d}{2} \right)^2 \right\} \right] b$$
$$= 2\pi Deb \tag{2.99}$$

가 된다.

그림 2.57 (b)에 표시한 바와 같이 1회전 중에 2회 흡입 및 송출하는 것에 있어서는 이론 송출량은 다음의 식으로 표시된다.

$$V_{th} = 4\pi Ded \tag{2.100}$$

(3) 동력과 효율

회전 펌프의 실제상 1회전당 유량을 V라 하면 V는 1회전 이론 송출량 V_{th}에서 누설량 ΔV를 뺀 것으로 표시되므로 체적 효율 η_v는 다음 식으로 표시된다.

$$\eta_v = \frac{V}{V_{th}} = \frac{V_{th} - \Delta V}{V_{th}} = 1 - \frac{\Delta V}{V_{th}} \tag{2.101}$$

그리고 이론 송출량 $Q_{th}(= V_{th} \cdot N)$를 압력 p까지 높이는데 필요한 이론 동력을 L_{th} $(= p \cdot Q_{th})$라 하고, 기어의 옆면, 이 끝에서의 마찰, 베어링이나 글랜드 등의 마찰에 의한 동력의 손실을 포함하여 실제 상의 축동력을 L_s라고 하면 기계 효율 η_m은 다음 식으로 표시된다.

$$\eta_m = \frac{L_{th}}{L_s} = \frac{p \cdot Q_{th}}{L_s} = \frac{p \cdot V_{th} \cdot N}{L_s} \tag{2.102}$$

따라서 전 효율 η_p는 체적 효율 η_v와 기계 효율 η_m의 곱으로서 다음과 같다.

$$\eta_p = \eta_v \cdot \eta_m = \frac{V}{V_{th}} \cdot \frac{p V_{th} \cdot N}{L_s} = \frac{p V N}{L_s} = \frac{p \cdot Q}{L_s} \tag{2.103}$$

여기서 Q는 실제 송출량이다.

1. 단동 실린더의 왕복 펌프로서 배수량 $0.02\ \text{m}^3/\text{min}$를 얻자면 피스톤 지름 D와 행정 L을 얼마로 해야 하는가? 단, 크랭크 축의 회전수는 $100\ \text{rpm}$, L/D는 2, 그리고 체적 효율은 90%로 한다.

   정답 $D = 52\ \text{mm}$, $L = 104\ \text{mm}$

2. 피스톤 단면적이 $150\ \text{cm}^2$, 행정거리가 $20\ \text{cm}$인 수동 단동 실린더의 왕복 펌프에서 피스톤이 1왕복할 때의 배출량이 $2{,}700\ \text{cm}^3$이다면 이 펌프의 체적 효율은 얼마인가?

   정답 $\eta_v = 90\ \%$

3. 복동 왕복 펌프의 플런저 지름이 $15\ \text{cm}$, 행정거리가 $30\ \text{cm}$, 매분 왕복 횟수가 80, 그리고 체적 효율이 90%일 때, 이 펌프의 양수량을 구하여라. 또 이 펌프의 전 양정이 $150\ \text{m}$, 효율이 80%일 때 축동력을 구하여라. 단, 플런저 단면적에 대한 로드 단면적의 비는 1/2이다.

   정답 $0.572\ \text{m}^3/\text{min}$, $17.52\ \text{kW}$

4. 매분 $0.15\ \text{m}^3$의 물을 $3\ \text{m}$ 높이로 길어 올리기 위해서는 왕복 펌프의 축동력은 몇 kW가 필요한가? 단, 펌프의 전 효율은 70%이다.

   정답 $L_s = 0.105\ \text{kW}$

5. 단동 플런저 펌프에서 지름이 $D = 169\ \text{mm}$, 행정거리가 $S = 254\ \text{mm}$로 플런저가 2개(위상차 180°)인 경우 공기실의 크기 v_0를 계산하여라. 단, 압력 변동률은 $\beta = 0.03$으로 하고, 커넥팅 로드와 크랭크 암의 비는 $l/r = 4$로 한다.

   정답 $0.019\ \text{m}^3$

6. 압력 상승 $6.86\ \text{MPa}$, 유량 $0.15\ \text{m}^3/\text{min}$를 만족하는 기어 펌프의 피치원 지름 D_p, 바깥지름 D_o 및 이 너비 b를 결정하여라. 단, 모듈 m=5, 잇 수 $z = 16$, 이 너비 b는 D_p의 0.4배, 체적 효율은 97%, 회전수는 $1{,}000\ \text{rpm}$으로 한다.

   정답 $80\ \text{mm}$, 193mm, 32mm

7. 압력 상승 $6.86\ \text{MPa}$, 유량 $0.15\ \text{m}^3/\text{min}$를 만족하는 기어 펌프의 축동력을 구하여라. 단, 전 효율은 80%이다.

   정답 $21.44\ \text{kW}$

2.5 특수 펌프

2.5.1 재생 펌프

재생(再生) 펌프(regenerative pump)란 그림 2.58에서 표시한 것과 같은 원판의 둘레에 다수의 짧은 반지름 방향의 직선 깃을 가진, 반지름 방향으로 가늘고 긴 홈을 원둘레에 다수판 회전체를 동심원의 외통의 내부에서 회전하여 액체를 흡입, 송출하는 펌프이다.

주변에 홈이 있는 원판상의 회전체를 케이싱 속에서 회전시키고, 이것에 접촉하고 있는 액체에 유체 마찰에 의하여 압력 에너지를 주어서 송출하게 되는데, 이런 종류의 펌프는 원심 펌프에 비하여 이론, 작용과 특성이 명백하지 않다.

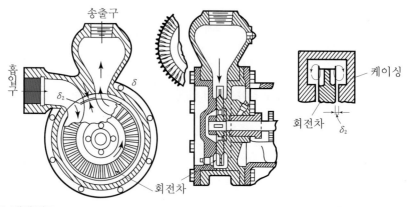

그림 2.58 재생 펌프

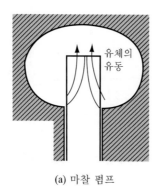

(a) 마찰 펌프

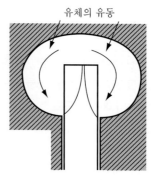

(b) 와류 펌프

그림 2.59 재생 펌프의 작동원리

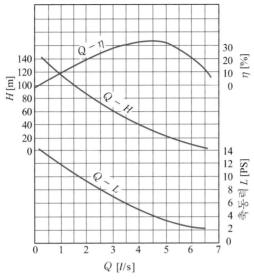

그림 2.60 재생 펌프의 특성곡선

　이 펌프의 작동원리는 2가지로 생각할 수 있는데, 첫째는 그림 2.59와 같이 다수의 깃에 의하여 연속적으로 와류를 만들어 그 에너지에 의하여 양수한다고 생각하는 방법, 둘째는 홈이 헝클어져 마찰을 일으킴으로써 액체를 선회 작용시키고, 액체가 섭동(攝動)해 간다고 생각하는 방법이다. 작동원리의 특징에서 펌프의 명칭은 마찰 펌프, 와류 펌프 또는 제작회사의 명칭으로부터 웨스코 펌프(Wesco rotary pump)라고도 불리고 있다. 이 펌프의 경우 1개의 간단한 소형 회전체로서 우수한 여러 단의 원심 펌프에 필적하는 양정을 낼 수 있으므로 소 유량, 고 양정에 널리 쓰이는데 이를테면 고온 수나 휘발하기 쉬운 석유, 화학약품의 수송, 가정용의 우물 펌프 등에 사용된다.

　펌프의 특성은 그림 2.60과 같이 양정, 축동력과 함께 유량이 0에서 최대가 되며 유량증대와 함께 감소한다. 최고 효율점에서의 양정은 회전차의 원주 속도를 u 라고 할 때 대략 $2u^2/g$과 같고, 같은 크기의 회전차를 가진 원심 펌프에서 얻어지는 양정의 약 4배가 된다. 최고 효율점에서 케이싱 내부의 유속은 대략 $u/2$와 같다. 또, 유량 0에서의 양정은 최고 효율점에서 양정의 2.5~3.5배가 되어 대단히 높다. 또한 이 펌프의 작동원리에서 쉽게 이해할 수 있듯이 유체의 와류 운동과 유로 벽에 대한 충돌이 심하기 때문에 효율이 낮고, 대형으로는 그다지 사용되고 있지 않다.

2.5.2 분사 펌프

분사(噴射) 펌프 또는 분류(噴流) 펌프(jet pump)는 높은 에너지의 분류를 사용하여 흡입관에서 저 에너지의 유체를 흡입, 이것에 에너지를 부여하고, 고압 쪽으로 송출하는 펌프이며, 그 구조는 그림 2.61에 나타나 있다. 즉, A를 통해서 공급되는 고압의 구동(驅動) 유체는 노즐 B를 거쳐서 높은 속도로 분사된다. 이때 노즐 출구 부근은 낮은 압력이 되어 유체를 왼쪽 G로부터 흡입할 수 있게 된다. 고속의 구동 유체와 흡입된 수송 유체는 C에서 충돌, 혼합되어서 두 유체 사이에 에너지의 교환이 이루어져 같은 속도로 된다. C 내에서의 유동은 고속이므로 이것이 확대관 D에서 감속되고 그리하여 운동 에너지의 일부가 압력 에너지로 변환된 후 송출관 E로 송출된다.

구동 유체와 흡입된 수송 유체는 다음과 같은 조합으로 사용되고 있다.

① 액체의 분류로서 액체를 수송
② 액체의 분류로서 기체를 수송
③ 증기의 분류로서 액체를 수송

또한 기체 분류로서 액체를 송출하는 경우도 생각할 수 있으나 이 경우는 송출관 내에 많은 기체가 혼입되어서 평균속도가 작으며, 그 때문에 송출 압력이나 흡입 높이가 작아지므로 별로 사용되고 있지 않다.

분사 펌프는 사용 목적 및 흡입 측 압력 등에 따라서 여러 가지로 구분할 수 있다. ②와 같은 형식은 배기용, 즉 보통 진공 펌프로서 사용되고, ③은 소형 보일러 급수용 인젝터(injector) 또는 배수용의 이젝터(ejector)로서 많이 사용되고 있다.

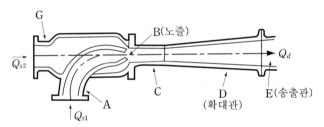

그림 2.61 분사(분류) 펌프의 구조

분사 펌프는 움직이는 부분이 없고 구조가 간단하고 사용하는데 편리하므로 지하수의 배출, 수로 공사 등의 작업에 많이 사용되고 있다. 그러나 고속의 분류가 저속의 유체를 구동하기 때문에 충돌에 의한 에너지 손실이 커서 효율은 보통 10~30% 정도이다. 구동 및 수송 유체가 모두 액체인 경우에 그 효율은 다음과 같이 표시된다(그림 2.62 참조).

$$\eta = \frac{\gamma_2 H_2 Q_2}{\gamma_1 H_1 Q_1} \tag{2.104}$$

여기서 γ_1 및 γ_2는 액체의 비중량, H_1과 H_2는 양정, 그리고 Q_1과 Q_2는 유량이다.

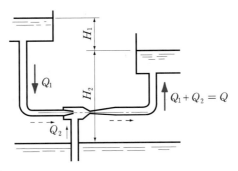

그림 2.62 분사 펌프의 사용

2.5.3 기포 펌프

기포(氣泡) 펌프(air lift pump)란 유체 속에 넣은 양수관 하단에 압축 공기를 불어넣으면 양수관 속에 생기는 기액(氣液) 혼합물의 비중량이 외부 액체의 비중량보다 작아지는 것을 이용해서 양수하는 펌프이다. 압축 공기를 양수관에 넣기 위한 공기관은 양수관 내부 혹은 외부에 설치되어 그 끝은 양수관 내에 많은 기포가 생기도록 제작되어 있다(그림 2.63 참조).

이 펌프에는 움직이는 부분이 없고 구동 유체인 압축 공기는 양수 후에 쉽게 분리될 수 있으므로 부식성 액체를 양수하는데 적합하다. 또한 구조가 간단하고 고장의 염려가 적으며, 물 속에 다른 이물질이 포함되어 있어도 상관이 없는 장점이 있다. 그러나 효율이 다음의 식으로 표시되는데 효율이 15~30%으로 낮은 것이 결점이다.

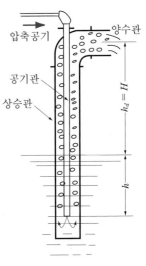

그림 2.63 기포 펌프

$$\eta = \frac{수동력}{공기\ 압축기의\ 축동력} = \frac{\gamma Q H}{L_s} \tag{2.105}$$

여기서 γ는 액체의 비중량, H는 양정 그리고 Q는 양수량이다.

그리고 보통 공기관과 양수관의 면적비는 1/4~1/6, 양수관의 수면 아래 길이는 양정의 1.5~2배로 하고, 양수관 내의 물의 유속은 1.5 m/s 정도가 되면 효율상으로 보아 좋다고 할 수 있다.

2.5.4 수격 펌프

수격(水擊) 펌프(hydraulic pump)는 그림 2.64에서 보는 바와 같이 낙차 H_1의 물 1이 수관 2, 3을 통과하여 밸브 4에서 유출된다. 수관을 통과하는 물이 가하는 힘이 증대하면 밸브 4는 위로 밀어 올려져 자동적으로 닫히게 되고, 그 속의 수압은 갑자기 상승한다. 즉, 수격 작용에 의한 압력 상승으로 물은 밸브 5를 밀어 올려 공기실 6, 양수관 7을 통과하여 낙차 H_2의 수면 8까지 양수한다. 단, 여기서 상승압력 수두가 H_2보다 클 동안에는 이 현상이 계속되지만, H_2보다 작게 되면 밸브 5는 닫히게 되어 양수가 중지된다. 또한 밸브 4에 작용하는 압력도 감소하기 때문에 밸브 4가 열려서 다시 수관 2‒3‒4로 유동을 일으켜 앞의 동작을 반복하게 된다. 이와 같이 하여 수격 펌프에서는 단속적으로 양수작업을 한다. 그리고 수관 2를 통과하는 유량을 Q_1, 수관 7을 통과하는 양수량을 Q_2라 하면 펌프의 효율은 다음 식으로 표현된다.

$$\eta = \frac{H_2 Q_2}{H_1 Q_1} \tag{2.106}$$

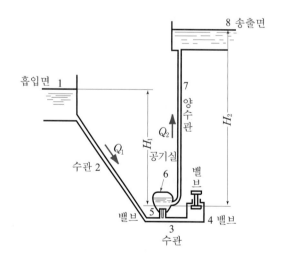

그림 2.64 수격 펌프

연습문제

1. 회전차 바깥지름이 140 mm인 웨스코 펌프를 1,450 rpm으로 회전하였더니 전 양정 30 m에 대해 양수량 0.15 m³/min, 축동력 3 kW이 되었다. 이 펌프의 효율을 구하여라.

   정답 24.5%

2. 상류와 하류의 수두차가 3 m, 유량이 7.5 m³/min인 물을 분사 펌프로 운전한 결과 상류에서 8 m 아래에 있는 물을 하류로 유량 1 m³/min의 비율로 양수할 수 있었다. 이때의 분사 펌프의 효율을 구하라.

   정답 22.22%

3. 기포 펌프를 사용하여 유량이 0.25 m³/min인 물을 흡수면보다 50 m 높은 곳으로 양수하고자 하니 공기량이 2 m³/min, 압축기의 소요 동력이 9 kW나 소요되었다. 이 기포 펌프의 효율을 구하라.

   정답 22.69%

4. 증기 이젝터의 노즐로 압력 1.96MPa, 유량 3 m³/min의 수증기를 분사시켜 양정 2 m의 탱크로 물 50 m³/min를 수송하고 있다. 이 이젝터의 효율을 구하라.

   정답 16.67 %

Chapter **3**

수 차

3.1 개 요

3.1.1 수력의 이용

수차(水車, hydraulic turbine)는 물이 주로 가지고 있는 위치 에너지를 기계 에너지, 즉축 일(shaft work)로 변환시키는 기계이다. 위치 에너지는 수차에 유입될 때 속도 에너지또는 압력 에너지로 변환되며, 수차는 이것을 기계 에너지로 바꿔준다. 보통 수차는 발전기와 연결되어 있으므로 변환된 기계 에너지는 다시 전기 에너지로 바뀌어 공장, 가정 등에보내진다. 이와 같은 시설을 수력 발전소(水力 發電所, hydroelectric power generation)라 하고 그림 3.1은 우리나라 수력 발전소의 분포를 나타낸다.

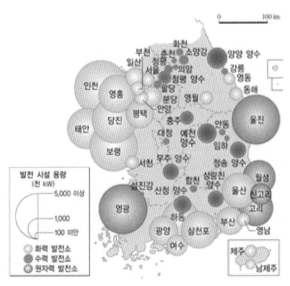

그림 3.1 우리나라 수력 발전소의 분포
출처 : 한국전력공사(2011)

수력 발전소는 낙차, 수량, 지형 등에 따라서 여러 형식이 있으며, 낙차의 경우 낙차 50 m 이하의 저 낙차, 낙차 50~200 m까지의 중 낙차 그리고 200 m 이상의 고 낙차로 분류할 수 있다. 이러한 낙차를 이용하는 방식에는 수로식, 댐식, 댐-수로식, 양수식, 유역 변경식 등이 있다.

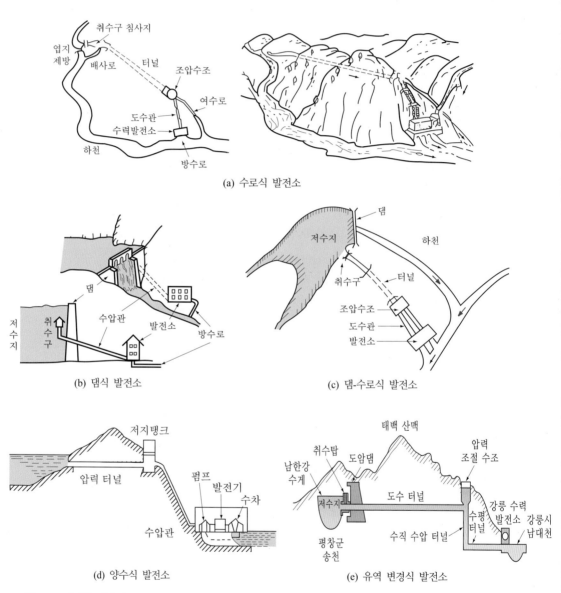

(a) 수로식 발전소

(b) 댐식 발전소

(c) 댐-수로식 발전소

(d) 양수식 발전소

(e) 유역 변경식 발전소

그림 3.2 낙차를 이용하는 수력 발전소의 방식

수로식(水路式)은 유량은 적으나 경사가 급한 하천을 그대로 그림 3.2 (a)와 같이 이용하는 경우로, 하천의 중·상부에서 경사가 급하고 굴곡된 곳을 짧은 수로로 유로를 바꾸어서 높은 낙차를 얻는 발전소이다. 물은 취수 댐에서 취수구(intake)를 거쳐 침사지, 수로, 상수조, 수압관, 수차(발전소), 방수로, 방수구 순으로 흐른다. 이것은 주로 산간의 고·중 낙차의 발전소에 많이 쓰이는데 우리나라에서는 경사가 완만하고 수량이 풍부한 한강계 하류부에 이 형식의 발전소가 많이 건설되고 있다.

댐식(Dam式)은 하천의 하류 지형상 적당한 곳에 댐을 만들어 물을 저장하고 수위를 높여 수압관을 통하여 수차에 유입시키는 발전소이다. 이 방식은 갈수기에도 상당 기간 일정한 동력을 생산할 수가 있다. 중·저 낙차의 하천에 이용되며, 우리나라의 경우 춘천, 의암, 청평, 팔당, 소양강 발전소 등이 여기에 해당한다(그림 3.2 (b) 참조).

댐-수로식은 댐식과 수로식의 중간에 속하는 것으로, 그림 3.2 (c)와 같이 양 방식을 병용하는 방식, 즉 댐으로 얻어진 낙차와 하류부의 경사를 함께 이용하는 발전소이다. 우리나라에서는 북한강 상류에 있는 화천 발전소가 대표적 댐-수로식이다.

양수식(揚水式)은 원가가 낮은 심야 전력으로 펌프를 돌려 저수지에 물을 올려놓았다가 전력을 필요로 할 때 다시 발전하여 사용하는 방식으로, 그림 3.2 (d)는 양수식 발전 설비를 보여 준다. 우리나라의 경우 청평, 삼량진, 무주, 산청의 양수 발전소가 양수식으로 총 239만 kW의 발전 능력을 갖추고 있다.

유역 변경식은 발전소의 소정의 최대 사용 수량의 범위 내에서 하천의 자연 수량을 인공적으로, 아무런 조절을 가하지 않고 그대로 발전에 이용하는 발전소로, 부전강, 운암 발전소가 여기에 해당한다(그림 3.2 (e) 참조).

3.1.2 분류

1) 수두 개략도

그림 3.3에서 물이 수차에 유입되는 위치를 I-I′ 선, 물이 유출되는 위치를 II-II′ 선, 양선의 수직거리를 h, 물의 속도를 v, 압력을 p 라 하고, 아래 첨자는 각각 입구에서 1, 출구에서 2라고 한다면 II-II′ 선을 기준면으로 할 때 수차 입구로 유입되는 물 1 kg의 전 수두(H_1)는

$$H_1 = \frac{v_1^2}{2g} + \frac{p_1}{\gamma} + h \tag{3.1}$$

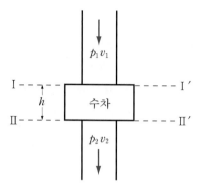

그림 3.3 수차에서의 수두 개략도

이며, 수차에 에너지를 주고 출구에서 유출하는 물 1 kg의 전 수두(H_2)는

$$H_2 = \frac{v_2^2}{2g} + \frac{p_2}{\gamma}$$ (3.2)

이 된다.

따라서 수차가 받는 전 수두 H는 위 두 식의 차이므로 다음 식이 된다.

$$H = H_1 - H_2 = h + \frac{v_1^2 - v_2^2}{2g} + \frac{p_1 - p_2}{\gamma}$$ (3.3)

2) 분류

(1) 수차에 작용하는 물의 에너지 종류에 따른 분류

중력 수차(重力 水車, gravity water wheel), 충격 수차(衝擊 水車, impulse hydraulic turbine), 반동 수차(反動 水車, reaction hydraulic turbine)로 나뉜다.

① 중력 수차

중력 수차(gravity water wheel)는 식 (3.3)의 제1항 h를 수차가 주로 받아들이는 것으로 물레방아가 여기에 속한다. 이것은 옛날부터 농촌에서 사용되어 왔으나 효율이 낮고, 회전 속도가 빠르지 못하여 발전기의 운전에 적당치 못하여 오늘날에는 수차로 쓰이지 않는다.

② 충격 수차

충격 수차(impulse hydraulic turbine)는 식 (3.3)의 제2항이 H의 대부분을 차지하는 경우이며, 대표적으로 펠톤 수차(pelton turbine)가 여기에 속한다.

③ 반동 수차

반동 수차(reaction hydraulic turbine)는 물이 수차의 회전차 속을 흐르는 사이에 압력과 속도가 다 같이 감소하고, 그때 반동에 의하여 회전차를 구동하게 된다. 따라서 이 경우는 식 (3.3)의 제2항과 제3항이 수차가 받는 H의 대부분을 차지하게 된다. 그 예로는 프란시스 수차(Francis turbine)와 프로펠러 수차(Propeller turbine)가 이에 속하는 수차들이다.

(2) 수차 내에서의 물의 유동 방향에 따른 분류

접선 수차(接線 水車, tangential turbine), 반경류 수차(半徑流 水車, radial flow turbine), 혼류 수차(混流 水車, mixed flow turbine), 축류 수차(軸流 水車, axial flow turbine) 등이 있다.

① 접선 수차 : 접선 수차는 분류가 수차에 접선 방향으로 작용하여 회전차를 회전시키는 방식이며, 펠톤 수차가 여기에 해당된다.

② 반경류 수차 : 반경류 수차는 내향 유동(radial inward flow)과 외향 유동(radial outward flow)의 2가지가 있으나 외향 유동은 구식이며, 현재의 수차는 모두 내향 유동 방식이다. 프란시스 수차가 이에 속한다.

③ 혼류 수차 : 혼류 수차는 내향 반경류와 축류가 혼합된 것이며, 비교 회전도가 큰 프란시스 수차가 대표적인 혼류 수차이다.

④ 축류 수차 : 축류 수차는 보통 프로펠러 수차라고 불리며, 물이 수차의 회전차의 축 방향으로 유동한다. 프로펠러 수차, 카플란 수차(kaplan turbine)가 이에 해당된다.

3.1.3 낙차와 출력

1) 낙차

수력 발전소에서는 그림 3.4와 같이 취수구로 들어간 물은 도수로(導水路)나 수압관(水壓管)을 지나서 수차를 회전시킨 후 방수로(放水路)에 방류된다. 이 방수면에서 취수구의 수면까지 높이 H_g를 **총 낙차** 또는 **자연 낙차**(自然 落差, natural head)라 하고, 도수로에서의 손실 h_1, 수압관 속에서의 손실 h_2, 방수로에서의 손실 h_3를 총 낙차에서 뺀 실제로 수차에 이용되는 낙차를 **유효 낙차**(有效 落差, effective head) H라 한다.

$$H = H_g - (h_1 + h_2 + h_3) \tag{3.4}$$

2) 출력

수차에서 발생되는 이론 상의 출력 L_{th} 는 다음 식으로 표시된다.

$$L_{th} = \frac{\gamma\, QH}{1000}\ [\text{kW}] \tag{3.5}$$

여기서 γ 는 물의 비중량(N/m³)이고, Q는 유량(m³/sec), H는 유효 낙차(m)를 표시한다.
유효 낙차 H 는 보통 총 낙차 Hg 보다 3~5% 적으며 수차 효율을 η_t, 발전기 효율을
η_g 라 하면 발전소 출력 L 은 다음 식으로 표시된다.

$$L = L_{th}\, \eta_t\, \eta_g \tag{3.6}$$

여기서 수차 효율과 발전기 효율은 수차의 용량, 형식에 따라서 다르나 대체로 표 3.1과
같다.

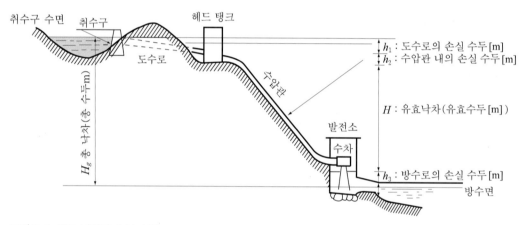

그림 3.4 유효 낙차와 손실 수두

표 3.1 수차와 발전기의 효율

발전 용량	η_t	η_g	$\eta_t \times \eta_g$	발전 용량	η_t	η_g	$\eta_t \times \eta_g$
100 kW 이하	0.79	0.91	0.72	2,500 kW 이하	0.84	0.95	0.80
300 kW 이하	0.81	0.93	0.75	10,000 kW 이하	0.85	0.96	0.82
1,000 kW 이하	0.83	0.94	0.78	10,000 kW 이상	0.87~0.90	0.97~0.98	0.84~0.88

3.1.4 비교 회전도

수차의 회전차는 낙차, 유량, 형식 등에 따라서 특유한 형상, 회전수, 출력을 갖는다. 이와 같이 조건이 다른 수차의 회전차를 비교하기 위하여 비교 회전도(比較 回轉度, specific speed)를 사용한다. 수차의 비교 회전도는 실제 수차와 구조적으로 그리고 유체역학적으로 상사일 때 단위 낙차로 단위 출력을 발생시킬 때 상사한 수차가 회전해야 할 매분당 회전수로서 정의된다.

실제 수차의 출력을 L, 낙차 H, 회전수 n, 유량 Q, 회전차의 지름을 D라 할 때 각각 이에 해당하는 모형 수차의 출력, 낙차, 회전수, 유량 및 회전차의 지름을 각각 L', H', n', Q', D'라고 하면 물의 속도는 낙차의 제곱근에 비례하고, 이것은 회전수와 회전차 지름의 곱에 비례하므로

$$\frac{\sqrt{H}}{\sqrt{H'}} = \frac{(실제\ 수차\ 속도)}{(모형\ 수차\ 속도)} = \frac{nD}{n'D'} \tag{3.7}$$

이 되며, 유량은 속도와 단면적의 곱에 비례하므로,

$$\frac{Q}{Q'} = \frac{nD^3}{n'D'^3} \tag{3.8}$$

이다. 또한, 출력은 낙차와 유량의 곱에 비례하므로

$$\frac{L}{L'} = \frac{n^3D^5}{n'^3D'^5} \tag{3.9}$$

이 된다.

식 (3.7) ~ (3.9)에서 D를 소거하면,

$$\frac{n'}{n} = \left(\frac{L}{L'}\right)^{\frac{1}{2}} \left(\frac{H'}{H}\right)^{\frac{5}{4}} \tag{3.10}$$

이 되며, 여기서 $L' = 1\,\mathrm{HP}$, $H' = 1\,\mathrm{m}$라고 하면,

$$\frac{n'}{n} = (L)^{\frac{1}{2}} \left(\frac{1}{H}\right)^{\frac{5}{4}} \tag{3.11}$$

이다. 이때의 n'를 비교 회전도 n_s라 정의하고

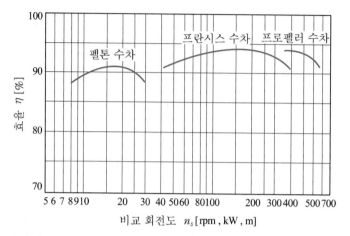

그림 3.5 **수차 효율과 비교 회전도 범위**

$$n_s = \frac{n L^{\frac{1}{2}}}{H^{\frac{5}{4}}}$$ (3.12)

라고 나타낼 수 있다. 여기서, H는 유효 낙차, L은 실제 출력이므로 수차의 효율 η_t 가 포함되어 있고, 비교 회전도 및 출력 L은 회전차 1개에 대한 것이다. 그림 3.5는 비교 회전도와 수차 효율과의 관계를 보여 준다.

비교 회전도는 수차의 형식, 구조 등에 따라서 성능과 밀접한 관계를 가지며 주요한 수차의 비교 회전도 범위는 다음과 같다.

펠톤 수차　　　　$n_s = 8 \sim 30$

프란시스 수차　　$n_s = 40 \sim 350$

프로펠러 수차　　$n_s = 400 \sim 800$

그리고 일반적으로 수차 1대에 대한 출력에는 제한이 있고, 공동현상(cavitation) 방지를 위해서 주어진 유효 낙차 H에 대하여 비교 회전도 n_s를 적당히 선정할 필요가 있다.

비교 회전도와 유효 낙차와의 한계값은 일반적으로 다음과 같이 정해진다.

펠톤 수차　　　　$8 \leqq n_s \leqq 30$

프란시스 수차　　$n_s \leqq \dfrac{13000}{H+20} + 50$

프로펠러 수차　　$n_s \leqq \dfrac{20000}{H+20}$

아울러 비교 회전도 n_s를 결정할 때에 수차의 회전수 n을 어떻게 정하는가는 위의 유효 낙차 H에 의한 비교 회전도 n_s의 허용할 수 있는 한계에서 n의 최대값이 정해지므로, 이것을 발전기의 극수와 관련시켜 최종적으로 결정하면 된다.

그러나 회전수를 높이면 수차와 발전기를 작게 할 수는 있으나 기계적인 특성, 예를 들면 위험 속도, 베어링 파손 등의 문제도 같이 고려할 필요가 있다. 발전기의 회전수 n과 극수 P 사이의 관계는 다음과 같다.

$$n = \frac{60 \times 2f}{P} = \frac{120f}{P} \tag{3.13}$$

여기서 f는 주파수(cycles/sec)로 우리나라에서는 60 cycles/s가 정격이다.

예제 3.1

수차의 유효 낙차가 120 m, 이론 출력이 2,500 kW인 경우 얼마의 유량이 필요한가?

정답 식 (3.5)에 의하여 $L_{th} = \dfrac{\gamma QH}{1000}$ 에서

$$Q = \frac{1000 \times L_{th}}{\gamma H} = \frac{1,000 \times 2,500}{9,800 \times 120} = 2.13\,(\mathrm{m^3/s})$$

이다.

예제 3.2

유효 낙차 50 m, 유량 80 m³/s의 하천을 이용하여 30,000 kW의 출력을 발생하는 수차의 효율은 얼마인가?

정답 이론 출력 L_{th}는

$$L_{th} = \gamma QH = \frac{9,800 \times 80 \times 50}{1,000} = 39,200\,(\mathrm{kW})$$

$$\therefore \eta = \frac{정미출력}{이론출력} = \frac{30,000}{39,200} \times 100 = 76.53\,(\%)$$

자연 낙차 120 m, 유량 40 m³/s의 수원이 있다. 여기에 적당한 수차를 선정하여라. 단, 수차는 1대이고, 회전수는 300 rpm이다.

정답   유효 낙차 H를 자연 낙차의 96%로 보면,

$$H = 0.96 \times H_g = 0.96 \times 120 = 115.2 \, (\text{m})$$

$$L_{th} = \frac{\gamma QH}{1,000} = \frac{9,800 \times 40 \times 115.2}{1,000} = 45,158.4 \, (\text{kW})$$

수차의 전 효율 η_t를 0.87로 보면 수차 출력 L은

$$L = \eta_t L_{th} = 0.87 \times 45,158.4 = 39,287.81 (\text{kW})$$

$$\therefore \ n_s = n\frac{L^{\frac{1}{2}}}{H^{\frac{5}{4}}} = 300 \times \frac{39,287.81^{\frac{1}{2}}}{115.2^{\frac{5}{4}}} = 163.06[\text{rpm, kW, m}]$$

$n_s = 163.06[\text{rpm, kW, m}]$ 은 그림 3.5로부터 프란시스 수차가 적당함을 보여준다.

3.2 종 류

3.2.1 펠톤 수차

1) 개요

펠톤 수차(pelton turbine)는 수압관을 거쳐 노즐에서 분류로 된 물줄기가 회전차 둘레에 있는 여러 버킷(bucket)에 충돌하여 회전력을 전달하는 것으로, 버킷에서 유출한 물은 그대로 방수면에 자연 낙하하기 때문에 그 낙차만큼 손실이 된다. 그림 3.6 (a)는 1개의 노즐을 가진 펠톤 수차이다.

펠톤 수차는 주로 200 m 이상의 고 낙차용으로 채용되나 소 유량인 경우에는 150 m 이상의 중 낙차에서도 사용된다. 그리고 회전차 축은 횡축으로 된 것과 입축으로 된 것이 있다. 입축형은 건물 면적과 깊이가 작은 이점이 있고, 횡축형은 점검할 때 회전차를 접근하기 쉬운 이점이 있으므로 토사 등의 이물질에 의한 침식작용이 심한 경우 횡축형이 채용된다.

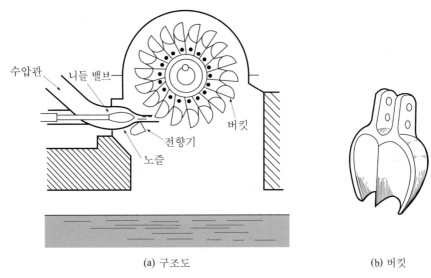

	(a) 구조도	(b) 버킷

그림 3.6 펠톤 수차

버킷은 그림 3.6 (b)와 같이 바가지 모양의 용기인데 재질은 주강(鑄鋼) 혹은 특수강이다. 분류는 중앙의 물 끝기에서 양분되어 버킷 내면을 흘러 그 주변에서 유출한다. 노즐에서 나오는 분류의 속도는 보통 $60 \sim 180\,\mathrm{m/s}$ 정도로 고속이기 때문에 버킷 내면에서 마찰 손실 및 흐름의 박리(剝離)현상으로 공동현상(cavitation)이 일어나기 쉽다. 따라서 이것을 줄이기 위하여 버킷의 내면을 매끈하게 연마하고 형상도 정밀하게 가공한다.

발전용 수차는 일정한 속도로 회전해야 하므로 수차에 걸리는 부하에 따라 버킷에 공급하는 유량을 가감할 필요가 있다. 이 조절은 노즐에 설치된 니들 밸브(needle valve)를 전·후진시킴으로써 가능하다. 1개의 펠톤 수차의 회전차에는 여러 개의 노즐에서 분류를 작용시켜 출력을 증가시킬 수 있으나, 이때 노즐의 수는 인접 노즐과의 간섭 때문에 제한될 수밖에 없다. 이 수는 횡축형에서는 1개 또는 2개, 입축형에서는 4 내지 6개를 사용한다.

펠톤 수차의 비교 회전도는 보통 노즐 1개당 출력으로 나타낸다. 만약에 1개의 회전차가 i 개의 노즐을 가졌을 경우 노즐 1개당 출력을 L_1 이라 하면 수차의 전 출력은 $i L_1$ 이 된다. 따라서 비교 회전도 n_s 는

$$n_s = n \frac{(i L_1)^{\frac{1}{2}}}{H^{\frac{5}{4}}} = \sqrt{i}\, n \frac{L_1^{\frac{1}{2}}}{H^{\frac{5}{4}}} = \sqrt{i}\, n_{s1} \tag{3.14}$$

이 된다. 여기서 n_{s1} 은 노즐 1개당 비교 회전도이다.

유효 낙차 470 m, 출력 68,900 kW인 펠톤 수차의 회전수가 300 rpm일 때 적당한 노즐의 수를 얼마로 정하면 좋을까? 각 수차의 비교 회전도와 유효 낙차의 관계는 그림 3.7과 같다.

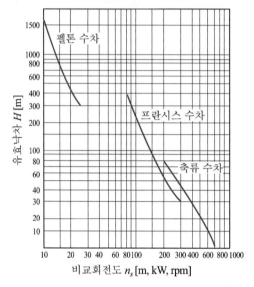

그림 3.7 유효 낙차와 비교 회전도

정답 유효 낙차 470 m인 펠톤 수차는 그림 3.7로부터 비교 회전도 n_s 는 약 20이다.
식 (3.14)로부터

$$n_{s1} = \frac{n L^{\frac{1}{2}}}{\sqrt{i}\, H^{\frac{5}{4}}}$$

$$\therefore \; i = \frac{n^2 L}{H^{\frac{5}{2}} n_{s1}^2} = \frac{300^2 \times 68,900}{470^{\frac{5}{2}} \times 20^2} = 3.23$$

노즐의 수 $i = 3$ 이라면 비교 회전도 n_s 는

$$n_s = \frac{300 \times 68,900^{\frac{1}{2}}}{470^{\frac{5}{4}} \times \sqrt{3}} = 20.63$$

(계속)

비교 회전도 n_s가 20을 초과하면 좋지 않으므로 $i = 4$로 하면

$$n_s = \frac{300 \times 68{,}900^{\frac{1}{2}}}{470^{\frac{5}{4}} \times \sqrt{4}} ≒ 18$$

따라서 노즐 수는 4개가 적당하다.

2) 이론

(1) 노즐의 작용과 효율

노즐 입구의 전 낙차를 H, 노즐로부터 나오는 분류의 속도를 v, 노즐 내 손실 수두를 $\zeta(v^2/2g)$로 나타내면 H는 다음과 같다.

$$H = \frac{v^2}{2g} + \zeta\left(\frac{v^2}{2g}\right) = (1+\zeta)\frac{v^2}{2g} \tag{3.15}$$

따라서 분류 속도 v는

$$v = \frac{1}{\sqrt{1+\zeta}}\sqrt{2gH} \tag{3.16}$$

이며, $1/\sqrt{1+\zeta} = C_v$라 놓으면

$$v = C_v\sqrt{2gH} \tag{3.17}$$

로 표시된다. 여기서 C_v를 속도계수라 하며, 그 값은 0.95~0.98이다.

한편, 노즐의 효율은 $\eta_n = \dfrac{v^2/2g}{H}$ 이므로 식 (3.17)로부터

$$\eta_n = C_v^2 \tag{3.18}$$

으로 표시할 수 있다. C_v의 값을 위 식에 넣으면 $\eta_n = 0.90$~0.95의 값을 얻는다.

그리고 그림 3.8의 노즐 1개당 유량 Q의 값은

$$Q = \frac{\pi}{4}d^2 v \tag{3.19}$$

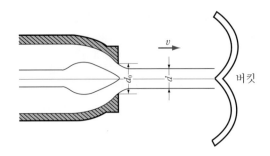

그림 3.8 노즐

이며, 노즐 출구의 지름을 d_0라 할 때 d와의 관계는 보통 다음과 같다.

$$d_0 = (1.1 \sim 1.2)\, d \tag{3.20}$$

예제 3.5

노즐의 입구관 지름이 400 mm, 이곳의 정압이 330 m, 유량이 0.85 m³/s, 정미 출력이 2,300 kW인 회전차의 분류 지름과 효율을 구하여라. 단, 노즐의 속도계수는 0.97이다.

정답 유효 낙차 H는 정압과 속도수두의 합이므로

$$H = \frac{p}{\gamma} + \frac{v^2}{2g} = \frac{p}{\gamma} + \left(\frac{Q}{\pi\, d_0^2/4}\right)^2 \times \frac{1}{2g}$$

$$= 330 + \left(\frac{0.85}{\pi \times 0.4^2/4}\right)^2 \times \frac{1}{2 \times 9.8} = 332.33\,(\text{m})$$

$$v_0 = C_v \sqrt{2gH} = 0.97\sqrt{2 \times 9.8 \times 332.33} = 78\,(\text{m/s})$$

$Q = \dfrac{\pi}{4} d_0^2 v_0$에서

$$\therefore\ d_0 = \sqrt{(4 \times 0.85)/(3.14 \times 78)} \fallingdotseq 0.118\,(\text{m}) \fallingdotseq 120\,(\text{mm})$$

따라서 수차의 효율은

$$\eta_t = \frac{L}{\gamma\, QH} = \frac{2,300 \times 1,000}{9,800 \times 332.33 \times 0.85} \times 100 = 83.08\,(\%)$$

---

(2) 회전차의 작용과 효율

노즐로부터 나온 분류가 그림 3.9와 같이 버킷의 중앙을 충돌하고, 양쪽으로 나누어져 버킷에 일을 한 다음 w_2인 상대속도로 버킷을 떠나는 경우 노즐에서의 유량 $Q\,[\text{m}^2/\text{s}]$,

분류의 속도 v [m/s], 버킷의 원주 방향 속도를 u [m/s]라 하면 분류는 $w_1 = v - u$인 상대속도로 버킷을 따른다. 그럼 운동량 법칙에 따라 버킷에 주어지는 힘 F는

$$F = \frac{\gamma Q}{g} \left\{ w_1 - (-w_2 \cos \beta_2) \right\} \tag{3.21}$$

이며, 따라서 수차에 주어지는 동력 L_h는

$$L_h = F \cdot u = \frac{\gamma Q}{g} u (w_1 + w_2 \cos \beta_2) \tag{3.22}$$

로 표시된다. 그리고 분류가 버킷을 흐르는 동안의 손실 수두를 $\zeta_2 (w_2^2/2g)$로 나타내면

$$\frac{w_1^2}{2g} = \frac{w_2^2}{2g} + \zeta_2 \frac{w_2^2}{2g} \tag{3.23}$$

이며, 따라서

$$w_1^2 = (1 + \zeta_2) w_2^2 \tag{3.24}$$

이다. 그리고 식 (3.24)를 식 (3.22)에 대입하면,

$$L_h = \frac{\gamma Q}{g} u w_1 \left(1 + \frac{\cos \beta_2}{\sqrt{1 + \zeta_2}}\right) = \frac{\gamma Q}{g} u (v - u) \left(1 + \frac{\cos \beta_2}{\sqrt{1 + \zeta_2}}\right) \tag{3.25}$$

이 되고, 이 동력 L_h를 얻는데 작용한 분류가 가지고 있던 에너지는 $\gamma Q v^2 / 2g$ 이므로 버킷의 효율 η_b는

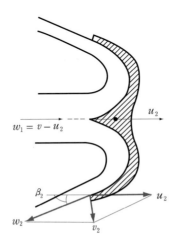

$w_1 = v - u_2$

그림 3.9 **물이 버킷에 가하는 힘**

$$\eta_b = \frac{L_h}{\gamma\, Qv^2/2g} = 2\frac{u}{v}\left(1 - \frac{u}{v}\right)\left(1 + \frac{\cos\beta_2}{\sqrt{1+\zeta_2}}\right) \tag{3.26}$$

이다. 그리고 ζ_2는 u/v와 관계가 없고 β_2가 일정하다고 하면 버킷의 효율 η_b는 다음 조건에서 최대가 된다.

$$d\eta_b/d(u/v) = 0 \tag{3.27}$$

식 (3.27)의 조건에서 $v = 2u$가 되므로 η_b의 최대값 $\eta_{b\max}$는

$$\eta_{b\max} = \frac{1}{2}\left(1 + \frac{\cos\beta_2}{\sqrt{1+\zeta_2}}\right) \tag{3.28}$$

이다. 노즐의 효율이 최대, 즉 $2u = v$일 때 L_h도 최대값 $L_{h\max}$을 가지므로,

$$L_{h\max} = \frac{\gamma}{g}Qu^2\left(1 + \frac{\cos\beta_2}{\sqrt{1+\zeta_2}}\right) = \frac{\gamma}{g}Q\frac{v^2}{4}\left(1 + \frac{\cos\beta_2}{\sqrt{1+\zeta_2}}\right) \tag{3.29}$$

이다.

그리고 식 (3.28), 식 (3.29)에서 β_2 및 ζ_2의 값이 작을수록 $\eta_{b\max}$, $L_{h\max}$는 커짐을 알 수 있다. 그러나 실제로 β_2가 너무 작으면 버킷을 나오는 물이 다음 버킷의 뒷면에서 충돌되어 수차가 회전하는데 저항을 주므로 보통 $\beta_2 = 4 \sim 15°$로 한다. 또한 ζ_2의 값은 버킷면을 매끈하게 할수록 작으며, 보통 $0.2 \sim 0.5$ 정도의 값을 가진다.

예제 3.6

펠톤 수차에서 피치원의 지름 $D = 1{,}800\,\text{mm}$, 노즐 출구 지름 $d_0 = 120\,\text{mm}$, 유효 낙차 $H = 300\,\text{m}$, 노즐의 속도계수 $C_v = 0.98$, 그리고 버킷은 물을 165°로 반사시킨다. 물의 속도는 버킷 내에서 15% 감소되며, 노즐의 수는 2개이다. 다음을 구하여라.

(1) 최고 효율을 얻을 때의 이론 회전수
(2) (1)의 회전수에서 버킷의 효율
(3) 수차의 수동력
(4) 손실 동력

정답 (1) 식 (3.17)로부터 노즐에서의 속도는

$$v = 0.98\sqrt{2 \times 9.8 \times 300} = 75.15\,(\text{m/s})$$

이고, 최고 효율은 $u = \dfrac{v}{2}$인 조건에서 얻으므로

$$n = \frac{60u}{\pi D} = \frac{60 \times 37.58}{\pi \times 1.8} = 3398.94 \fallingdotseq 399\,(rpm)$$

(계속)

(2) 식 (3.24)로부터

$$w_1/w_2 = \sqrt{1+\zeta_2} \equiv \sqrt{1+0.35} = 1.16$$

$$\eta_b = 2\frac{u}{v}\left(1-\frac{u}{v}\right)\left(1+\frac{\cos\beta_2}{\sqrt{1+\zeta_2}}\right)$$

$$= 2\times 0.5\times(1-0.5)(1+\frac{\cos 15^\circ}{1.16}) = 0.99$$

(3) 유량 $Q = 2(\text{노즐수})\times\frac{\pi}{4}d_0^2\times C_v\sqrt{2gH}$

$$= 2\text{x}\frac{\pi}{4}\times 0.12^2\times 0.98\sqrt{2\times 9.8\times 300} = 17\,(\text{m}^3/\text{s})$$

$$\therefore\ L = \eta_b\gamma QH = 0.91\times 9,800\times 1.7\times 300/1,000 = 4,548.18\,(\text{kW})$$

(4) $w_1 = v_1 - u_1 = 37.58\,\text{m/s}$, w_2는 15% 감소하므로

$$w_2 = (1-0.15)w_1 = 0.85\times 37.58 = 31.94\,(\text{m/s})$$

$$w_{u2} = w_2\cos(180^\circ - 165^\circ) = 31.94\times 0.9659 = 30.85\,(\text{m/s})$$

$$v_{u2} = u_2 - w_{u2} = 37.58 - 30.85 = 6.73\,(\text{m/s})$$

$$v_{m2} = w_2\sin 15^\circ = 31.94\times 0.2588 = 8.27\,(\text{m/s})$$

$$\therefore\ v_2^2 = v_{m2}^2 + v_{u2}^2 = 8.27^2 + 6.73^2 = 113.36\,(\text{m/s})^2$$

손실 수두, $h_l = \dfrac{v_2^2}{2g} = \dfrac{113.36}{2\times 9.8} = 5.78\,(\text{m})$

따라서 손실동력 L_l 은

$$L_l = \gamma Qh_l = \frac{9,800\times 1.7\times 5.78}{1,000} = 96.29\,(\text{kW})$$

이다.

(3) 펠톤 수차의 효율

수차에 이론 출력 L_{th} 가 주어져 수차 축이 출력 L_h를 낸다고 할 때 수력 효율 η_h 는 다음 식으로 주어진다.

$$\eta_h = \frac{L_h}{L_{th}} = \frac{L_h}{\gamma QH} = \frac{L_h}{\gamma Q(v^2/2g)} \cdot \frac{v^2/2g}{H} = \eta_b \cdot \eta_n \tag{3.30}$$

그리고 기계 손실동력을 L_m 이라 하면, 정미 출력 L 은

$$L = L_h - L_m \tag{3.31}$$

따라서 기계 효율 η_m 은

$$\eta_m = \frac{L}{L_h} = \frac{L_h - L_m}{L_h} \tag{3.32}$$

이므로 수차의 전 효율 η_t 는

$$\eta_t = \frac{L}{L_{th}} = \frac{L}{L_h} \cdot \frac{L_h}{L_{th}} = \eta_m \cdot \eta_h = \eta_m \cdot \eta_n \cdot \eta_b \tag{3.33}$$

이다. 참고로 수차의 전 효율 η_t 의 값은 보통 0.80~0.88 정도이다.

3) 각 부의 치수 결정

(1) 버킷의 피치

펠톤 수차에 있어서 분류가 버킷에 작용하고 헛되게 없어지는 물이 없도록 회전차 원주 둘레에 버킷을 같은 간격으로 배치해야 한다. 그렇게 하기 위해서는 그림 3.10에 서 B 버킷이 분류를 완전히 짜르는 순간에 버킷의 뒷면 쪽에 있는 수적(水滴) X가 전 방에 있는 버킷 C에 반드시 충돌하여 유용한 일을 주도록 버킷의 피치(pitch) 또는 중 심각으로 잰 각도 θ_m 을 정해야 한다. 만약 피치가 너무 크면 버킷에 충돌하지 않고 지나가 는 수적이 있기 때문이다. 즉, 수적 X가 v 의 속도로 전진하는 동안 버킷의 끝은 u_a 의 속도 로 회전하는데, 수적 X가 직선 XZ에 따라서 Z점에 도달하기 전에 버킷 C에 닿도록 하는 조건이 필요하다. 극단의 경우로서 수적 X가 Z점에 도달하는 순간에 버킷 C가 C의 위치 에 도달하여 수적이 버킷에 접촉하는 경우를 생각한다.

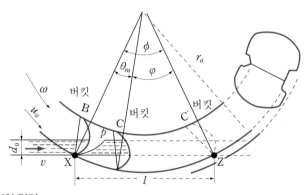

그림 3.10 버킷의 피치 결정

수적 X가 현재의 위치에서 직진하여 Z에 도달할 때까지 요하는 시간은 l/v이고, 버킷 C가 C에 도달하는 시간은 ψ/w이다. 단, ω는 회전차의 각속도이며 회전차의 축심에서 버킷의 외단까지의 반지름을 r_a로 하면 $w = u_a/r_a$이다. 양 시간은 같게 되므로 다음 식이 성립한다.

$$\frac{l}{v} = \frac{\psi}{\omega} \tag{3.34}$$

그림 3.11에서 l에 대한 중심각을 ϕ라고 하면 $l = 2r_a \sin(\psi/2)$이므로 이를 식 (3.34)에 대입하면

$$\psi = \frac{2u_a}{v} \sin\frac{\phi}{2} \tag{3.35}$$

이며, 서로 이웃하는 버킷 B, C의 간격, 즉 중심각으로 잰 θ_m보다 약간 작게 취한다. 즉

$$\theta_m = \phi - \psi = \phi - \frac{2u_a}{v}\sin\frac{\phi}{2} \tag{3.36}$$

에서 θ_m은 수적이 전부 버킷에 작용한다는 조건이 최대의 중심각이므로 실제로는 이 θ_m 보다 약간 작게 취한다.

(2) 비교 회전도

1개의 노즐을 가지는 펠톤 수차에서 분류의 지름이 d, 회전차의 유효 지름을 D, 회전속도를 n, 유량을 Q, 낙차를 H, 효율을 η_t라고 하면 유량은

$$Q = \frac{\pi}{4}d^2v = \frac{\pi}{4}d^2 C_v\sqrt{2gH} = \frac{\pi}{4}D^2\left(\frac{d}{D}\right)^2 C_v\sqrt{2gH} \tag{3.37}$$

그리고 회전차의 원주 속도를 u라고 하면

$$u = \frac{\pi D n}{60} = K\sqrt{2gH} \tag{3.38}$$

여기서, K는 상수로 유량에는 관계가 없으며 회전수 n에 비례한다.

그리고 식 (3.37)과 식 (3.38)에서 유량은

$$Q = \frac{\pi}{4}\left(\frac{60K\sqrt{2gH}}{\pi n}\right)^2\left(\frac{d}{D}\right)^2 C_v\sqrt{2gH} \tag{3.39}$$

그러므로 이론 동력은

$$L_{th} = \gamma\, QH\eta_t = \gamma\,\sqrt{2g}\,\frac{\pi}{4}\left(\frac{60\sqrt{2g}}{\pi}\right)^2 k^2 C_v\eta_t\left(\frac{d}{D}\right)^2 \frac{H^{\frac{5}{2}}}{n^2} \qquad (3.40)$$

이다. 여기서 d/D, k, C_v, η_t 의 값이 상사 조건을 만족할 경우 변하지 않으므로 $L_{th}=1$, $H=1$이면 이때의 n이 비교 회전도가 된다. 즉,

$$n_s = 576K\left(\frac{d}{D}\right)\sqrt{C_v\eta_t} \qquad (3.41)$$

이다.

위 식은 K, d/D의 값이 비교 회전도 n_s에 어떻게 영향을 주는가를 나타내므로 편리하다.

펠톤 수차의 비교 회전도 n_s는 8~24가 적당하며, 위 식에서 $C_v=0.98$, $\eta_t=0.9$라고 하면 d/D의 값은 아래와 같다.

$$d/D \fallingdotseq 0.03 \sim 0.09 \qquad (3.42)$$

(3) 노즐

노즐(nozzle)은 현재 원형 노즐을 모두 사용하며 그 안에 니들 밸브를 가지고 있다. 노즐에서의 분류 속도 v는 유효 낙차가 크고 작음에 따라서 달라지며, 유량 Q에 대한 노즐 지름 d_0는 $d_0 = (1.12 \sim 1.25)d$로써 산출된다. 그리고 원추각 θ는 대체로 $\theta = 60° \sim 90°$의 값을 가지는 것이 좋다. 그림 3.11은 노즐의 모양을 보인 것으로 노즐 단면은 내벽 접촉선의 교점 O를 중심으로 하는 구면으로 절삭 가공하여 분류가 구면에 수직으로 유출하게 한다.

니들 밸브의 확대부는 $G = (1.15 \sim 1.25)d_0$로 정해지며 확대부 중심에서 첨단까지의 거리 L은 $L = (1.40 \sim 1.72)d$로 하며, 완전히 열렸을 때 니들 밸브의 첨단이 노즐 출구에서 돌출하는 거리 l은 $l = (0.5 \sim 1.0)d_0$가 적당하다.

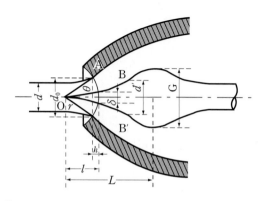

그림 3.11 노즐 및 니들 밸브

(4) 버킷의 수와 치수

버킷의 수 Z는 $D/d = m$의 값에 따라서 표 3.2와 같이 정한다. 그리고 버킷의 길이 A, 폭 B 및 깊이 C 등 각 부의 치수는 그림 3.12에 표시한 바와 같이 분류의 최대 지름 d를 기준으로 정하며, 버킷의 내부는 원활한 곡면형으로 한다. 버킷의 끝부분은 그림에서 알 수 있듯이 E, G와 같이 절취하여 분류가 버킷에 작용하는 초기에는 그대로 통과하도록 한다. 버킷의 재질은 저 낙차에서는 주철(鑄鐵), 고 낙차에서는 주강(鑄鋼) 제품으로 하며, 청동(靑銅)으로 주조(鑄造)하기도 한다. 버킷을 회전차 외주 상에 장착하는 것은 볼트로 하며, 소형 수차에서는 일체로 주조하지만 이 때에는 버킷의 내면 가공이 어렵게 된다.

표 3.2 버킷의 수(Z)

$m = D/d$	8	12	16	20	24
Z	12~18	20~24	22~26	24~28	26~30

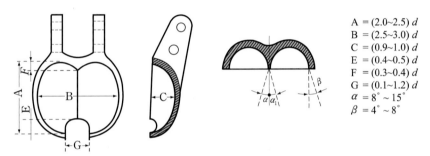

$$A = (2.0 \sim 2.5)\, d$$
$$B = (2.5 \sim 3.0)\, d$$
$$C = (0.9 \sim 1.0)\, d$$
$$E = (0.4 \sim 0.5)\, d$$
$$F = (0.3 \sim 0.4)\, d$$
$$G = (0.1 \sim 1.2)\, d$$
$$\alpha = 8° \sim 15°$$
$$\beta = 4° \sim 8°$$

그림 3.12 버킷의 치수

예제 3.7

유효 낙차 $H = 500\,\text{m}$, 유량 $Q = 600\,\text{m}^3/\text{min}$의 펠톤 수차를 설계하라. 단, 발전기의 극수는 $P = 18$, 주파수는 $f = 60\,\text{Hz}$ 그리고 수차 효율은 $\eta_t = 0.87$이다.

정답 수차 출력 L은

$$L = \gamma\, Q H \cdot \eta_t = 9,800 \times 10 \times 500 \times 0.87 \times \frac{1}{1,000} = 42,630\,(\text{kW})$$

발전기 극수 18일 때 회전수를 400 rpm으로 정하고 비교 회전도를 계산하면,

$$n_s = n\frac{L^{\frac{1}{2}}}{H^{\frac{5}{4}}} = 400 \times \frac{42,630^{\frac{1}{2}}}{500^{\frac{5}{4}}} = 34.93\,[\text{rpm, kW, m}]$$

(계속)

그림 3.5에 의하여 이 수차의 형식은 2개의 노즐을 가지는 펠톤 수차로 결정한다. 그리고 노즐에서의 분사속도 v는 식 (3.17)로부터

$$v = 0.95\sqrt{2gH} = 0.95 \times \sqrt{2 \times 9.8 \times 500} = 94.05\,(\mathrm{m/s})$$

분류의 지름 d는 식 (3.19)로부터 $Q/2$를 사용하면

$$d = \sqrt{\frac{Q/2}{0.785v}} = \sqrt{\frac{\dfrac{10}{2}}{0.785 \times 94.05}} = 0.26\,(\mathrm{m})$$

이다. 그리고 버킷 피치원의 지름 D는 식 (3.38)로부터,

$$D = \frac{60u}{\pi n} = \frac{60 \cdot v/2}{\pi n} = \frac{60 \times \dfrac{94.05}{2}}{3.14 \times 400} = 2.25\,(\mathrm{m}) \quad \left(u \fallingdotseq \frac{1}{2}v\right)$$

따라서 버킷의 주요 치수는 그림 3.12에 의하여

$$A = (2.0 \sim 2.5)\mathrm{d} = 2.3 \times 0.26 = 0.6\,(\mathrm{m})$$
$$B = (2.5 \sim 3.0)\mathrm{d} = 2.8 \times 0.26 = 0.73\,(\mathrm{m})$$
$$C = (0.9 \sim 1.0)\mathrm{d} = 0.95 \times 0.26 = 0.25\,(\mathrm{m})$$
$$E = (0.4 \sim 0.5)\mathrm{d} = 0.45 \times 0.26 = 0.12\,(\mathrm{m})$$
$$G = (1.0 \sim 1.2)\mathrm{d} = 1.1 \times 0.26 = 0.29\,(\mathrm{m})$$
$$\alpha\,(= 8 \sim 15°) = 10°$$
$$\beta\,(= 4 \sim 8°) = 6°$$

버킷을 원판에 부착하는 부분의 치수도 고려하여 버킷 선단 반지름을 1.4 m로 하고, 분류가 그 버킷 선단의 원주를 차단하는 원호에 대한 원주각 ϕ를 작도하여 구하면 $\phi = 0.942\,\mathrm{rad}$이며, 버킷 피치각은 식 (3.36)에 의하여

$$\theta_m = \phi - 2\frac{u_a}{v}\sin\frac{\phi}{2} = 0.942 - 2 \times \frac{47}{94} \times 0.454$$
$$= 0.488\,(\mathrm{radian}) = 28°$$

이다. 따라서 버킷 수는 θ_m으로 정할 수 있고 $D/d = m$의 값으로도 표 3.2에서 찾을 수 있다.

$$Z_1 = \frac{360°}{28° \times 0.8} \fallingdotseq 16\ (\theta_m \text{ 보다 0.8배를 채택하는 것이 보통임})$$
$$Z_2 = 12 \sim 18(m = 2.25/0.26 \fallingdotseq 9 \text{ 이므로 표 3.2에서 얻음})$$

따라서 16~18 정도로 정하는 것이 적당하다.

4) 유량 조절장치

펠톤 수차의 유량 조절은 니들 밸브를 사용하는데 니들 밸브는 조속기(governer)에 의하여 조절되어 부하의 크기에 관계없이 수차는 일정한 회전수로 운전된다. 니들 밸브를 사용하면 언제나 원형 단면의 분류를 얻을 수 있으며, 비교적 넓은 범위의 유량 변화에 대하여 효율이 거의 일정한 특징을 가지고 있다. 따라서 펠톤 수차는 다른 수차에 비하여 설계점 이외의 부하에서도 전 효율이 높다.

펠톤 수차의 운전 중 부하가 급변하는 경우, 즉 벼락 등에 의하여 송전선이 절단되었을 때 수차가 무부하 운전으로 들어가면 그것에 대응해서 니들 밸브를 닫아야 한다. 그러나 급격히 닫으면 수격현상(水擊現像, water hammer)이 발생하므로 이것을 피하기 위하여 니들 밸브를 느리게 움직이면 급변한 부하에 상응한 유량과 실제의 유입 유량 사이에 차가 생겨서 수차 축의 회전이 증가 또는 감소가 일어난다.

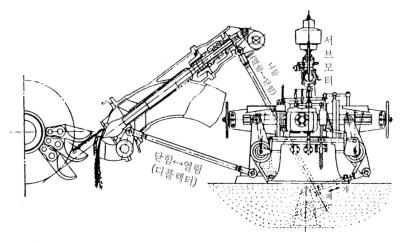

그림 3.13 전향기

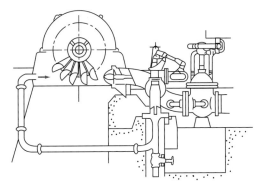

그림 3.14 제트 브레이크

펠톤 수차에서는 그림 3.13과 같은 전향기(轉向機, deflector)를 설치하고, 분류의 방향을 굽혀서 버킷에 충돌하지 않도록 한다. 또한 압력수를 브레이크 노즐에서 분사시켜 버킷의 뒤면에 충돌시켜 회전 상승을 방지하는 방법을 취할 때도 있다. 그림 3.14는 이것을 보여 주는 제트 브레이크(jet brake)이다.

3.2.2 프란시스 수차

1) 개요

프란시스 수차(Francis turbine)는 1849년 미국인 프란시스(Francis)가 만든 수차로서 사용 범위는 대단히 넓다. 즉, 사용 낙차의 범위는 30~550 m로서 매우 넓고 중 낙차의 발전소에 이용되고 있다.

프란시스 수차는 낙차 15 m 이하의 소형 저 낙차용의 노출형(open flume type)과 대유량, 낙차 30 m 이하용의 드럼형(drum type)이 있으나, 안내깃(guide vane)의 개폐 기구가 물속에 노출되어 있고 흐르는 물속의 모래나 진흙이 유입하므로 고장이 나기 쉽고 효율도 나빠 현재는 거의 사용하지 않고 있다.

현재 대표적인 수차로 널리 사용되고 있는 것은 스파이럴형(spiral casing type)으로서 그림 3.15에 보인 것과 같이 횡축 단륜 단류 수차, 횡축 이륜 단류 수차, 횡축 단륜 복수 수차, 입축 단륜 단류 수차 등이 있다. 그림 3.15 (a)는 출력 10 MW 정도에 사용하고, (b)는 유량 변화가 심한 곳에 적합하며, (c)는 대유량에 사용되어 20 MW까지 출력을 내고 있다. (d)는 최고 500~600 MW의 대출력에 가장 많이 이용되는 형식이며, 홍수로 인하여 상승하여도 침수 염려가 없고, 또 설치면적이 작아도 되는 이점이 있다.

어떤 종류의 물은 도수관(導水管, aqueduct)에서 케이싱으로 들어오고, 안내깃에서 가속된 다음 회전차(runner)로 유입하며, 회전차 속을 흐르는 사이에 수동력을 전달한다. 회전차에서 축 방향으로 나온 물은 흡출관(吸出管, draft tube)을 지나 방수로(放水路, spillway)로 배출되는 데, 반동 수차는 흡출관 입구에서 방수로 수면까지의 낙차도 유효하게 회수할 수 있게 된다.

프란시스 수차의 케이싱 재질은 주강판(鑄鋼板)으로 제작하고, 대형은 철근 콘크리트로 한다. 고정 깃이 수압에 견디도록 받치는 지지간을 스피드 링(speed ring)이라 하고, 이것에 관상으로 가공한 강판 케이싱을 용접한다.

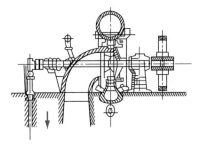

(a) 횡축, 단류 단류 프란시스 수차

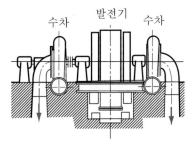

(b) 횡축, 2륜 단류 프란시스 수차

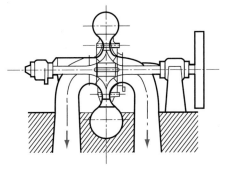

(c) 횡축, 단류 복류 프란시스 수차

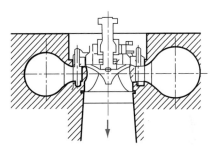

(d) 입축, 단류 단류 프란시스 수차

그림 3.15 **프란시스 수차의 형식**

2) 이론

프란시스 수차의 회전차가 받아들이는 동력 또는 토크를 구하려면 원심 펌프의 회전차에서와 같이 운동량 법칙을 이용하면 되지만, 펌프의 경우와 에너지 변환 관계가 반대가 된다.

그림 3.16은 프란시스 수차의 회전차 입구 및 출구에서의 속도 선도를 나타내고 있다. 회전차의 입구와 출구의 반지름을 각각 r_1, r_2라 하고, 회전차의 각속도를 ω라 하면 원주속도는 각각 $u_1 = r_1\omega$, $u_2 = r_2\omega$ 가 된다. 물의 절대속도는 상대속도 w와 원주속도 u의 벡터 합으로 표시되며, 입구에서 절대속도 v_1과 접선 방향과 이루는 각도 α_1을 유입각, α_2를 유출각이라고 한다.

물이 회전차에 주는 토크 T는 펌프에서와 같이 운동량 모멘트의 법칙(law of moment of monemtum)을 적용하여 구한다. 즉,

$$T = \frac{\gamma Q}{g}(r_1 v_1 \cos\alpha_1 - r_2 v_2 \cos\alpha_2) \tag{3.43}$$

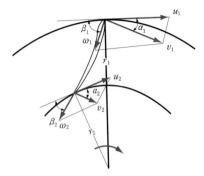

그림 3.16 프란시스 수차의 속도 선도

이고, 회전차의 이론동력 L_{th}는

$$L_{th} = T \cdot \omega = \frac{\gamma Q}{g}(u_1 v_1 \cos\alpha_1 - u_2 v_2 \cos\alpha_2) \tag{3.44}$$

이 된다. 또한 이론 수동력 L_{th}는 이론 수두를 H_{th}라고 하면

$$L_{th} = r Q H_{th} \tag{3.45}$$

이고, 식 (3.44)와 식 (3.45)는 손실이 없을 때 같으므로

$$H_{th} = \frac{1}{g}(u_1 v_1 \cos\alpha_1 - u_2 v_2 \cos\alpha_2) \tag{3.46}$$

으로 되고, 이것을 오일러의 방정식(Euler's equation)이라 한다. 여기서 $\alpha_2 = 90°$가 되도록 깃 출구각 β_2를 설계하면,

$$H_{th} = \frac{1}{g}u_1 v_1 \cos\alpha_1 \tag{3.47}$$

이 된다. 그림 3.16의 속도선도에서 cosine 제2법칙을 도입하면,

$$w_1^2 = u_1^2 + v_1^2 - 2u_1 v_1 \cos\alpha_1$$
$$w_2^2 = u_2^2 + v_2^2 - 2u_2 v_2 \cos\alpha_2 \tag{3.48}$$

이며, 이것을 식 (3.46)에 대입하면

$$H_{th} = \frac{u_1^2 - u_2^2}{2g} + \frac{v_1^2 - v_2^2}{2g} + \frac{w_2^2 - w_1^2}{2g} \tag{3.49}$$

을 얻는다. 따라서 수력 효율 η_h는 다음 식으로 표시된다.

$$\eta_h = \frac{H_{th}}{H} = \frac{1}{gH}(u_1 v_1 \cos\alpha_1 - u_2 v_2 \cos\alpha_2)$$

$$= \frac{1}{2gH}\left\{(u_1^2 - u_2^2) + (v_1^2 - v_2^2) + (w_2^2 - w_1^2)\right\} \tag{3.50}$$

위 식에서 $(u_1^2 - u_2^2)/2g$ 은 원심력에 의한 압력 변화를 의미하며, $(w_2^2 - w_1^2)/2g$ 은 속도 에너지 변화에 의한 압력 에너지 변화를 의미한다.

프란시스 수차의 효율 η_t 는

$$\eta_t = \eta_h \cdot \eta_v \cdot \eta_m \tag{3.51}$$

로 나타낸다. 여기서 η_h 는 수력 효율로서 유효 낙차 H 에 대한 수차의 회전차에 대하여 유효하게 작용한 수두의 비율이며, 수차의 입구에서 출구까지의 유체 유동에서 일어나는 유동 손실과 관계가 있다. η_v 는 체적 효율로서 유입, 유출량의 비를 말한다. 보통 회전차와 고정되어 있는 케이싱 사이의 틈을 통하여 회전차를 통과하지 않고 나가는 누설 유량이 있다. 이것은 회전차 유입부의 압력이 출구의 압력보다 훨씬 높으므로 피할 수 없는 현상이다.

수차에서도 원심 펌프와 같이 축 추력(axial trust)이 작용한다. 이것을 방지하기 위하여 평형 공(balance hole)을 슈라우드(shroud)에 뚫는다. 이렇게 하면 축 추력은 경감되나 체적 효율이 감소한다. 축 추력을 작게 하기 위한 누설은 하는 수 없으나 회전차와 케이싱 사이의 누설을 될 수 있는 대로 적게 되도록 간격을 줄이고 있으나, 수차에 유입하는 물에 모래 같은 것이 있으면 이 부분의 마모가 대단히 빠르다. η_m 은 기계 효율(mechanical efficiency)로서 베어링(bearing), 축봉장치 등에 의한 기계적 손실 때문에 생긴다.

3) 흡·토출관과 공동현상

프란시스 수차와 프로펠러 수차에서는 회전차에서 나온 물이 가지는 속도 수두와 회전차와 방수면 사이의 낙차를 유효하게 이용하기 위하여 흡출관을 설치하는데 이는 2가지 목적이 있다. 첫째는 회전차 출구의 물이 가지는 속도가 상당히 커서 이 배출 손실(discharge loss)을 감소시키려는 것이다. 둘째는 흡출고 H_s 를 회수하려는 것이다. 회전차와 방수면 사이의 높이, 즉 흡출고 H_s 는 홍수일 때에도 발전기가 물속에 잠기지 않도록 하기 위하여 완전히 없앨 수는 없다. 펠톤 수차의 경우는 유효 낙차 H 에 대한 비 H_s/H 가 대단히 작으나 중·저 낙차의 프란시스 수차는 그 값이 크기 때문에 이를 이용하지 않는 것은 큰 손실이다.

그림 3.17 (a)는 원추형 흡출관으로, 흡출관 설치의 둘째 목적을 달성하기 위해서는 회전차 출구와 방수면을 직관으로 연결함으로써 충만된 수주의 무게에 의하여 회전차

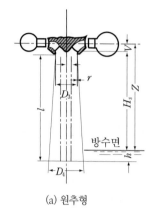

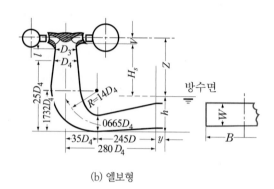

| (a) 원추형 | (b) 엘보형 |

그림 3.17 **흡출관의 종류**

출구에 진공을 발생시키고, 수류를 아래 방향으로 빨아냄으로써 유효 낙차를 증대시켜 H_s 를 회수한다. 또한 그 관을 확대관으로 하여 관 출구에서의 유로 단면적을 크게 하므로 출구 속도를 작게 하면 배출 손실을 작게 할 수 있다. 그림 3.17 (b)의 원추형인 경우 확대 각 2θ 를 경험상 8° 이내로 하며, 출구 단면적을 크게 하려면 길이를 충분히 크게 해야 한다. 따라서 대형 수차에서는 그다지 사용되지 않는다. 한편, 그림 3.17 (b)와 같은 엘보형에서는 흡출관 하단부를 서서히 굽혀서 단면을 차차로 크게 할 수 있으므로 대형 수차에는 이 형식이 가장 많이 사용된다.

흡출관 출구를 기준으로 하여 입구과 출구에 베르누이의 정리를 적용하면

$$\frac{p_3}{\gamma} + \frac{v_3^2}{2g} + H_s + h = \left(\frac{p_a}{\gamma} + h\right) + \frac{v_4^2}{2g} + h_l \tag{3.52}$$

여기서 p_3, v_3는 각각 입구에서의 압력과 속도, h 는 흡출관 출구와 방수면 사이의 깊이, p_a는 대기압, v_4는 출구에서의 속도, h_l 은 흡출관을 흐를 때 발생하는 손실 수두이다. 식 (3.52)를 다시 정리하면

$$\frac{p_a - p_3}{\gamma} = H_s + \frac{v_3^2 - v_4^2}{2g} - h_l \tag{3.53}$$

을 얻는다.

식 (3.53)에서 $H_s > 0$, $v_3 > v_4$이고, 흡출관 내에서의 손실 수두 h_l 은 H_s와 $(v_3^2 - v_4^2)/2g$ 의 합에 비해서 매우 작으므로 $(p_a - p_3)/\gamma > 0$ 이다. 따라서 흡출관 입구의 압력 p_3는 대기압 이하이다. 그러므로 흡출관을 설치하지 않고 대기 중으로 물을 방출하는 경우에 비하여 회전차에 작용하는 압력 차는 커지게 된다. 만약 v_4를 무한히 작게 하면 배출 손실은

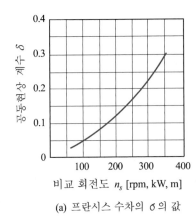

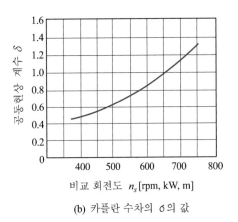

(a) 프란시스 수차의 σ의 값   (b) 카플란 수차의 σ의 값

그림 3.18 수차의 비교 회전도와 공동현상 계수

0이 되고, 손실 수두 h_l 을 제외하고는 흡출고와 속도 에너지 손실을 회수할 수 있게 된다. 그러나 회전차 출구의 압력을 대기압 이하로 하여 그 압력이 그때의 물의 포화증기압 이하가 되면 공동현상이 발생하므로 압력을 내리는 데는 한계가 있다.

수차의 회전차에서 결정되는 국소적인 압력강하를 Δh 라 하고, H_a 를 대기압 수두, H_v 를 물의 증기압을 수두로 표시하면 공동현상이 발생 한계는 다음 식과 같다.

$$H_a - H_v = H_s + \frac{v_3^2 - v_4^2}{2g} - h_l + \Delta h \tag{3.54}$$

그리고 공동현상 계수 σ 는

$$\sigma = \frac{\Delta h}{H} \tag{3.55}$$

로 주어지는데 이때 σ 의 값은 그림 3.18에 표시되어 있는 것과 같이 n_s 의 함수로 주어진다. 따라서 식 (3.54)의 H_s 는 다음 식이 된다.

$$H_s = H_a - H_v - \sigma H - \frac{v_3^2 - v_4^2}{2g} + h_l \tag{3.56}$$

따라서 흡출고 H_s 는 이보다 크게 할 수 있다.

식 (3.56)에서 H_a 는 장소에 따라서 약간 다를 수 있으나 보통 10.33 m이다. H_v 는 물의 온도에 의하여 정해지며, 그 예로서 20℃ 물인 경우 $H_v = 0.24$ m이지만 실제로는 이 값보다 약간 크게 계산하는 것이 안전하다. 대략 H_s 는 7 m를 초과하지 않게 설계한다.

프란시스 수차의 유량은 회전차 바깥에 설치된 안내깃을 움직여 가감할 수 있으며, 안내깃 조작 축은 조속기(調速機, governor)에 연결되어 작동된다.

예제 3.8

유효 낙차 70 m, 유량 120 m³/min인 곳에서 출력 1,260 kW의 출력을 내는 수차를 설계하려고 한다. 수차의 회전속도를 960 rpm으로 할 때 공동현상을 일으키기 시작하는 흡출관의 높이 H_s를 결정하여라. 단, 물의 온도는 20℃, 증기압 $P_v = 2,332.4$ N/m², 비중량 $\gamma = 9,800$ N/m³이다.

정답 수차의 비교 회전도 n_s를 구한다.

$$n_s = n \frac{L^{\frac{1}{2}}}{H^{\frac{5}{4}}} = 960 \times \frac{1,260^{\frac{1}{2}}}{70^{\frac{5}{4}}} = 168 \text{ [rpm, kW, m]}$$

$n_s = 168$에 대한 σ의 값은 그림 3.18로부터 0.12를 얻을 수 있다. 따라서 식 (3.56)에 의하여 H_s는

$$H_s = \frac{p_a}{\gamma} - \frac{p_v}{\gamma} - \sigma H - \frac{v_3^2 - v_4^2}{2g} + h_l$$

이며 4, 5항은 작아서 무시하기로 하면

$$H_s = \frac{101.234 \times 10^3 - 2,332.4}{9,800} - 0.12 \times 70 = 1.69 (\text{m})$$

이다.

예제 3.9

정격 출력 70,000 kW, 낙차 $H = 100$ m, 회전 속도 $n = 200$ rpm의 프란시스 수차가 최고 효율에서 가동되고 있다. 낙차가 80 m로 되었을 때 최고 효율을 내는 회전속도 n'와 출력 L'을 구하라.

정답 식 (3.7)에서 $D' = D$이므로

$$\left(\frac{H'}{H}\right)^{\frac{1}{2}} = \frac{n'}{n}, \frac{Q'}{Q} = \frac{n'}{n}$$

$$\therefore n' = n \left(\frac{H'}{H}\right)^{\frac{1}{2}} = 200 \times \left(\frac{80}{100}\right)^{\frac{1}{2}} = 179 (\text{rpm})$$

$$\frac{L'}{L} = \frac{Q'H'}{QH} = \frac{H'^{\frac{1}{2}} \times H'}{H^{\frac{1}{2}} \times H} = \frac{H'^{\frac{3}{2}}}{H^{\frac{3}{2}}} = \left(\frac{80}{100}\right)^{\frac{3}{2}}$$

$$\therefore L' = 70,000 \times \left(\frac{80}{100}\right)^{\frac{3}{2}} = 50,087 (\text{kW})$$

4) 설계

(1) 설계 조건

프란시스 수차의 설계에 필요한 조건은 유효 낙차 H, 유효 낙차의 변화 $H_{\max}$, $H_{\min}$, 유량 Q와 그 변화, 방수면의 높이, 수차의 형식, 발전기 주파수 및 수차와 발전기와의 연결 방식 등이다.

(2) 수차 출력

수차의 이론 출력 L_{th} 는 식 (3.5)에 의하여 구한다. 즉,

$$L_{th} = \frac{\gamma QH}{1,000}\,[\text{kW}] \tag{3.57}$$

로, 수차의 출력 L은 이론 출력 L_{th} 에 효율 η_t를 곱하면 얻어진다. 여기서 η_t 의 값은 수차의 형식, 출력, 구조, 형태의 대소, 기타의 것에 의하여 달라진다.

그림 3.19는 펠톤 수차, 프란시스 수차, 프로펠러 수차에 대한 효율과 비교 회전도와의 관계를 보여 주고 있다. 이것으로부터 대략의 효율을 가정한다.

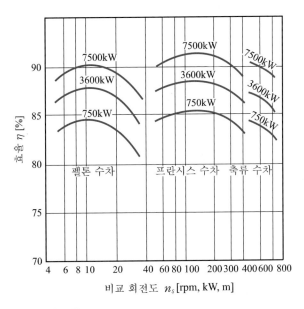

그림 3.19 수차의 비교 회전도와 효율

(3) 비교 회전도(n_s)

수차의 효율은 비교 회전도 n_s에 따라 다르고 유효 낙차 H가 주어지면 이론 출력의 적당한 범위가 정해진다. 프란시스 수차에서는 공동현상의 발생을 피하기 위해서 주어진 낙차 H에 대하여 비교 회전도 n_s를 어느 한도 이상 높이는 것은 좋지 않다.

그림 3.20은 경험에 따라 구해진 값으로 비교 회전도 n_s는 $1,600/H^{\frac{1}{2}}$이 쓰이고 있으며, $1,700/H^{\frac{1}{2}}$이 한도로 되어 있다. 미국에서는 경험값으로 $1,340/H^{\frac{1}{2}}$이 쓰이고 있다. 특히 공동현상의 발생은 흡·출입 높이에 큰 영향을 주므로 그 값에 의해서 변화한다.

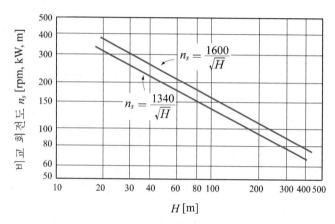

그림 3.20 낙차와 비교 회전도와의 관계

(4) 회전 속도

유효 낙차, 유량이 주어지면 출력을 구할 수 있고, 유효 낙차에 대한 비교 회전도 n_s의 한계가 전 항에서와 같이 정해지며, 회전속도 n은 다음 식으로 구해진다.

$$n = n_s H^{\frac{3}{4}} L^{-\frac{1}{2}} \fallingdotseq 1,600 H^{\frac{3}{4}} L^{-\frac{1}{2}} \tag{3.58}$$

교류 발전기를 직결하는 경우는 $n_g = 120 \mathrm{f}/\mathrm{p}$의 식에 의해서 구한 값에 맞출 필요가 있으므로 n의 값을 수정한다. 단, P는 발전기의 극 수이고, 프란시스 수차에서는 6~40 정도가 사용된다.

(5) 회전차

① 회전차의 지름과 폭

날개의 입구 지름 D_1[m], 입구 폭 B_1[m], 입구의 원주속도 u_1[m/s], 반지름 방향의 물의 분속도 v_{m1}[m/s], 출구 지름 D_2[m], 출구에서의 유출 속도를 v_2[m/s]라고 하면

$$u_1 = k_u \sqrt{2gH} = \frac{\pi D_1 n}{60} \tag{3.59}$$

$$v_{m1} = C_{m1} \sqrt{2gH} = \frac{Q}{\pi D_1 B_1} \tag{3.60}$$

$$v_2 = C_2 \sqrt{2gH} = \frac{4Q}{\pi D_2^2} \tag{3.61}$$

그러므로

$$D_1 = 60 k_u \sqrt{2gH} / \pi n \tag{3.62}$$

$$B_1 = \frac{Q}{\pi D_1 C_{m1} \sqrt{2gH}} \tag{3.63}$$

$$D_2 = \left(\frac{4Q}{\pi C_2 \sqrt{2gH}} \right)^{\frac{1}{2}} \tag{3.64}$$

여기서, K_u, C_{m1}, C_2의 값은 비교 회전도 n_s에 의하여 그림 3.21에 표시한 바와 같이 구한다. 또 위 식으로부터 비교 회전도 n_s에 관한 식을 쓰면

$$n_s = 990 K_u \sqrt{(B_1/D_1) C_{m1}} n \tag{3.65}$$

이고, 또한 비교 회전도 n_s에 의하여 그림 3.21로부터 B_1/D_1, D_2/D_1의 값을 구한다.

② 날개 각도

물의 유입속도를 $v_1 = C_1 \sqrt{2gH}$, $\alpha_2 = 90°$라 하면 $g\eta_h H = u_1 v_1 \cos\alpha_1$이므로

$$C_1 = \sqrt{(\eta_h^2/4K_u^2) + C_{m1}^2} \tag{3.66}$$

$$\cos\alpha_1 = \eta_h / 2K_u C_1 \tag{3.67}$$

$$\tan\beta_1 = C_{m1}/(k_u - C_1 \cos\alpha_1) \tag{3.68}$$

여기서 출구각 β_2가 $\alpha_2 = 90°$일 때

$$\tan\beta_2 = \frac{v_2}{u_2} \tag{3.69}$$

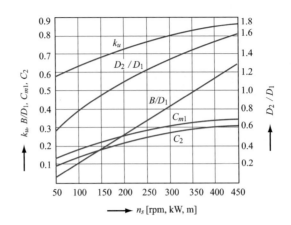

그림 3.21 n_s와 K_u, C_m, C_2와의 관계

표 3.3 수차의 낙차 크기에 따른 α_1과 β_1

수차의 종류	n_s	α_1	β_1
저속차	50~15	10°~30°	120°~90°
중속차	150~200	30°~35°	90°~70°
고속차	255~350	35°~45°	70°~45°

또한 α_1, β_1의 값은 표 3.3에 표시하는 값이 사용된다.

③ 날개 수

안내깃의 수 Z_g는 $Z_g = K_g \sqrt{D_g}$ 로 구해진다. 여기서 D_g는 안내깃의 안쪽 지름이고, 계수 K_g는 대체로 12~20이고, 저속차는 적고 고속차는 크게 된다. 또, 회전차의 날개 수 Z는 같은 방법으로 $Z = k_r \sqrt{D_1}$ 로 주어지며, k_r의 값은 대체로 15~17이다. 단, Z_g는 짝수로 하는 것이 보통이고, Z는 홀수로 하며, 3장 이상의 차이를 두어야 진동을 피할 수 있다.

예제 3.10

유효 낙차 $H = 92\,\mathrm{m}$, 출력 $L = 61,500\,\mathrm{kW}$의 프란시스 수차를 설계하라. 단, 수차의 효율은 88%로 한다.

정답 (1) 수차의 유량

$$Q = \frac{1,000 \times L}{\gamma H \eta_t} = \frac{1,000 \times 61,500}{9,800 \times 92 \times 0.88} = 77.51\,(\mathrm{m^3/s})$$

(계속)

(2) 수차의 형식은 입축 프란시스 수차로 한다.

(3) 비교 회전도는

$$n_s = n \frac{L^{\frac{1}{2}}}{H^{\frac{5}{4}}} = 170.45 \times \frac{(61,500)^{\frac{1}{2}}}{92^{\frac{5}{4}}}$$

$$= 170.45 \times \frac{247.99}{284.93} = 148.35 = 148[\text{rpm, kW, m}]$$

그림 3.7에서 $H = 92\,\text{m}$의 프란시스 수차의 비교 회전도 한계값은 $n_s = 150$이다.

$$n = \frac{n_s}{0.88} = \frac{150}{0.88} = 170.45\,(\text{rpm})$$

발전기 극수를 36으로 하면 200 rpm이 되어 상용값이며, 다시 n_s를 계산하면

$$n_s = 0.88 \times 200 = 176\,[\text{rpm, kW, m}]$$

(4) 회전차

① 회전차 입구지름 D_1

입구부의 원주 속도

$$u_1 = k_u \sqrt{2gH} = 0.72 \sqrt{2 \times 9.8 \times 92} = 30.57\,(\text{m/s})$$

k_u의 값은 그림 3.23에 의해 $k_u = 0.72$이다.

$$D_1 = \frac{60 \times u_1}{\pi n} = \frac{60 \times 30.57}{\pi \times 200} = 2.92\,(\text{m})$$

② 회전차 입구지름 B_1은

$v_{m1} = C_{m1} \sqrt{2gH}$이며, 그림 3.23에 의해서 $C_{m1} = 0.25$이며

$v_{m1} = 0.25 \times \sqrt{2 \times 9.8 \times 92} = 10.62\,(\text{m/s})$. 따라서 B_1은

$$B_1 = \frac{Q}{\pi D_1 v_{m1}} = \frac{77.51}{\pi \times 2.92 \times 10.62} = 0.8\,(\text{m})$$

③ 회전차 출구지름 D_2

$v_2 = C_2 \sqrt{2gH}$ 의 C_2는 그림 3.21에서 0.2라고 하면

$v_2 = 0.2 \times \sqrt{2 \times 9.8 \times 92} = 8.49\,(\text{m/s})$

$$D_2 = \sqrt{\frac{4Q}{\pi v_2}} = \sqrt{\frac{4 \times 77.51}{3.14 \times 8.49}} = 3.41\,(\text{m})$$

$$\therefore D_2/D_1 = \frac{3.41}{2.92} = 1.17$$

$$B_1/D_1 = \frac{0.8}{2.92} = 0.27$$

(계속)

④ 깃 각도

물의 유입 속도 $v_1 = C_1 \sqrt{2gH}$, $\alpha_2 = 90°$이고, 수력 효율 $\eta_h = 0.96$라고 하면

$$C_1 = \sqrt{(\eta_h^2/4ku^2) + C_{m1}^2} = \sqrt{\frac{0.96^2}{4 \times 0.72^2} + 0.25^2} = 0.71$$

$$\cos\alpha_1 = \eta_h/2k_u C_1 = \frac{0.96}{2 \times 0.72 \times 0.71} = 0.94$$

$$\tan\beta_1 = C_{m1}/(k_u - C_1\cos\alpha_1) = \frac{0.25}{0.72 - 0.71 \times 0.94} = \frac{0.25}{0.052} = 4.8$$

$\alpha_1 = 20°$, $\beta_1 = 78°15'$, $\alpha_2 = 90°$이므로

$$\tan\beta_2 = \frac{v_2}{u_2} = \frac{v_2}{\dfrac{\pi D_2 n}{60}} = \frac{8.49 \times 60}{\pi \times 3.4 \times 200} = 0.24$$

∴ $\beta_2 = 13°23'$

(5) 깃 수

안내깃의 수 $Z_g = k_g \sqrt{D_g} = 16 \times \sqrt{3.06} = 28$

안내깃 안쪽 지름 $D_g = D + 0.15 = 3.06$으로 하였고, k_g는 16으로 하였다.

회전차의 깃 수 $Z_r = k_r \sqrt{D_1} = 14 \times \sqrt{2.91} = 24$

$Z_g = 28$이므로 $Z_r = 28 - 3 = 25$로 정한다.

3.2.3 축류 수차

1) 개요

축류 수차(軸流 水車, axial flow turbine)는 저낙차, 즉 낙차 80 m 이하로 보통 20∼ 40 m로 비교적 유량이 많은 경우에 이용된다. 물이 회전차의 축 방향으로 흐르는 사이에 동력을 전달하며, 그 원리는 축류 펌프와 같으나 에너지의 변환이 반대 방향이다.

축류 수차는 축류 펌프와 같이 회전차에는 고정익(固定翼)과 가동익(可動翼)이 있다. 전자를 프로펠러 수차(propeller turbine)라 하고, 후자를 그의 발명자의 이름을 따서 카플란 수차(kaplan turbine)라 부른다.

보통 프로펠러 수차는 유체의 마찰손실을 줄이기 위하여 깃수를 4∼10매 정도로 적게 하고, 흐름 방향의 깃 길이를 짧게 하여 유체가 깃에 접하는 면적을 작게 한다(그림 3.22 참조).

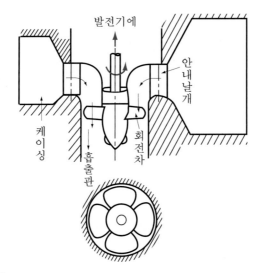

그림 3.22 프로펠러 수차

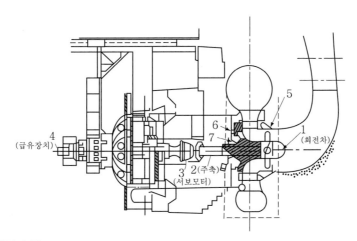

그림 3.23 카플란 수차

그림 3.23은 카플란 수차의 구조이며, 그림 3.24와 같은 가동익 장치로서 깃의 각도를 바꾸어 어느 부하의 경우에도 높은 효율을 확보할 수 있다. 깃의 단면은 비행기의 날개 단면과 비슷하다. 깃의 재질은 강도가 크고 내식, 내마모성이 필요하여 Ni-Cr 주강 또한 주강이 사용된다. 그림 3.23에서 1은 회전차, 2는 주축, 3은 회전차의 깃을 움직이는 서보모터(servo motor), 그리고 4는 회전차용 압력유 급유장치를 표시한다.

낙차 20 m 이하에서는 횡축형 원통 케이싱을 가진 튜블러 수차(tubular turbine)가 사용되는데, 케이싱 입구에서 출구까지의 흐름은 축 방향이며 회전차 축과 발전기는 직결 또는 기어로 구동되고 이들은 케이싱 내에 설치되어 있다(그림 3.25 참조).

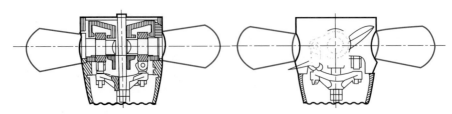

그림 3.24 가동익 장치

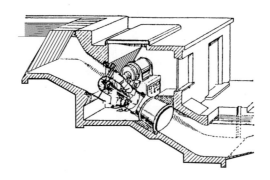

그림 3.25 튜블러 수차

2) 이론

　저 낙차, 대 유량에 적합한 축류 수차는 안내깃을 통과한 물이 수차 축의 주위를 돌면서 축 방향으로 회전차에 유입한다.

　그림 3.26에서 회전차를 반지름 r 인 원통 면으로 잘라 평면으로 전개하면 그림 3.27의 익형이 된다. 그림 3.27에서 익형에 작용하는 속도 선도를 보면 v_1 의 절대속도로 익렬에서 유입하여 v_2 의 절대속도로 익렬에서 유출한다. u 는 회전차의 회전 원주속도이며 w_1, w_2 는 각각 그의 상대속도를 표시한다. w_1, w_2 의 중간 속도를 $\overline{w}$ 라 하여 유효 상대속도라 한다. 익형은 $\overline{w}$ 에 수직 방향으로 양력 dL 을 받고 유동 방향으로 항력 dD 를 받는다. 여기서 dL, dD 는 축류 펌프의 이론과 같이 다음 일반식으로 표시할 수 있다.

$$dL = C_L l \rho \frac{\overline{w}^2}{2} \tag{3.70}$$

$$dD = C_D l \rho \frac{\overline{w}^2}{2} \tag{3.71}$$

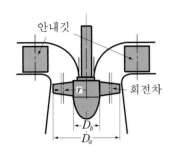

그림 3.26 축류 수차

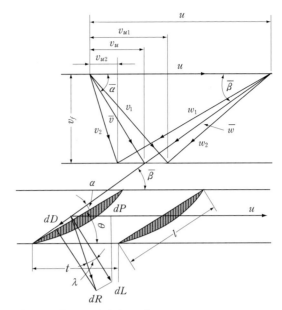

그림 3.27 축류 수차의 속도 선도

그리고 날개 폭 dr, 날개 수 Z인 날개 배열에 대한 dL과 dD의 u 방향의 분력의 합을 dF라고 하면

$$dF = (dL\sin\overline{\beta} - dD\cos\overline{\beta})\,Zdr$$
$$= dL(\sin\overline{\beta} - \tan\lambda\cos\overline{\beta})\,Zdr \qquad (3.72)$$

그림 3.27에서 $dD/dL = \tan\lambda$이다.

따라서 날개 폭 dr의 날개 배열에 주는 동력 dP는

$$dP = dF \cdot u = dL \cdot u\,(\sin\overline{\beta} - \tan\lambda\cos\overline{\beta})\,Zdr \qquad (3.73)$$

또한, 그림 3.27의 속도 선도에서 v_f를 유체의 축 방향 속도라고 하면

$$\sin\overline{\beta} = v_f\,\sqrt{\overline{w}}, \ \ \cos\overline{\beta} = (u - v_u)\,\sqrt{\overline{w}} \qquad (3.74)$$

이 된다. 그리고 식 (3.74)를 식 (3.73)에 대입하면,

$$dP = dL \cdot u\left(\frac{v_f}{\overline{w}} - \tan\lambda\frac{u - v_u}{\overline{w}}\right)Zdr \qquad (3.75)$$

날개와 날개 사이의 피치가 $t = 2\pi r / Z$이고, 동력 dP는 유효 낙차 H에서 유체 중량 $g\rho Zt\,dr\,v_f$에 작용시켜서 얻는 것이므로 회전차에서의 손실 수두를 h_l이라고 하면

$$dP = g\rho Z t\, dr\, v_f\, (H - h_l) = g\rho Z t\, dr\, v_f\, \eta_h\, H \tag{3.76}$$

이다.

그리고 η_h 는 축류 수차의 수력 효율을 나타내며

$$\eta_h = \frac{H - h_l}{H} = 1 - \frac{h_l}{H} \tag{3.77}$$

이다.

식 (3.75)와 식 (3.76)은 같은 값을 가지게 되므로 다음 식을 얻는다.

$$g\eta_h H = \frac{dL \cdot u}{\rho t v_f}\left(\frac{v_f}{\overline{w}} - \tan\lambda\frac{u - v_u}{\overline{w}}\right) \tag{3.78}$$

또한, 날개 폭이 dr 인 날개 배열의 에너지 손실은 $dD\,\overline{w}\,Zdr$ 이므로 다음과 같이 나타낼 수 있다.

$$\begin{aligned}
\eta_h &= \frac{dP}{dP + dD\,\overline{w}\,Zdr} = \frac{u(dL\sin\overline{\beta} - dD\cos\overline{\beta})}{u(dL\sin\overline{\beta} - dD\cos\overline{\beta}) + dD\,\overline{w}} \\
&= \frac{1}{1 + \dfrac{\tan\lambda \cdot \overline{w}}{u(\sin\overline{\beta} - \tan\lambda\cos\overline{\beta})}}
\end{aligned} \tag{3.79}$$

이상의 수력 효율은 반지름 r 의 위치에서 dr 의 분할 회전차에 대한 것이므로 회전차 전체에 대해서는 회전차 보스(boss)의 반지름 r_b 에서 회전차 깃의 외단 반지름 r_a 까지 합산한 것이 된다. 즉,

$$\sum\eta_h = \frac{\sum_{r_b}^{r_a} d}{\sum_{r_b}^{r_a} d + \sum_{r_b}^{r_a}(dD \cdot \overline{w}\,Zdr)} \tag{3.80}$$

이다.

3) 설계

축류 수차를 설계할 때에는 최대 출력 $L\,[\text{kW}]$, 유효 낙차 $H\,[\text{m}]$, 유량 $Q\,[\text{m}^3/\text{s}]$ 및 회전차의 회전속도 $n\,[\text{rpm}]$ 이 보통 주어지며, 이러한 조건들을 기초로 수차의 각 부 치수를 결정한다.

그림 3.28은 축류 수차의 주요 치수를 표시하고 있고, 회전차의 바깥지름 D_a 는 다음 식으로 결정된다.

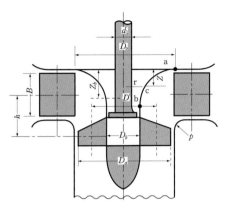

그림 3.28 프로펠러 수차의 주요 치수

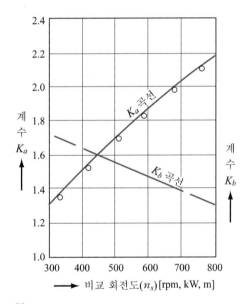

그림 3.29 비교 회전도와 K_a 및 K_b 계수

$$D_a = \frac{60}{\pi n} K_a \sqrt{2gH} \tag{3.81}$$

$$u = \frac{\pi D_a n}{60} = K_a \sqrt{2gH} \tag{3.82}$$

앞 식의 K_a는 비교 회전도 n_s의 값에 따라서 그림 3.29의 K_a 곡선으로 정해진다. 흡출 관의 지름 D_1은 회전차와 관 벽과의 간격을 C로 하여 $D_1 = D_a + 2C$로 하고, D_1의 크기 에 따라서 C는 1.5~3 mm로 한다. 보스의 지름 D_b는 $D_b = K_b D_a$로 하며, 비교 회전도 n_s의 값에 따라 그림 3.29의 K_b 곡선에서 K_b의 값을 정한다. 회전차를 통과하는 물의 축

방향 속도 v_f는 다음 식으로 계산한다.

$$v_f = \frac{Q}{\frac{\pi}{4} D_a^2 (1 - K_b^2) K_m} \tag{3.83}$$

여기서 K_m은 유출 계수라 하며 깃 수, 경사각, 익형에 따라 정해지지만 보통 0.8~0.9의 범위에서 사용한다.

축 방향 유속 v_f는 $v_f = (0.5 \sim 0.7)\sqrt{2gH}$가 적당하며, 만일 이 값의 범위를 벗어날 경우에는 유속 v_1을 가감하여 위의 범위에 들도록 조정한다.

안내깃이 최대로 열려 있을 때의 출구 면적 A_0는 그때의 안내깃 경사각 α_0에 대하여

$$A_0 = B\left(\pi D_0 - Z_g \frac{S_0}{\sin\alpha_0}\right) \tag{3.84}$$

이다. 여기서 Z_g는 안내깃의 총 수, B는 안내깃의 높이, S_0는 출구에서의 안내깃 두께이다.

식 (3.84)에서 $Z_g S_0 / \sin\alpha_0$를 πD_0의 10%로 간주하면

$$A_0 = 0.9\pi D_0 B \tag{3.85}$$

로 된다.

안내깃으로부터 물의 유출 속도를 v_0로 하면 Q의 값은 $Q = A_0 v_0 \sin\alpha_0$로 되므로

$$B \times D_0 = \frac{Q}{0.9\pi v_0 \sin\alpha_0} \tag{3.86}$$

이다. 여기서 v_0는 $v_0 = (0.35 \sim 0.45)\sqrt{2gH}$의 범위로 정하여 $B \times D_0$를 계산하고, 출구 지름 D_0는 안내깃이 최대 열림일 때 $D_0 = (1.0 \sim 1.1)D_a$로 정한다. 또한 안내깃 높이 B는 회전차 지름 D_a에 대하여 $B = (0.35 \sim 0.45)D_a$의 범위로 취한다.

축류 수차는 저 낙차용이므로 최대 열림일 때의 안내깃 경사각은 프란시스 수차보다 크게 $\alpha_0 = 45° \sim 50°$로 한다. 그림 3.28의 곡면 ab는 B의 값에 따라 정해지는 Z에서 C점의 반지름을 r로 하면 $r^2 Z = \left(\dfrac{D_b}{2}\right)^2 \times Z_b$에서 구한다. D_b는 보스의 지름이고, Z_b는 b점의 높이이다. 또 깃 높이의 중앙에서 회전차의 중앙선까지의 거리 $h = (0.36 \sim 0.37)D_a$로 한다. 축류 수차의 안내깃 수 Z_g는 표 3.4에서 $D_1 = D_a$로 하여 $\alpha_0 > 30°$의 경우를 채택하고, 회전차의 깃 수는 표 3.5와 같이 유효 낙차 H와 비교 회전도 n_s의 값에 따라 정할 수 있다.

표 3.4 안내깃의 수

회전차 입구 지름 D_1	$\alpha_0 < 20°$	$20° < \alpha_0 < 30°$	$\alpha_0 > 30°$
0.25~0.75 m	10	12	16
0.75~1.00 m	12	16	20
1.00~1.50 m	16	20	24
1.50~2.00 m	20	24	28

표 3.5 회전차의 깃 수

유효 낙차 H [m]	회전차의 깃 수 Z	비교 회전도 n_s [rpm, kW, m]
5~15	4	500 이상
15~20	5	400~500
20~30	6	300~400
30~40	7~8	300 이하

축류 수차의 축 설계는 축의 바깥지름 d_1[m], 안지름 d_0[cm], 허용 비틀림 응력 τ [N/cm²]에 대하여 다음 계산식을 이용한다.

운전 중 축이 받는 비틀림 모멘트 T[N·m]는

$$T = \tau \times \frac{\pi}{16}\left(\frac{d_1^4 - d_0^4}{d_1}\right) = \tau \times \frac{\pi}{16}d_1^3\left\{1 - \left(\frac{d_0}{d_1}\right)^4\right\} = 9,545\frac{L}{n}(Nm) \tag{3.87}$$

의 관계가 성립한다. 따라서 축지름 d_1은 다음과 같은 식으로 정리된다.

$$d_1 = \sqrt[3]{\frac{16}{\pi} \times \frac{1}{\tau} \times \frac{9,545 \times L}{n} \times \left\{1 - \left(\frac{d_0}{d_1}\right)^4\right\}^{-1}} \tag{3.88}$$

여기서 축의 안지름 d_0는 바깥지름 d_1의 $\frac{1}{2}$ 정도이므로 $(d_0/d_1)^4 = 1/16$이 되어 d_0의 값을 무시하면 다음과 같다.

$$d_1 = \sqrt[3]{\frac{16}{\pi} \times \frac{1}{\tau} \times \frac{9,545 \times L}{n}} \tag{3.89}$$

카플란 수차에서는 축의 자중 이외에 날개 배열과 보스의 무게를 감당하면서 회전하기 때문에 축에는 굽힘 응력이 작용한다. 따라서 위 식은 다음과 같은 경험식으로 많이 채용하고 있다.

표 3.6 깃 수와 m 값

z	$m = l / t$
4	0.65
5	0.65~0.89
6	1.00~1.13
7	1.13~1.20
8	1.20~1.25

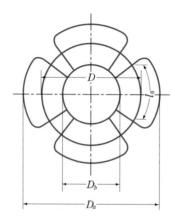

그림 3.30 회전차의 깃

$$d_1 = (12 \sim 14) \sqrt[3]{\frac{L}{n}} \qquad (3.90)$$

식 (3.88)~식 (3.90)에 사용한 L은 최대 출력(kW)을 의미한다.

회전차의 바깥지름 D_a와 보스 지름 D_b를 결정한 후에는 회전차의 깃을 n 등분하여 익형을 정한다. 축류 수차의 익현 길이 l 과 피치 t 와의 비 m 은 표 3.6과 같다. 또한 깃 수를 Z로 하면 $t = \pi D / Z$ 로 되어 $l = mt = m\pi D / Z$ 로 된다.

회전차의 깃은 그림 3.30에 보인 것과 같이 l_0는 도면상에서 얻을 수 있고, 익현 길이는 $l = l_0 \times \dfrac{1}{\cos\theta}$ 에 의하여 계산된다. 그리고 θ 의 값은 그림 3.27의 $\overline{\beta}$ 로부터 $\theta = \overline{\beta} - \alpha$ 로서 정한다. 이와 같이 하여 익형의 길이 l 을 결정하면 C_L을 알 수 있고 익형의 형상에 따라서 α 및 θ를 결정할 수 있다.

식 (3.70)과 식 (3.75)에서는 $C_L \cdot l$ 의 값을 계산할 수 있다. 여기서 $\overline{w}$ 및 $\overline{\beta}$ 는 그림 3.31에 나타낸 것처럼 속도선도를 분할한 수차 및 깃에 따라 별도로 그리면 구해진다. dr 은 각 분할 수차에 대한 별개의 반지름 폭이며, $\lambda = 0.01 \sim 0.03$이다.

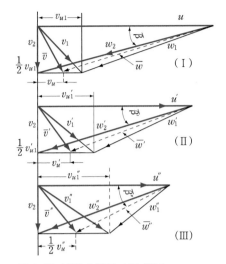

그림 3.31 **분할 수차의 속도 선도**

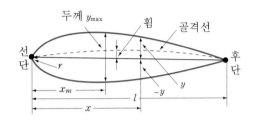

그림 3.32 **익형의 주요 치수**

그림 3.31에서 각 분할 수차에 대한 유입속도 v_1은 와류 분속도$\left(v_{u1'} = v_u \times \dfrac{D_a}{D}\right)$와 수직 분속도 v_m과의 합성 속도로서 유입한다. 회전차에서 유출한 물이 와류 분속도를 소실하여 $v_2 = v_m$의 상태가 가장 양호한 물의 작용상태이다.

그림 3.31의 (I)은 분할 수차의 외단 $D = D_a$, (II)는 중앙부의 분할 수차, (III)은 내측 $D = D_b$의 속도선도이다. 안쪽으로 갈수록 $\overline{w}$ 의 경사각이 커지므로 그에 따라서 경사각 θ 가 커진다. 수차가 최대 출력을 낼 때에는 바깥 끝의 θ 는 15~20°이며, 영각 α 는 0~5° 가 적당하다. 깃 두께는 그림 3.32의 $y_{\max}$ 을 축류 펌프의 익형 설계에서와 같이 정한다.

예제 3.11

유효 낙차 20 m, 유량 120 m³/s의 수력을 개발하는 프로펠러 수차를 설계하라. 단, 전원 주파수는 60 cycle/s이다.

정답 프로펠러 수차의 비교 회전도는 400~800이므로 본 문제의 설계에서는 $n_s = 400\sim500$ 으로 대략 정하고 수차의 회전수 n 을 정한다. 즉, 수차의 회전수는

$$n = n_s \frac{H}{\sqrt{\dfrac{L}{\sqrt{H}}}}$$ 이고, L 은 수차 효율을 80%라 한다면

$$L = 9.8\, Q H \eta_t = 9.8 \times 120 \times 20 \times 0.8 = 18816 \,(\text{kW})$$

(계속)

$$\therefore\; n = \frac{(400 \sim 500) \times 20}{\sqrt{\dfrac{18{,}816}{\sqrt{20}}}} = 123 \sim 154 \fallingdotseq 138\,(\text{rpm})$$

발전기의 극수를 $P = 52$로 하면 $n = 138$ (rpm)이므로 비교 회전도 n_s 는

$$n_s = \frac{n}{H}\sqrt{\frac{L}{\sqrt{H}}} = \frac{138}{20}\sqrt{\frac{18{,}816}{\sqrt{20}}} = 448\ [\text{rpm, kW, m}]$$

이다. 회전차의 치수 D_a는 식 (3.81)에 의해

$$D_a = 60 \times \pi n K_a \sqrt{2gH} = 60 \times \pi \times 138 \times 1.6\sqrt{2 \times 9.8 \times 20} = 4.4\,(\text{m})$$

이고, 여기서 K_a는 그림 3.29에서 구할 수 있다.

회전차의 보스 지름 $D_b = K_b D_a$이며, K_b는 그림 3.29에서 $n_s = 448$에 대하여 $K_b = 0.48$로 한다. $D_b = 0.48 \times 4.4 = 2.11$ m, 회전차를 통과하는 물의 축류 속도 v_f 는 식 (3.83)에 의하여

$$v_2 = v_f = \frac{Q}{\pi/4\,D_a^2(1 - K_a^2)K_m} = \frac{120}{0.785 \times 4.4^2(1 - 0.48^2) \times 0.85}$$
$$= 12.07\,(\text{m/s})$$

계수 K_m은 0.8~0.9의 범위에서 정하는 것이 보통이므로 0.85를 택하였다. 그리고 회전차의 깃 수는 표 3.5에서 $Z = 6$을 취한다. 따라서 깃의 피치 t 는

$$t = \frac{\pi D_a}{Z} = \frac{3.14 \times 4.4}{6} = 2.3\,(\text{m})$$

익현 길이 l 은 표 3.6에서 $m = 1.1$로 하여

$$l = m \cdot t = 1.1 \times 2.3 = 2.53\,(\text{m})$$

그림 3.31의 (I)에서 $v_1 \sin 45° = v_2$로부터 $v_1 = \dfrac{v_2}{\sin 45°} = \dfrac{12.07}{0.707} = 17.1$(m/s)를 얻으며, 익형을 3개의 날개 속도로 분할하여 결정한다.

$$v_{u1} = \sqrt{v_1^2 - v_2^2} = \sqrt{17.1^2 - 12.07^2} = 12.11\,(\text{m/s})$$

$$v_{u1'} = v_{u1} \times \frac{D_a}{D_{1'}} = 12.11 \times \frac{4.4}{3.25} = 16.4\,(\text{m/s})$$

$$v_{u1''} = v_{u1} \times \frac{D_a}{D_{1''}} = 12.11 \times \frac{4.4}{2.11} = 25.25\,(\text{m/s})$$

D_1''는 회전차 보스 지름과 같고, D_1'는 D_a와 D_1''의 중간값이다.

(계속)

$$u = \frac{\pi D_a n}{60} = \frac{\pi \times 4.4 \times 138}{60} = 31.78\,(\mathrm{m/s})$$

$$u' = \frac{\pi D_1' n}{60} = \frac{\pi \times 3.25 \times 138}{60} = 23.47\,(\mathrm{m/s})$$

$$u'' = \frac{\pi D_1'' n}{60} = \frac{\pi \times 2.11 \times 138}{60} = 15.24\,(\mathrm{m/s})$$

또한

$$\tan\overline{\beta} = \frac{v_2}{u - \dfrac{v_{u1}}{2}} = \frac{12.07}{31.78 - \dfrac{12.11}{2}} = 0.469 \qquad \therefore\ \overline{\beta} \fallingdotseq 25°8'$$

$$\tan\overline{\beta}' = \frac{v_2}{u' - \dfrac{v_{u1}'}{2}} = \frac{12.07}{23.47 - \dfrac{16.4}{2}} = 0.79 \qquad \therefore\ \overline{\beta}' \fallingdotseq 38°18'$$

$$\tan\overline{\beta}'' = \frac{v_2}{u'' - \dfrac{v_{u1}''}{2}} = \frac{12.07}{15.24 - \dfrac{25.25}{2}} = 4.61 \qquad \therefore\ \overline{\beta}'' \fallingdotseq 77°47'$$

영각 $\alpha = 5°$로 하면 깃 선단의 경사각은 $\theta = \overline{\beta} - \alpha = 20°18'$ 이다.

3.2.4 수차의 제어 및 특성

1) 조속 장치

수차의 회전 속도는 발전기의 부하와 수차 출력이 평형을 유지하고 있으면 일정하게 유지될 수 있으나, 발전기의 부하는 시간에 따라서 변화된다. 이 변화를 따라서 발전기의 출력이 바뀌어야만 발전된 전류의 주파수에 변화가 생기지 않는다. 이러한 변화에 대응하기 위하여 펠톤 수차에서는 니들 밸브를, 반동 수차(reaction hydraulic turbine)에서는 안내깃의 각도를 조절함으로서 수차에 유입되는 유량을 조절하고 있다.

유량 조절을 자동적으로 수행하는 것이 조속기(governer)이다. 그림 3.33은 조속기의 원리를 나타내며, 급유 밸브 P가 하강하면 압력유(油)는 서보 모터의 피스톤 K의 좌측에 작용하여 우측으로 밀고, 피스톤 P가 상승하면 K는 좌측으로 밀려서 이때의 힘으로 안내깃의 개폐 각도를 조절한다. 그림 3.33의 G는 스피더(speeder)로서 수차 측으로부터 회전되며, 부하가 감소하면 회전수가 증가하여 스피더 G의 슬리브(sleeve) A가 상승하고, 레버(lever) AC는 B를 중심으로 회전하며 밸브 P는 하강한다. 따라서 K가 우측으로 이동하며 안내깃을 닫게 된다. 만일 부하가 증대하면 같은 방법으로 안내깃을 열게 된다. 그림 3.34는 조속기와 이에 연결되는 안내깃의 개폐 기구이다.

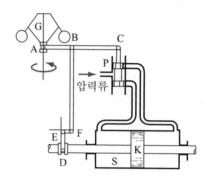

그림 3.33 조속기의 원리

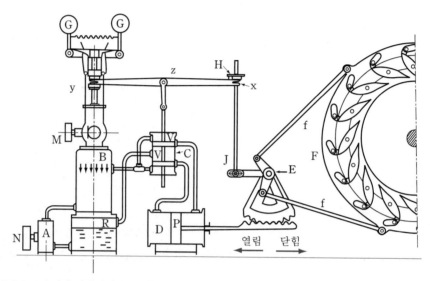

그림 3.34 조속기와 안내깃의 개폐 기구

2) 조압장치(調壓裝置)

수차를 운전하는 경우 부하가 급격히 감소하면 밸브 또는 안내깃에 의하여 유입하는 물은 급격히 차단해야 하는데, 이때에 수격작용 때문에 압력상승이 일어나게 된다. 또한 유입하는 물을 갑자기 증가시키면 심한 압력강하가 일어난다. 이것을 완화시키기 위하여 수압관의 상부에 자유표면을 가진 조압 수조(surge tank)를 설치한다. 조압 수조는 밸브 또는 안내깃이 폐쇄될 때 일부의 물을 저장하고, 밸브를 개방할 때 저장한 물을 공급하여 어떠한 경우에 대해서도 압력의 변화를 완화시켜 주는 역할을 한다. 그림 3.35는 조압 수조를 나타낸다.

한편, 프란시스 수차에서는 그림 3.36과 같은 제압기(制壓機, pressure regulator)를 설치한다. 제압기는 일종의 릴리프 밸브(relief valve)이며, 조속기와 연결되어 안내깃을

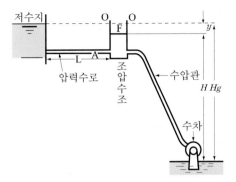

그림 3.35 조압 수조

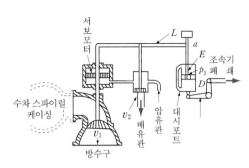

그림 3.36 유압식 제압기의 원리

폐쇄함과 동시에 일어나는 압력 상승을 막기 위해 수차의 스파이럴 케이싱에서 분기된 곳에 설치된 제압 밸브를 열어 방수하므로 압력을 감소시킨다.

3) 특성

수차를 설계하려면 일정한 상태에서 얼마만한 동력이 발생하도록 치수 등을 정하는 것이지만, 실제 상황에서 수차를 사용할 때에는 반드시 일정 상태에서만 운전되는 것은 아니다. 때에 따라서는 출력을 변경시켜야 하고 낙차, 유량 등이 변해도 회전 속도나 출력을 일정하게 해야 할 때도 있게 된다. 따라서, 수차의 종류에 따라 이들의 변화하는 모양을 알 필요가 있다. 즉, 수차 특성을 이해하므로 수차 선정 설계에 도움을 얻을 수 있다. 그림 3.37은 각 수차별 일정 비교 회전도에서 부하 변동에 따른 수차 효율의 관계를 나타낸다.

프란시스 수차나 프로펠러 수차는 부하 변동에 따른 효율 변화도 현저한데 카플란 수차나 펠톤 수차는 매우 넓은 부하 변동에 대하여 높은 효율을 가지고 있는 특징이 있다. 따라서 펠톤 수차와 카플란 수차는 운영상 큰 부하 변동을 항상 요구하는 발전소에 적합하다.

펠톤 수차에서는 낙차가 일정할 때 노즐의 개도가 일정하면 유량이 일정하지만, 프란시스 수차나 축류 수차에서는 안내깃의 개도가 일정하여도 회전수에 따라서 그림 3.38 (a)와 같이 변화한다. 그림 3.38 (b)는 회전수에 따른 토크 T, 유량 Q, 출력 L, 효율 η의 변화를 나타낸다. 토크 T는 펠톤 수차와 같이 회전차 깃이 회전하지 않을 때 최대이며, 회전수의 증가에 따라서 감소하여 결국 어느 일정한 회전수에 달하면 $T=0$이 된다. 이에 따라서 출력 L, 효율 η도 변화한다. 회전수 N이 설계점에서 벗어남에 따라 효율이 낮아지는 것은 펠톤 수차에서는 버킷에서 유출하는 분류가 접선 방향의 속도 성분을 가짐으로써 손실이 발생하기 때문이다. 프란시스 수차에서도 회전차 깃을 나온 분류가 접선분속도를 가지고 있으므로 손실되는 것이 원인의 하나이지만, 그 밖에 회전차의 입구에서 충돌손실이 일어나는 것이 또 하나의 원인이다. $T = 0$, $L = 0$일 때의 속도를 무 구속 속도 (run away speed)라 부르며, $n_{\max}$라 표시하고, 정규 회전수를 n_0라 하면 펠톤 수차에서는 Q가 n에 무관하므로 $n_{\max} = 2n_0$이다. 실제 수차에서도 이 경향은 거의 같다.

펠톤 수차 $\qquad n_{\max} = (1.8 \sim 1.9)n_0$

프란시스 수차 $\qquad n_{\max} = (1.6 \sim 2.2)n_0$

축류 수차 $\qquad n_{\max} = (2.2 \sim 2.7)n_0$

그림 3.38 (c)는 낙차 H가 일정하고, 회전수도 일정할 때의 유량 변화에 대한 토크 T와 효율 η의 변화이다. 어느 정도의 유량까지는 $T = 0$이지만 그 정도 이후에는 유량에 거의 비례하여 증가한다. 그림 3.38 (d)는 회전수 n을 일정하게 하고, 낙차 H의 변화에 따른 유량 Q, 출력 L, 효율 η의 결과를 나타내며, 낙차에 따라 출력은 거의 직선적으로 증대하며, 유량은 $H^{\frac{1}{2}}$에 비례한다.

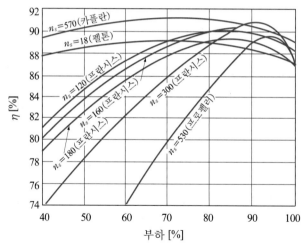

그림 3.37 **수차의 부하와 효율과의 관계**

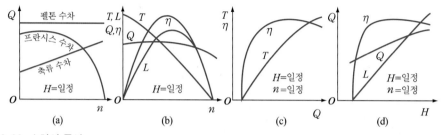

그림 3.38 **수차의 특성**

4) 수차의 효율 시험

수차는 용량이 크기 때문에 직접 실물로써 시운전을 실험실에서 하기는 곤란하다. 그러므로 모형을 만들어서 이것을 실험하고, 그 결과로부터 실물 수차의 성능을 추측하여 설계에 참고한다.

모형 수차의 시험에서 실물 수차로 변환하는 효율 환산식은 다음과 같은 것들이 있다.

(1) Moody의 식

$$\eta = 1 - (1 - \eta_m)\left(\frac{D_m}{D}\right)^{\frac{1}{5}} \tag{3.91}$$

(2) Ackeret의 식

$$\eta = 1 - \frac{1}{2}(1 - \eta_m)\left\{1 + \left(\frac{D_m}{D}\right)^{\frac{1}{5}}\left(\frac{H_m}{H}\right)^{\frac{1}{10}}\right\} \tag{3.92}$$

여기서, D는 회전차 지름이고, 아래 첨자 m은 모형 수차를 나타낸다.

5) 수차의 선정

수력 발전소를 건설하기 위해서는 이용할 수차의 형식과 용량, 대수를 결정해야 한다.

(1) 단위 용량

단위 용량은 모형 수차의 효율 시험식에서 보는 바와 같이 클수록 효율이 좋다. 이런 의미에서 큰 용량의 것이 좋으나 다음과 같은 한계가 있다.

첫째는 수송 한계이다. 용량이 너무 크면 도로 여건이나 운반 수단, 터널, 하천의 다리를 통과할 때 불가능한 경우가 생길 수 있다.

둘째는 제작상의 한계이다. 제작상의 시설, 기술 정도에 따라서 가공할 수 있는 여건을 고려해야 한다.

그러나 이용하는 하천의 유량 변화에 대하여는 설치 대수를 많이 하여 필요에 따라 그중의 몇 대만을 정격 부하로 운전시키는 것이 유리하다. 따라서 이와 같은 것을 종합적으로 고려해야 한다.

(2) 수차의 형식

유량 Q, 낙차 H 등을 예측하고, 비교 회전도 n_s를 계산한 다음 이것에 적합한 수차의 종류를 결정하지만 다음과 같은 점을 고려해야 한다.

첫째는 유효 낙차 H에 의한 비교 회전도 n_s의 한계이다. 비교 회전도 n_s는 될 수 있는 대로 크게 취하는 것이 유리하나 주어진 수차에 대하여 허용되는 최대값이 존재한다.

둘째는 고속 펠톤 수차의 출현이다. 6 노즐식 종축 펠톤 수차의 출현으로 비교 회전도 n_s의 값이 상당히 큰 것도 가능하게 되었고, 펠톤 수차는 부하 변동에 의한 효율이 높을 뿐 아니라 구조가 간단하고 취급이 편리하여 많이 이용될 가능성이 있다.

셋째는 고 낙차용 카플란 수차의 진출이다. 카플란 수차는 깃의 각을 조절할 수 있어서 어느 때나 효율이 좋게 가동할 수 있다. 한편, 무 구속 속도 $N_{\max}$이 높다는 점 등이 결점이나 재료의 발달로 이를 해결할 수 있게 되므로, 저 낙차용의 프란시스 수차 대신 사용할 수 있음을 고려해 보아야 한다.

연습문제

1. 저수조(貯水槽, water tank)의 수면에서 180 m의 아래에 수차를 설치하여 이론 출력 122 kW를 내기 위해서는 방수량을 몇 m³/min으로 하여야 하나? 단, 수로의 전 손실 수두는 60 m이다.

   정답 6.22 m³/min

2. 유효 낙차 55 m의 장소에서 160 rpm으로 회전하여 18,000 kW를 내는 수차가 있다. 이 수차가 60 m의 유효 낙차인 곳에서 같은 출력을 내려면 회전수는 얼마이고, 동력은 몇 kW인가?

   정답 167 rpm, 20,538 kW

3. 유효 낙차 58 m, 유량 80 m³/s의 하천을 이용하여 40,000 kW의 출력을 발생시키는 수차의 효율은 얼마인가?

   정답 87.97 %

4. 유효 낙차 600 m인 곳에서 수압관 내의 평균 유속이 30 m/s일 때 속도수두는 압력수두의 몇 %가 되는가?

   정답 7.65 %

5. 매 시간 50만 톤의 유량을 가진 유효 낙차 30 m의 댐이 있다. 이 수력을 이용하는데 적합한 수차의 형식, 출력 및 회전수를 구하여라. 단, 전원 주파수는 60 Hz,, 극 수 50 그리고 수차의 효율은 87%이다.

   정답 축류 수차, 35.53 MW, 144 rpm,

6. 유효 낙차 300 m인 펠톤 수차의 회전차의 원주속도가 분류 속도의 $\dfrac{2}{5}$일 경우 회전차의 원주속도를 구하여라. 단, 속도계수는 $C_v = 0.96$이다.

   정답 29.44 m/s

7. 펠톤 수차의 버킷에서 유출하는 물의 각도가 30°, 분류 지름이 38 mm, 분류 속도 15 m/s, 버킷의 원주속도가 6 m/s일 때 수차의 이론 출력은 얼마인가? 단, 물이 버킷 면을 흐를 때 생기는 마찰손실계수는 0.25라 한다.

   정답 1.63 kW

8. 회전차에 4개의 노즐을 가지는 펠톤 수차에서 유효 낙차가 400 m이고, 노즐 구경 d_0가 10 cm, 분류 유속 v와 버킷의 원주속도 u와의 비가 1 : 0.46이고, $\beta_2 = 10°$라고 한다. 회전차의 출력과 효율을 구하여라. 단, $d_0 = d$일 경우로 하며 마찰손실계수 $\zeta_2 = 0.25$이다.

정답 9,610 kW, 88.19 %

9. 유효 낙차 610 m에서 펠톤 수차를 운전하여 출력 100,000 kW를 얻고자 한다. 회전수를 360 rpm, 노즐의 수를 6으로 할 경우 수차의 비교 회전도 n_s를 구하여라.

정답 $n_s = 38$(rpm, kW, m)

10. 펠톤 수차의 유효 낙차가 275 m이며, 출력을 2,900 kW로 하고자 한다. 수차 효율이 82%, 노즐의 속도계수를 0.98이라고 하면 분류의 지름은 얼마인가?

정답 152 mm

11. 바깥지름 5 m의 수차가 유효 낙차 100 m의 장소에서 매분 120 rpm으로 회전하여 92,000 kW를 발생한다. 이것과 상사한 수차를 제작하여 유효 낙차 90 m의 장소에서 73,500 kW를 발생하도록 하려고 한다. 이 수차의 회전수와 회전차의 바깥지름을 구하여라.

정답 118 rpm, 4.54 m

12. 유효 낙차 36 m, 출력 450 kW의 프란시스 수차로 주파수 60 Hz의 교류 발전기를 직결한다면 수차의 회전수를 얼마로 해야 하는가?

정답 720 rpm

13. 프란시스 수차의 회전차에서 물의 유입 속도가 10 m/s, 유압 각도가 45°, 회전차의 각속도는 8π/s 이다. 이 회전차의 입구 반지름이 20 cm이고, 유량이 0.5 m^3/s일 때 입구에서 물이 회전차에 주는 토크 및 동력은 각각 얼마인가?

정답 707 J(=Nm), 17.76 kW

14. 10 m^3/s의 유량이 유입각 30°로 프란시스 수차의 입구로 유입하고 있을 때 최대 일량 $L_{\max}$은 얼마인가? 단, 회전차 입구에서 물의 절대속도는 30 m/s, 회전차의 원주 속도는 3.3 m/s 이다.

정답 $L_{\max} = 857.37$ kW

15. 프란시스 수차의 회전차에서 $u_1 = 15$ m/s, $v_{1u} = 12$ m/s, $v_{1m} = 3.5$ m/s일 때 깃 입구각 β_1을 구하여라. 또한, 유량이 0.55 m^3/s, 수차 효율이 80%일 때 수차 출력은 몇 kW인가?

정답 49.4°, 79.2 kW

16. 유효 낙차 80 m, 유량 2 m³/s를 이용하여 1,300 kW를 발생하는 수차를 설계한다. 수차의 회전수가 1,000 rpm일 때 공동현상을 일으키기 시작하고, 이때 흡출고의 높이를 구하여라. 단, 수온은 20℃, 포화증기압은 2.33 kPa이며, 표준 대기압은 101.3 kPa, 토마(Thoma)의 공동현상계수는 0.095이다.

정답 2.51 m

17. 복류 프란시스 수차가 다음 그림과 같은 속도선도를 가지고 있다. $\alpha_1 = 17°\ 12'$, $\beta_2 = 58°\ 30'$, $r_1 = 460$ mm, $r_2 = 400$ mm, 안내깃 출구 면적이 0.138 m², w_2에 직각의 회전차 날개 출구 면적 0.163 m², 그리고 유효 낙차 5.5 m, 유량 970 l /s, 회전속도 140 rpm일 때 수력 효율, 손실 및 출력을 구하여라. 단, 수차에서 배출되는 물은 직접 공기 중으로 나간다고 가정한다.

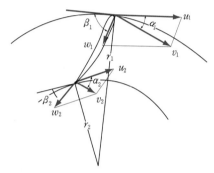

정답 84 %, 1.05 m, 52.30 kW

18. 모형 수차를 실물 수차의 $\frac{1}{5}$ 로 만들었다. 모형 수차가 낙차 1.8 m에서 360 rpm일 때 4.1 kW의 출력을 냈다. 실물 수차의 유효 낙차 5.8 m에서 운전할 때 실물 수차와 모형 수차 효율이 같다면 실물 수차의 회전속도와 출력은?

정답 129 rpm, 589.52 kW

19. 모형 수차를 실물 수차의 $\frac{1}{10}$ 로 만들었다. 모형 수차의 효율을 측정하니 80%였다. 실물 수차의 효율은 얼마인가?

정답 87.4 %

PART 03

공기기계

Chapter 4

개 요

공기기계(空氣機械, air machinery)란 액체에 에너지를 가하거나 액체로부터 에너지를 얻는 수력기계(水力機械, hydraulic machinery)의 펌프나 터빈과 마찬가지로, 공기 또는 기체에 에너지를 가해 전압력(全壓力)을 증가시키는 팬(fan), 송풍기(blower) 및 압축기(compressor)와 공기 또는 기체로부터 에너지를 얻어 여러 가지 일을 하는 압축공기기계(compressed air machinery)로 크게 나누어진다.

팬, 송풍기 및 압축기는 전동기로부터 동력을 받아 공기 또는 기체에 에너지를 가해 그 체적을 압축시켜 압력이 낮은 곳에서 높은 곳으로 내보내는 기계로서, 기체에 에너지를 가하는 방법에 따라 정역학적 힘으로 가하는 용적형(positive-displacement type)과 동력학적 힘에 의한 터보형(turbo type)으로 구별된다.

공기기계의 작동원리 및 구조는 액체를 다루는 펌프와 기본적으로는 같다. 그러나 기체는 액체에 비해 밀도가 대기압 하에서 약 1/830으로 대단히 작고, 압축성(compressibility)이 커서 압력 변화에 의한 압축 또는 팽창 시에 기체의 온도가 변하므로 주의하지 않으면 안된다.

그리고 풍차 및 압축공기기계는 고압 상태의 공기를 저압 상태로 팽창시킬 때 공기가 갖고 있는 에너지를 기계 에너지로 변환시키는 장치로, 액튜에이터(actuator), 공기 해머(air hammer), 공기 드릴(air drill), 풍차(windmill) 및 공기 터빈(air turbine) 등이 여기에 해당한다.

따라서 이 장에서는 공기의 압축성, 팬, 송풍기 및 압축기의 종류 및 특성, 작동원리 및 구조, 성능곡선, 제 현상과 압축공기기계에 대해 설명하기로 한다.

공기기계는 우선 송풍이 요구되는 야금에서 시작, 금속 용융을 위해 노(furnace)에 송풍을 하는 풀무가 최초의 것이다. 옛날에는 송풍량이 적고 공기 압력도 낮았으므로 가죽으로 된 풀무의 사용이 한동안 계속되었다. 16세기경에도 발로 밟는 대형 풀무가 사용되었는데 이를 골풀무라 한다.

그림 4.1(a)는 낙수 송풍기(trompe)로 물을 수직관을 통해 아래로 떨어뜨림으로써 공기를 운반하고, 아래 방향에서는 압력이 높은 공기를 만들게 된다. 낙수 송풍기는 구조가 간단하고, 운동 부분이 없고, 효율도 좋지만 높은 압력이 필요한 경우에는 고낙차를 필요로 하는 결점이 있다. 그러나 16세기경 이미 중국에서는 실린더와 피스톤을 갖는 풀무가 사용되고 있었고, 17세기엔 게리케(Otto von Guericke, 독일, 물리학자, 1602~1686)가 진공 실험을 위해 그림 (b)와 같은 실린더와 피스톤을 사용했다. 그 후 야금 공업이 차차 대규모로 되면서 송풍량이 많아지고 압력도 높은 것이 요구되었다. 그림 (c)는 1765년 스미턴(Smeaton John, 영국, 토목 기술자, 1724~1792)에 의해 만들어진 왕복형 송풍기로, 하사식인 하괘 수차(undershot wheel)에 의해 움직이는 단동 4실린더이다. 그 후 와트(James Watt, 스코틀랜드, 발명가, 1736~1819)에 의해 증기기관으로 움직이는 송풍기가 만들어져 오늘날과 같은 왕복형 송풍기로 발달되었다. 원심식 송풍기로는 1899년 라토(Camille Edmond Auguste Rateau, 프랑스, 기계 기술자, 1863~1930)가 시작하여 독일학회지 VDI에 발표한 것이 최초

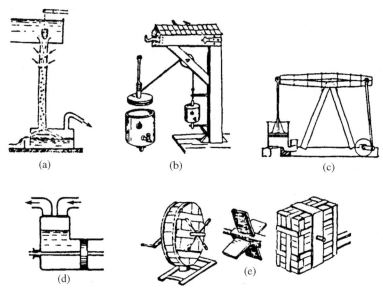

(a)　　　(b)　　　(c)

(d)　　　(e)

그림 4.1 여러 가지 공기기계

이고, 그후 1903년에 고속 회전 원심 송풍기가 제작되었다. 다단의 원심 송풍기로는 1905년 Sautter, Harle & Co.에서 제작된 회전수 14,500 rpm의 5단이었다.

압축기의 경우에는 17~18세기에 압축 공기에 의한 동력의 전달을 생각하게 되었지만, 이것을 실현한 것은 1857년의 일로 몽 스니(Mont Cenis, 프랑스 동남부와 이탈리아 사이에 있는 알프스의 산길, 높이 2,084 m)의 터널 공사에서 착암기(鑿巖機, rock drill)를 작동하는데 사용되었다. 그런데 공기를 높은 압력으로 압축시키는 경우에는 압축 시 온도가 올라가므로 냉각이 필요하게 되고, 고온이 되므로 윤활이 곤란하고, 기름이 폭발할 위험이 있고, 체적 효율이 저하되는 등 여러 가지의 장해가 생긴다. 그래서 이러한 장해를 피하기 위해 그림 4.1 (d)와 같이 실린더 속에 물을 넣는 압축기가 사용되었다. 이와 같이 하면 냉각이 되고, 물을 넣으면서 실린더 간극을 극도로 작게 하여 체적 효율이 좋아진다. 이어서 1873년에 생고타르(St. Gothard)의 터널 공사에는 물을 사용하지 않고, 냉각을 위해 소량의 물을 실린더 속에 분사하는 형식의 압축기가 사용되었다.

1870년 경에 Westinghous의 공기 제동기(制動機, brake), Linde의 암모니아 냉동기, 잠수함, 어뢰의 출현으로 왕복형 압축기는 더욱 많이 사용되고, 다단 압축법, 중간 냉각기(inter cooler), 자동 밸브, 부하 변동에 대한 조정 장치 등이 고안되어 금세기 최초로 오늘날의 왕복형 압축기가 완성되고, 압력이 98 MPa,g에 이르는 기체 압축기가 사용되기에 이르렀다.

회전형 송풍기의 경우 1850년 경에 광산 통풍용으로 사용되고, 나중에 Roots에 의해 야금용 송풍기가 만들어졌다. 그러나 Roots형과 같은 형식은 압축기로서는 부적당하고, 압축기로서는 편심의 원통에 날개를 단 형식의 것이 이용되게 되었다.

원심형 송풍기가 광산의 통풍용으로 이용되었던 것은 이미 1556년 게오르기우스 아그리콜라(Georgius Agricola, 독일, 광물학 및 광산학의 선구자, 1494~1555)의 책에 나와 있으나, 이것이 발달한 것은 19세기 중순경 이후이며, 이 당시에는 비교적 저속으로 운전되었지만, 19세기말경에는 고속 운전이 이루어지게 되어 광산의 통풍용이 아닌 그 밖의 환기, 통풍에 널리 사용되게 되었다. 농촌에서 사용하던 당기(唐箕)는 원심형의 한 예이다(그림 4.1 (e) 참조).

팬보다 압력이 높은 원심형 혹은 축류형의 송풍기 및 압축기는 1899년 Rateau가 원심형을 고안해 그 시작에 성공하였다. 1903년 Parsons는 Parsons형 증기 터빈을 역(逆)으로 한 축류형의 것을 시작하였지만 원심형에 비해 효율이 낮고, 성공적으로 끝나지 않아 원심형을 일반적으로 사용하게 되었다. 그래서 제철, 제강 작업, 그 밖의 송풍용으로는 왕복형의 것에 대신해 사용하게 되고, 압축기로서도 이용하게 되었다.

원심형에 뒤떨어지기 때문에 거의 사용되지 않았던 축류형 송풍기 및 압축기는 최근에 이르러 제트 엔진(jet engine), 기체 터빈(gas turbine)의 개발과 더불어 다시 취급하게 되어,

현재에는 원심형과 마찬가지로 특히 대용량에 사용되어 왔다. 이 성공은 1900년 이후 수십 년 간에 있어서 유체역학, 특히 항공에 관계하는 기체 역학(gas dynamics)의 발달에 의한 점이 많다.

이러한 공기기계들은 향후 설계, 제작 기술 등의 발달로 변화하지만 그중에서도 원심 및 축류 송풍기와 압축기는 고속 회전에 의한 소형, 경량화와 함께 대용량화가 기대된다. 또한 초음속(supersonic speed) 및 천이 음속(transonic speed) 영역의 날개 성능의 규명과 초고속 회전 운전을 가능하게 하는 제작 기술의 진보가 앞으로 큰 연구과제이다. 아울러 설계점에서 고효율이 되도록 하는 설계 방법과 구조가 요구된다.

또한 대 용량의 고압 압축기의 수요가 증대함과 동시에 원심형과 축류형의 조합, 왕복형과 원심형과의 조합 등에 의해 플랜트 전체의 효율을 향상시키는 방법을 적극적으로 채용할 것이다. 그리고 공작 상에는 용접 구조가 다시 광범위하게 사용되고, 내산, 내알칼리성 재료 혹은 마무리 상의 문제, 소음방지 등의 관점에서 내식성 재료, 비금속 재료, 특히 고분자 재료의 진보가 바람직하고, 이것에 의해 고압, 대용량의 송풍기에 응용될 것이 예측된다.

4.2 분류

공기기계는 크게 공기 및 기체에 에너지를 가하는 팬, 송풍기 및 압축기와 공기 및 기체로부터 에너지를 얻는 압축공기기계로 나누어진다. 팬, 송풍기 및 압축기는 다시 날개의 회전에 의한 양력(揚力, lift) 또는 원심력(遠心力, centrifugal force)을 이용해 기체에 속도 및 압력 에너지를 가해 송풍하거나 압축하는 터보형(turbo type)과 실린더와 같은 일정 체적 속에 흡입된 기체를 회전자 또는 피스톤으로 점차 혹은 급격히 체적 감소시켜 압축하는 용적형(positive-displacement type)으로 나뉘어진다.

터보형에는 전자에 해당하는 축류형(axial flow type)과 후자에 해당되는 원심형 (centrifugal flow type)이 있고, 용적형에도 전자에 해당하는 회전형(rotary type)과 후자에 해당하는 왕복형(reciprocating type)이 있다. 원심형 중에는 날개 출구각, β_2의 크기에 따라 다익형(multi-blade type), 래디얼형(radial type), 터보형이 있고, 회전형 중에는 루츠형 (roots type), 가동익형(variable blade type), 나사형(screw type)이 있다. 이것들은 다시 토출 압력에 의해 토출 압력이 9.8 kPa, g 이하인 송풍기를 팬(fan), 9.8~98 kPa, g의 토출 압력을 갖는 송풍기를 송풍기라 하고, 토출 압력이 98 kPa, g 이상인 송풍기를 압축기라 부른다. 이것들을 정리하면 표 4.1과 같다.

또한, 구조상으로 본 분류 기준으로는 압축 단수에 따라서 단단, 2단, …, 다단, 흡입 방법에 따라 편 흡입(片 吸入, single suction), 양 흡입(兩 吸入, double suction)으로, 케이싱 수에 따라 1케이싱, 2케이싱, …, 다(多) 케이싱으로, 주축 수에 따라 1축, 2축으로,

표 4.1 송풍기 및 압축기의 분류

			송풍기		압축기
			팬	송풍기	
압력 종별			1 mAq 미만	1 이상 10 mAq 미만	10 mAq 이상
터보형	축류형	축류			
	원심형	다익			
		레이디얼			
		터보			
용적형	회전형	루츠형			
		가동익형			
		나사형			
	왕복형	왕복형			

케이싱 배치에 따라 단렬, 병렬로, 냉각 방법에 따라서 중간, 외부, 내부 액체 분사로, 구동 방법에 따라 직결, V벨트 구동, 기어 구동, 유체 변속장치 구동으로 구분할 수 있다.

4.3 압축 일량 및 효율

4.3.1 압축 일량

단위 질량의 공기를 압력 p_1에서 압력 p_2까지 상승시키기 위한 팬, 송풍기 및 압축기(이하 총칭하여 송풍기라 함)의 압축 일량은 흡입, 압축, 팽창 시의 3개 행정에 필요한 일로 이루어진다. 이것을 $p-v$ 선도를 사용하여 나타내면 그림 4.2와 같다.

송풍기의 흡입구에서 일정 압력 p_1으로 체적 v_1의 외기가 송풍기 내로 들어오므로 송풍기는 외기에 의해 $p_1 v_1$(사각형 $B_1 A_1 D_1 O$)이 되는 일을 하게 된다. 송풍기의 내부에서 공기 기계는 공기압력을 p_1에서 p_2까지 높이기 위해 면적 $B_1 A_1 A_2 B_2$에 해당하는 $\int_1^2 p\,(-dv)$ 가 되는 일을 한다. 다시 송풍기는 이 공기를 토출 압력 p_2에 대항하여 비체적 v_2의 상태로 외부로 밀어내므로 이 일은 면적 $B_2 A_2 C_2 O$에 해당하는 $p_2 v_2$이다. 그러므로 지금까지의 일을 빼고 합계한 것이 송풍기가 압력 p_1의 공기를 흡입하여 압력 p_2로 내보내는 데 필요한 단위 질량당 일량이다. 이것을 L로 나타내면

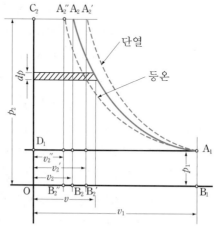

그림 4.2 **송풍기의 $p-v$ 선도**

$$L = -\int_1^2 p\,dv + p_2 v_2 - p_1 v_1 = \int_1^2 v\,dp \tag{4.1}$$

이 된다.

또한, 송풍기의 입구, 출구에서 공기가 갖는 속도를 각각 v_1, v_2, 어떤 기준면에서 측정한 높이를 각각 z_1, z_2라 하면 송풍기가 단위 질량의 공기에 가한 전 일량은

$$L_t = L + \frac{v_2^2 - v_1^2}{2} + g(z_2 - z_1) \tag{4.2}$$

으로 나타난다.

압축기에 있어서는 일반적으로 $(v_2^2 - v_1^2)/2$ 및 $g(z_2 - z_1)$의 크기는 L에 비해 대단히 작기 때문에 이것을 무시한다. 그러나 팬과 압력비가 작은 송풍기에서 $(v_2^2 - v_1^2)/2$는 무시할 수 없다. 그러므로 송풍기의 압축 일량을 밀도 변화를 무시할 수 있는 경우와 무시할 수 없는 경우로 나누어 살펴보기로 한다.

1) 밀도 변화를 무시할 수 있는 경우

압력 상승이 작고 밀도 변화를 무시할 수 있는 경우에 팬 혹은 송풍기의 전압 공기 동력 L_{at}는

$$\begin{aligned}
L_{at} &= \frac{Q_1}{1,000}\left\{(p_2 - p_1) + \frac{\gamma}{2g}(v_2^2 - v_1^2)\right\} \\
&= \frac{Q_1}{1,000}(p_{t2} - p_{t1})
\end{aligned} \tag{4.3}$$

로 주어진다. 여기서 Q [m³/s]는 체적유량, p [N/m²]는 압력, v [m/s]는 속도, γ [N/m³]는 비중량이고, 첨자 1, 2는 각각 입구 및 출구를, t는 정체점(stagnation point)을 나타낸다. 그러므로 p_{t1}, p_{t2}는 입구 및 출구에서의 정체압(stagnation pressure) 또는 전압(total pressure)이다.

송풍기 전압 $p_t = p_{t2} - p_{t1}$에서 송풍기 출구에서의 동압을 뺀 것을 송풍기 정압이라 하고, 송풍기의 정압 공기 동력 L_{as}는

$$\begin{aligned}
L_{as} &= \frac{Q_1}{1,000}\left\{(p_2 - p_1) - \frac{\gamma}{2g}v_1^2\right\} \\
&= \frac{Q_1}{1,000}(p_2 - p_{t1})
\end{aligned} \tag{4.4}$$

으로 나타낸다. 또한, 송풍기의 축동력을 L 이라 하면 전압 효율 η_t 및 정압 효율 η_s는 식 (4.3) 및 (4.4)를 사용하여

$$\eta_t = \frac{L_{at}}{L} \times 100 \, (\%) \qquad\qquad\qquad (4.5)$$

$$\eta_s = \frac{L_{as}}{L} \times 100 \ (\%) \qquad\qquad\qquad (4.6)$$

으로 표현된다.

2) 밀도 변화를 무시할 수 없는 경우

송풍기가 압력 p_1의 공기를 흡입하여 압력 p_2로 내보내기 위해 송풍기 내에서 공기를 압축시켜야 하는데, 이때 밀도 변화를 무시할 수 없는 경우 압축과정에 따라 단위 질량당 공기에 가하는 압축 일량은 달라지므로 압축과정별 압축 일량을 알아보기로 한다.

(1) 단열 압축

압축과정에서 이상 상태로 생각하여 외부와 열교환이 없고, 공기의 흐름에서 마찰이 작용하지 않으면 공기의 상태는 '$pv^\kappa = $일정'에 따라 변화하는데 이를 **단열 압축**(adiabatic compression) 또는 **등엔트로픽 압축**(isentropic compression)이라 한다. 이때 단위 질량의 공기에 가하는 압축 일량을 L_{ad}로 나타내면

$$L_{ad} = \frac{\kappa}{\kappa-1}(p_2 v_2 - p_1 v_1) \qquad\qquad\qquad (4.7a)$$

$$= \frac{\kappa}{\kappa-1} p_1 v_1 \left\{ \left(\frac{p_2}{p_1} \right)^{\frac{k-1}{k}} - 1 \right\} \qquad\qquad\qquad (4.7b)$$

$$= \frac{\kappa}{\kappa-1} R T_1 \left\{ \left(\frac{p_2}{p_1} \right)^{\frac{k-1}{k}} - 1 \right\} \qquad\qquad\qquad (4.7c)$$

$$= \frac{\kappa}{\kappa-1} R(T_{2ad} - T_1) \qquad\qquad\qquad (4.7d)$$

이 된다. 여기서 R은 기체상수(=287.5 J/kg °K), κ는 단열지수, T_1은 흡입구에서의 기체 온도, T_{2ad}는 가역 단열 압축의 토출구에서의 기체의 절대온도를 나타낸다.

또한, 식 (4.7d)에서 $C_p = C_v + R$ 및 $C_p = R\kappa/(\kappa-1)$ 의 관계를 사용하면

$$L_{ad} = C_p(T_{2ad} - T_1) \qquad\qquad\qquad (4.8a)$$

$$= h_2 - h_1 \qquad\qquad\qquad (4.8b)$$

으로 나타낼 수 있다. 여기서 h_1, h_2는 각각 흡입구, 토출구에서의 기체의 엔탈피(enthalpy)이다.

식 (4.8b)로부터 송풍기의 흡입구 및 토출구에서의 기체의 엔탈피 차는 송풍기가 기체에 가한 압축 일량과 같으므로 기체의 비열과 송풍기의 흡입구 및 토출구에서의 기체 온도를 알면, 식 (4.8a)를 사용해 단위 질량의 기체에 주어진 압축 일량을 계산할 수 있다. 등엔트로픽 압축과정은 $T-s$ 선도에서는 그림 4.3(a)와 같이 s 축에 수직인 직선 $A_1 - A_{2ad}$ 로 표시되고, L_{ad} 의 크기는 식 (4.7a)에서 알 수 있는 바와 같이 면적 I 로 표시되는 열량에 해당한다.

압축기의 이론 단열 일은 이미 기술한 바와 같이 속도 에너지의 증가를 무시하고 식 (4.7a)~(4.7d)로부터 구하지만, 팬 및 압력비가 작은 송풍기에서는 식 (4.7a)~(4.7d)를 다음과 같이 근사적으로 속도 에너지의 증가량도 고려한다. 즉, 식 (4.7b)에서 $p_2 = p_1 + \Delta p$ 라 놓으면

$$
\begin{aligned}
L_{ad} &= \frac{\kappa}{\kappa-1} p_1 v_1 \left\{ \left(1 + \frac{\Delta p}{p_1} \right)^{\frac{\kappa-1}{\kappa}} - 1 \right\} \\
&= \frac{\kappa}{\kappa-1} p_1 v_1 \left\{ 1 + \frac{\kappa-1}{\kappa} \left(\frac{\Delta p}{p_1} \right) + \frac{\frac{\kappa-1}{\kappa} \left(\frac{\kappa-1}{\kappa} - 1 \right)}{2} \left(\frac{\Delta p}{p_1} \right)^2 + \cdots\cdots - 1 \right\} \\
&\fallingdotseq v_1 \Delta p \left\{ 1 - \frac{1}{2\kappa} \left(\frac{\Delta p}{p_1} \right) \right\}
\end{aligned}
$$
(4.9)

이 된다. 만약 $\Delta p / p_1$이 1보다 충분히 작다고 한다면

$$
L_{ad} \fallingdotseq v_1 \Delta p = v_1 (p_2 - p_1) = \frac{1}{\rho_1} (p_2 - p_1)
$$
(4.10)

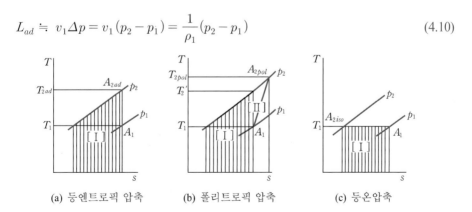

(a) 등엔트로픽 압축   (b) 폴리트로픽 압축   (c) 등온압축

그림 4.3 기체 압축의 $T-s$ 선도

이 되므로 이 경우 전 일량은

$$L_t = v_1(p_2 - p_1)\left(1 - \frac{1}{2\kappa}\frac{p_2 - p_1}{p_1}\right) + \frac{v_2^2 - v_1^2}{2} \tag{4.11}$$

그리고 식 (4.9)와 (4.10)으로부터 $\left\{1 - \frac{1}{2\kappa}\left(\frac{\Delta p}{p_1}\right)\right\} = 1$ 이므로

$$L_t = \frac{1}{\rho_1}(p_2 - p_1) + \frac{v_2^2 - v_1^2}{2} \tag{4.12}$$

으로 나타낸다.

식 (4.12)는 비압축성 유체의 경우와 같다. 또한, 식 (4.11)은 $p_2/p_1 < 1.07$일 때, 식 (4.12)는 $p_2/p_1 < 1.03$일 때 보통 사용하고 있다.

공기기계에서 속도 에너지는 보통 동압(dynamic pressure)으로 나타내므로 이에 대해 언급해 보기로 한다. 송풍기의 흡입구 및 토출구에서의 동압은 각각 $\frac{1}{2}\rho_1 V_1^2$, $\frac{1}{2}\rho_2 V_2^2$이므로 동압의 증가량은

$$\Delta p_d = \frac{1}{2}\rho_2 V_2^2 - \frac{1}{2}\rho_1 V_1^2 \tag{4.13}$$

$$= \frac{1}{2v_1}\left(\frac{v_1}{v_2}V_2^2 - V_1^2\right)$$

여기서 $p_1 v_1^\kappa = p_2 v_2^\kappa$의 관계를 사용하면 $v_1/v_2 = (p_2/p_1)^{\frac{1}{\kappa}}$이므로

$$\Delta p_d = \frac{1}{2v_1}\left\{\left(\frac{p_2}{p_1}\right)^{\frac{1}{\kappa}}V_2^2 - V_1^2\right\} = \frac{1}{2v_1}\left\{\left(1 + \frac{\Delta p}{p_1}\right)^{\frac{1}{\kappa}}V_2^2 - V_1^2\right\}$$

$$= \frac{1}{2v_1}\left[\left\{1 + \frac{1}{\kappa}\frac{\Delta p}{p_1} + \frac{\frac{1}{\kappa}\left(\frac{1}{\kappa}-1\right)}{2}\left(\frac{\Delta p}{p_1}\right)^2 + \cdots\right\}V_2^2 - V_1^2\right] \tag{4.14}$$

이다. 위 식에서 Δp가 p_1에 비해 충분히 작을 때 식 (4.14)는

$$\Delta p_d \fallingdotseq \frac{1}{2v_1}(V_2^2 - V_1^2) \tag{4.15a}$$

$$\fallingdotseq \frac{1}{\rho_1}(V_2^2 - V_1^2) \tag{4.15b}$$

로 둘 수가 있다.

(2) 폴리트로픽 압축

실제 기계의 경우 기체와 기계를 둘러싸고 있는 벽면 사이에 열의 출입이 있으므로 완전한 단열 압축은 일어나지 않는다. 또한 단열 압축으로 간주하더라도 유동 저항에 의해 생긴 열이 기체에 가해져 이 때문에 등엔트로픽 압축을 할 때보다도 기체의 온도 상승은 크고, 비체적이 크게 되어 압력비가 같더라도 송풍기의 일량은 증대한다. 이와 같은 경우 압축과정에서 기체의 상태는 '$pv^n =$ 일정'에 따라 변화하는 것으로 가정하고, n 의 크기를 적당히 정하면 실제에 가까운 일량을 산출할 수 있다. 이와 같은 압축 과정을 **폴리트로픽 압축**(polytropic compression)이라 하고, 이때의 압축 일량을 L_{pol} 로 나타내면 L_{pol} 은 식 (4.7a)~(4.7c)의 κ 대신에 n 으로 치환한 것으로

$$L_{pol} = \frac{n}{n-1} R T_1 \left\{ \left(\frac{p_2}{p_1} \right)^{\frac{n-1}{n}} - 1 \right\} \tag{4.16}$$

로 나타낼 수 있다. 여기서 n 은 폴리트로픽 지수라 하고, 이 값은 송풍기의 흡입구 및 토출구에서 기체의 온도 T_1, T_2를 알면 다음의 관계를 사용해 구할 수 있다.

$$\frac{T_1}{T_2} = \left(\frac{p_1}{p_2} \right)^{\frac{n-1}{n}} \tag{4.17}$$

만일 T_1, T_2의 값을 알 수 없을 때에는

$$\frac{n-1}{n} = \left(\frac{\kappa-1}{\kappa} \right) \frac{1}{\eta_{pol}} \tag{4.18}$$

의 관계로부터 경험으로 추정한 폴리트로픽 효율 η_{pol} 을 사용하여 n 의 값을 구한다.

폴리트로픽 압축 과정은 $T-s$ 선도 상에서는 그림 4.3 (b)와 같이 점 A_1에서 오른쪽 위 방향으로 잇는 직선 $(A_1 - A_{2pol})$으로 되고, 송풍기가 기체에 한 압축 일량 L_{pol} 은 등엔트로픽 압축일 때의 면적 I보다 면적 II 만큼 증대해 면적 (I+II)로 되며, 이것은 식 (4.16)으로 주어지는 크기이다. 면적 III은 기체를 둘러싸고 있는 물체에서 주어진 열량 또는 저항에 의해 생긴 열량으로 기체의 내부에 여분으로 보관하는 내부 열 에너지이다. 면적 (I+II+III)은 기체에 가해진 전 에너지에 해당하고, 이것은 $C_p (T_{2pol} - T_1)$와 같다. 여기서, $C_p = R\kappa / (\kappa - 1)$, $T_{2pol} / T_1 = (p_2/p_1)^{\frac{n-1}{n}}$ 의 관계를 사용하면

$$L_{pol} = C_p (T_{2pol} - T_1) = \frac{\kappa}{\kappa-1} R T_1 \left\{ \left(\frac{p_2}{p_1} \right)^{\frac{n-1}{n}} - 1 \right\} \tag{4.19}$$

이 된다.

이와 같이 기체에 가해진 에너지는 압축일 L_{pol} 과 저항을 이겨내기 위해 소비된다.

(3) 등온 압축

폴리트로픽 압축에서 이미 설명한 바와 같이 같은 압력비에서도 기체의 압축에 따른 온도 상승의 크기만큼 여분의 일을 필요로 하게 된다. 이 일량을 감소시키기 위해 압축 시에 외부에서 냉각해 온도를 일정하게 유지할 때에는 기체의 상태변화가 '$pv =$ 일정'에 따른다. 이 압축과정을 **등온 압축**(isothermal compression)이라 하고, 이때는

$$\int_1^2 p\,dv = p_1 v_1 \ln \frac{p_2}{p_1} \tag{4.20}$$

이므로 이때의 압축 일량을 L_{iso} 로 나타내면

$$L_{iso} = p_1 v_1 \ln \frac{p_2}{p_1} \tag{4.21}$$

이다.

등온 압축과정은 $T-s$ 선도 상에서는 그림 4.3(c)와 같이 A_1 에서 s 축에 평행하게, 길게 그은 직선 $(A_1 - A_{2iso})$로 된다. 이 경우의 압축 일은 면적 I로 나타내는 열량에 해당하며

$$L_{iso} = \Delta s \cdot T_1 \tag{4.22}$$

이고, 같은 압력비에서 외부에서 가하는 일량이 좀 더 작게 된다.

실제로는 외부에서 냉각하더라도 충분히 냉각되지 않으면 기체를 일정 온도로 유지하여 압축하는 것은 불가능하고, 따라서 기체에 대한 일량은 식 (4.21)로 주어지는 값보다 크게 된다.

4.3.2 효율

송풍기의 효율은 대부분의 기계와 마찬가지로 기체에 주어진 유효 에너지량과 송풍기를 구동하는데 필요한 에너지량의 비이다. 송풍기가 기체에 준 유효 에너지는 기체의 압력 및 속도 에너지의 증가량이고, 내부 에너지의 증가량은 유효 에너지가 아닌 것에 주의한다. 기체 단위 질량당 유효 에너지 증가량은 L_e, 송풍기를 구동하는데 필요한 동력을 L_s 라 하면 효율은 다음 식으로 주어진다.

$$\eta = \frac{L_e}{L_s} \times 100 \ (\%)$$

(4.23)

이것을 송풍기의 **전 효율**(total efficiency)이라 한다.

기체의 압축성을 고려할 필요가 없을 정도로 압력비가 낮을 때에는 기체 단위 질량 당 유효 에너지 증가량 L_e 는 액체의 경우와 마찬가지로

$$L_e = \frac{p_2 - p_1}{\rho} + \frac{v_2^2 - v_1^2}{2}$$

(4.24)

이 된다. 여기서 ρ 는 송풍기 흡입구에서 기체의 밀도, p 는 압력, v 는 기체의 절대속도를, 첨자 1, 2는 각각 흡입구 및 토출구의 상태를 나타낸다.

그러므로 이 경우는 실측값을 근거로 효율 η 를 구할 수 있다. 그러나 압력비가 높아 기체의 압축성을 고려하지 않으면 안될 때에는 이미 기술한 바와 같이 압축과정에서 기체의 상태변화에 따라 유효 에너지 증가량 L_e 값이 변화여 이것을 명확하게는 알 수 없기 때문에 η 의 참값을 구하는 것도 곤란하다. 이 때문에 경우에 따라서는 기체의 상태변화를 단열 압축, 폴리트로픽 압축 및 등온 압축 중에서 가장 가까운 상태변화로 가정하여 이론 압축 일을 구하고, 이것을 기체가 받은 유효 일로 간주하여 구동 일과의 비를 구하면 이들을 각각 전 단열 효율(total adiabatic efficiency), 전 폴리트로픽 효율(total polytropic efficiency), 전 등온 효율(total isothermal efficiency)이라 한다. 즉,

전 단열 효율 $\qquad \eta_{tad} = \dfrac{L_{\mathrm{ad}}}{L_{\mathrm{S}}} \times 100 \ (\%)$

(4.25)

전 폴리트로픽 효율 $\quad \eta_{tpol} = \dfrac{L_{\mathrm{pol}}}{L_{\mathrm{S}}} \times 100 \ (\%)$

(4.26)

전 등온 효율 $\qquad \eta_{tiso} = \dfrac{L_{\diamond}}{L_{\mathrm{S}}} \times 100 \ (\%)$

(4.27)

으로 표시된다.

단열 압축 혹은 등온 압축으로 가정하여 구한 효율은 실제 효율과 10% 정도의 차가 생기는 것이 보통이다. 폴리트로픽 압축으로 가정하여 폴리트로픽 지수 n 을 타당한 값으로 정하는 것이 가능하다면 더욱더 실제에 가까운 효율을 얻을 수 있지만 이것은 쉬운 일이 아니다. 그러므로 보통은 식상에 애매함이 없는 단열 또는 등온 압축으로 가정하여 효율을 논한다. 이와 같이 가정한 효율은 어느 쪽도 실제 효율을 나타내는 것은 아니지만, 일정 압력비 및 일정 중량 유량에서 여러 가지의 제품을 비교하는데 사용할 때는 기계의 성능을

판단하는 기준이 된다. 식 (4.25)~(4.27)에서는 기체가 받은 유효 일의 기계 구동 일에 대한 비를 나타내고 있지만, 구동 일 대신에 실제로 기체에 가해진 일량 L_i를 사용하면

$$\eta_{ad} = \frac{L_{ad}}{L_i} \times 100 \ (\%) \tag{4.28}$$

$$\eta_{pol} = \frac{L_{poi}}{L_i} \times 100 \ (\%) \tag{4.29}$$

$$\eta_{iso} = \frac{L_{iso}}{L_i} \times 100 \ (\%) \tag{4.30}$$

로 되고, 이들 각각을 **단열 효율**(adiabatic efficiency), **폴리트로픽 효율**(polytropic efficiency), **등온 효율**(isothermal efficiency)이라 한다. 여기서 L_i는 기계 구동 일 L_s에서 원판 마찰에 의한 소비 일을 포함하는 기계손실 일 L_m을 뺀 것으로 내부 일이라 하고, 외부와의 사이에 열의 출입이 없을 때는 기체 단위 질량당 값은 식 (4.19)로 주어진다. 또한 압축 시에 냉각될 때는 식 (4.19)에서 빼앗긴 열량을 더한 것이 내부 일 L_i로 된다.

외부와의 사이에 열 출입이 없을 때는 식 (4.28)~(4.30)에서 식 (4.7c), (4.16), (4.19) 및 (4.21)의 관계를 이용하면

$$\eta_{ad} = \frac{\left(\dfrac{p_2}{p_1}\right)^{\frac{\kappa-1}{\kappa}} - 1}{\left(\dfrac{p_2}{p_1}\right)^{\frac{n-1}{n}} - 1} \tag{4.31}$$

$$\eta_{pol} = \frac{n}{n-1} \frac{\kappa-1}{\kappa} \tag{4.32}$$

$$\eta_{iso} = \frac{\ln\left(\dfrac{p_2}{p_1}\right)}{\dfrac{\kappa}{\kappa-1}\left\{\left(\dfrac{p_2}{p_1}\right)^{\frac{n-1}{n}} - 1\right\}} \tag{4.33}$$

이 된다.

한편, 식 (4.31)은 식 (4.32)의 관계를 이용하여 다음과 같이 바꾸어 쓸 수 있다.

$$\eta_{ad} = \frac{\left(\dfrac{p_2}{p_1}\right)^{\frac{\kappa-1}{\kappa}} - 1}{\left(\dfrac{p_2}{p_1}\right)^{\left(\frac{\kappa-1}{\kappa}\right)\frac{1}{\eta_{pol}}} - 1} \tag{4.34}$$

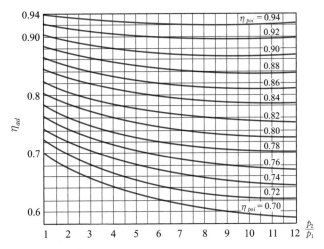

그림 4.4 p_2/p_1, η_{ad}, η_{pol} 의 관계(공기)

그리고 식 (4.34)를 이용해 공기($\kappa = 1.4$)에 대해 폴리트로픽 효율 η_{pol} 을 변수로 하여 단열 효율 η_{ad}와 압력비 p_2/p_1의 관계를 선도로 나타내면 그림 4.4와 같이 된다.

기체의 주위로부터 열 출입이 없는 경우에도 마찰로 인하여 기계의 입구에서 기체의 온도 T_1은 기계의 출구에서

$$T_2 = T_1 \left(\frac{p_2}{p_1}\right)^{\frac{n-1}{n}} \tag{4.35}$$

로 된다. 또한 등엔트로픽 압축이 이루어졌다고 한다면 출구에서의 이론 온도 T_{2th}는

$$T_{2th} = T_1 \left(\frac{p_2}{p_1}\right)^{\frac{\kappa-1}{\kappa}} \tag{4.36}$$

로 된다.

따라서 기계 주위에서의 열이 출입이 없는 경우에 등엔트로픽 온도 상승과 실제 온도 상승과의 비는 식 (4.31)로 표시된 단열 효율과 같게 된다. 이 방법에 의해 기계의 입구 및 출구에서의 온도 및 압력의 측정에서 구한 단열 효율을 단열온도 효율(adiabatic temperature efficiency)이라 하고, 단열온도 효율 η_{θ}는

$$\eta_{\theta} = \frac{T_{2th} - T_1}{T_2 - T_1} \tag{4.37}$$

로 표시된다. 실제로 기계 축 동력의 측정이 곤란한 대형 기계의 경우 등에는 이 단열온도 효율이 이용된다.

이상의 효율 외에 다음과 같은 여러 가지의 부분 효율이 정의되고 설계자의 사이에서 널리 이용되고 있다.

기계 효율 $\qquad \eta_m = \dfrac{L_s - L_m}{L_s}$ (4.38)

체적 효율 $\qquad \eta_v = \dfrac{Q}{Q + Q_l}$ (4.39)

수력 효율 $\qquad \eta_h = \dfrac{L_e}{L_e + L_l}$ (4.40)

여기서 L_m은 베어링 등에서의 기계손실, L_s는 구동에 필요한 축 동력, Q는 실제로 토출되는 공기량, Q_l은 누설량, 이론 유량 $Q_{th} = Q + Q_l$는 회전자 혹은 피스톤과 실린더와의 틈새 및 밸브 등에서의 누설량이 없다고 생각한 경우의 체적 유량으로 모두 흡입상태로 환산한 값을 취한다. L_e는 기체가 받은 유효 에너지, L_l은 마찰 및 충돌 등에 소비되는 손실 에너지량을 표시한다.

등온 압축 일과 축동력의 비를 전 등온 효율, 단열 압축 동력과 축동력의 비를 전 단열 효율이라 한다. 그러므로 전 등온 효율 $\eta_{t,iso}$ 및 전 단열 효율 $\eta_{t,ad}$는

$$\eta_{t,iso} = \frac{L_{iso}}{L_s} = \eta_m \eta_{iso}$$ (4.41)

$$\eta_{t,ad} = \frac{L_{ad}}{L_s} = \eta_m \eta_{ad}$$ (4.42)

이 된다. 전 효율 η와 부분 효율 사이에는

$$\eta = \eta_m \eta_v \eta_h$$ (4.43)

의 관계가 있다.

4.3.3 다단 압축

압력비가 크게 되면 마지막 압축과정에서 기체의 온도 상승이 크게 되어 축동력이 증대하고, 기계 각 부의 윤활이 불량하고, 재질이 변하고, 불균일한 팽창 등 운전 상에 좋지 못한 일을 일으킨다. 이와 같은 피해를 피하는데는 송풍기를 다단으로 하여 1단의 압력비를 작게 한다. 그래서 왕복 압축기의 경우는 1단마다, 터보 압축기의 경우는

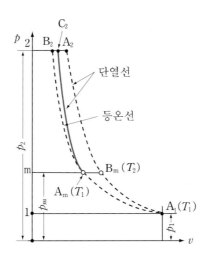

그림 4.5 **다단 압축의** $p-v$ **선도**

3~4단마다 압축된 기체를 하나의 용기에 담아 그곳에서 충분히 냉각한 후에 다음 실린더 혹은 회전차로 보내고, 압력을 어느 정도 더 가한 후에 다시 냉각 과정을 반복한다. 따라서 냉각된 기체의 체적은 감소하여 다음 단의 압축 동력을 줄일 수 있다.

그림 4.5는 2단 압축기에서 중간 냉각을 수반한 경우의 $p-v$ 선도이다. 중간 냉각을 하지 않는 경우에는 상태 A_1에서 A_2까지 폴리트로픽 변화를 하지만, 중간 냉각을 한 경우에는 비체적 v는 B_m에서 A_m으로 감소하기 때문에 $A_1 B_m A_m C_2$의 상태변화로 된다. 즉, 먼저 1단에서는 기체를 p_1에서 P_m까지 압축하고($A_1 \rightarrow B_m$), 그리고 중간 냉각기(inter cooler)로 등압 하에서 처음 온도 T_1까지 냉각한다($B_m \rightarrow A_m$). 그러므로 2단째에 들어오는 기체의 상태를 나타내는 점 A_m은 A_1을 지나는 등온선 상에 있다. 2단째의 마지막에 있는 기체는 요구된 압력 p_2에 이른다($A_m \rightarrow C_2$). 이때 1단에서의 일은 면적 $1 A_1 B_m m$으로 표시되고, 2단째의 일은 면적 $m A_m C_2 2$로 나타낸다. 따라서 2단 압축값으로서 면적 $A_m B_m A_2 C_2$에 상당하는 일량이 절약되어 압축 동력을 감소시킬 수 있다. 이 경우 압축 일을 최소로 하기 위해서는 p_m / p_1 및 p_2 / p_m 등을 어떻게 정하는 것이 좋은가를 생각해 본다. 상태 A_m에서는 상태 A_1과 같은 온도 T_1까지 냉각된 것으로 생각하면 단위 질량당 폴리트로픽 압축 일은

$$L_{pol} = \frac{n}{n-1} R T_1 \left\{ \left(\frac{p_m}{p_1} \right)^{\frac{n-1}{n}} - 1 \right\} + \frac{n}{n-1} R T_1 \left\{ \left(\frac{p_2}{p_m} \right)^{\frac{n-1}{n}} - 1 \right\} \tag{4.44}$$

으로 나타낸다.

그리고 L_{pol}을 최소로 하는 p_1, p_m 및 p_2의 관계를 구하려면 $\dfrac{dL_{pol}}{dp_m} = 0$으로 하여

$$\frac{dL_{pol}}{dp_m} = RT_1 \left(\frac{p_m}{p_1}\right)^{-\frac{1}{n}} \left(\frac{1}{p_1}\right) - RT_1 \left(\frac{p_2}{p_m}\right)^{-\frac{1}{n}} \left(\frac{p_2}{p_m^2}\right) = 0$$

에서 $p_1^{\frac{1-n}{n}} \cdot p_2^{\frac{1-n}{n}} = p_m^{\frac{2-2n}{n}}$ 혹은 $p_1 p_2 = p_m^2$

따라서

$$\frac{p_m}{p_1} = \frac{p_2}{p_m} \tag{4.45}$$

로 되어 각 단의 압력비를 같게 한 경우에 압축 동력은 최소로 되는 것을 알 수 있다.

다음에 소요 압력 상승을 주기 위해서 다단 압축을 하는데 각 단을 나간 후에 압축 전의 온도까지 냉각시킬 때 이론 압축 일을 최소로 하기 위해 각 단의 압력비를 얼마로 정할 것인가에 대해 기술한다. 압력을 p_1에서 p_k까지 높이는데 다단 압축하는 것으로 하고, 각 단의 마지막 압력을 p_2, p_3, ……, p_k, 압력비를 γ_1, γ_2, γ_3, ……, γ_z라 하면

$$\gamma_1 = \frac{p_2}{p_1}, \gamma_2 = \frac{p_3}{p_2}, \dots\dots , \gamma_z = \frac{p_k}{p_z}$$

그러므로

$$\gamma_1 \cdot \gamma_2 \cdot \gamma_3 \dots\dots \gamma_z = \frac{p_k}{p_1} = \text{일정} \tag{4.46}$$

또한, 첫째 단에서의 기체의 단위 질량당 압축 일은 식 (4.16)에서

$$L_1 = \frac{n}{n-1} RT_1 \left\{ \left(\frac{p_2}{p_1}\right)^{\frac{n-1}{n}} - 1 \right\}$$

2째 단에서

$$L_2 = \frac{n}{n-1} RT_1 \left\{ \left(\frac{p_3}{p_2}\right)^{\frac{n-1}{n}} - 1 \right\}$$

.
.
.

z째 단에서

$$L_z = \frac{n}{n-1} RT_1 \left\{ \left(\frac{p_k}{p_z}\right)^{\frac{n-1}{n}} - 1 \right\}$$

따라서 전 압축 일은

$$L = L_1 + L_2 + \cdots\cdots + L_z$$

$$= \frac{n}{n-1} R T_1 \left\{ \left(\frac{p_2}{p_1}\right)^{\frac{n-1}{n}} + \left(\frac{p_3}{p_2}\right)^{\frac{n-1}{n}} + \cdots\cdots + \left(\frac{p_k}{p_z}\right)^{\frac{n-1}{n}} - z \right\} \tag{4.47}$$

이다. 그리고 식 (4.46)을 이용해 위 식에서 $p_k/p_z = \gamma_z$ 을 소거하면

$$L = \frac{n}{n-1} R T_1 \left\{ \gamma_1^{\frac{n-1}{n}} + \gamma_2^{\frac{n-1}{n}} + \cdots\cdots + (\gamma_1 \gamma_2 \gamma_3 \cdots \gamma_{z-1})^{-\frac{n-1}{n}} \left(\frac{p_k}{p_1}\right)^{\frac{n-1}{n}} - z \right\} \tag{4.48}$$

이 된다. 이 L을 최소로 하는 조건은 다음의 관계에서 구해진다.

$$\frac{\partial L}{\partial \gamma_1} = 0, \quad \frac{\partial L}{\partial \gamma_2} = 0, \quad \cdots\cdots\cdots \quad \frac{\partial L}{\partial \gamma_{z-1}} = 0 \tag{4.49}$$

그러므로 위 식을 연립하여 해를 구하면

$$\gamma_1 = \gamma_2 = \gamma_3 = \cdots = \gamma_z \tag{4.50}$$

이 얻어진다. 즉, 식 (4.46)과 (4.50)에서 각 단의 압력비를 γ 라 두면,

$$\gamma = \left(\frac{p_k}{p_1}\right)^{\frac{1}{z}} \tag{4.51}$$

가 되므로 압력비를 $\gamma = (p_k/p_1)^{\frac{1}{z}}$ 로 하는 것이 좋음을 알 수 있다. 또한 각 단에서 생기는 압력 손실을 고려할 때는

$$\gamma = K(p_k/p_1)^{\frac{1}{z}} \tag{4.52}$$

로 두어 K의 값을 원심 압축기의 경우는 약 1.03, 왕복 압축기의 경우는 약 1.1로 하는 것이 좋다.

이제 각 단에서 단열 압축하는 것으로 하여 다단 압축의 작동 방식을 $T-s$ 선도 상에 나타내면 그림 4.6과 같이 된다.

z 단으로 압축하는 것으로 하면 각 단의 처음 A_1, A_2, A_3, $\cdots\cdots$는 같은 온도선 상에 있고, 압축은 A_1-B_1, A_2-B_2, A_3-B_3, $\cdots\cdots$에 의해 이루어지며, 각 단의 끝은 등압선을 따라 압축 전의 온도까지 냉각된다. 지그재그 선 A_1 B_1 A_2 B_2 A_3 B_3 $\cdots\cdots$하의 면적은 소요 일량을

나타내고, B_1A_2, B_2A_3, B_3A_4 등의 아래에 사선으로 나타낸 면적에 상당하는 열량이 각 단에서 제거된다.

각 단에서 같은 법칙에 따라 같은 온도 범위에서 압축이 이루어지면 소요 일량은 각단에서 같다. 따라서 각 단에서 단열 압축이 이루어지는 것으로 하면

$$L_{ad} = p_1 v_1 \frac{z\kappa}{\kappa - 1} \left\{ \left(\frac{p_k}{p_1} \right)^{\frac{\kappa-1}{z\kappa}} - 1 \right\} \tag{4.53}$$

혹은

$$L_{ad} = z\, C_p\, (T_{2ad} - T_1) \tag{4.54}$$

이 된다.

왕복 압축기는 에너지 전달을 정역학적 힘으로 하고 기체의 압축에 필요한 시간은 비교적 길기 때문에 압축 과정에서 외부에서 냉각을 하면 그 냉각 효과(cooling effect)가 크므로 실제 압축 곡선은 등온 곡선과 단열 곡선의 사이에 온다.

한편, 원심 압축기 및 축류 압축기에서는 에너지 전달을 동력학적 힘으로 하고, 기체의 압축은 급격하므로 외부에서 냉각하더라도 큰 효과가 없다. 더구나 기계 내부에서 생긴 열로 기체 온도는 크게 상승하므로 압축 곡선은 단열 곡선보다 오른쪽에 있다. 그러므로 동일 압력비에 대해 터보형 공기기계의 단 수는 왕복형보다 많게 할 필요가 있다.

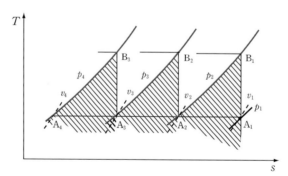

그림 4.6 다단 압축의 $T-s$ 선도

1. 흡입 풍량 $170 \, \mathrm{m^3/min}$, 흡입 압력 $101.3 \, \mathrm{kPa}$, 온도 $15 \, ^\circ\text{c}$, 토출 압력 $690 \, \mathrm{kPa}$의 공기 압축기가 있다. 다음 각 조건에 대해 압축 동력 및 압축 후의 공기온도를 각각 구하여라. 단, 공기의 속도 에너지 변화를 무시한다.

   ① 등온 압축

   ② 폴리트로픽 압축(지수 $n = 1.3$)

   ③ 단열 압축

   정답 ① $550.67 \, \mathrm{kW}$, $15 \, ^\circ\text{C}$, ② $692.75 \, \mathrm{kW}$, $175.41 \, ^\circ\text{C}$, ③ $733.42 \, \mathrm{kW}$, $225.27 \, ^\circ\text{C}$

2. 문제 1의 ①, ②, ③의 각 경우에서 압축하는 동안에 냉각으로 빼앗기는 열량 및 압축 후의 온도에서 압축 전의 온도까지 냉각하기 위해 필요한 열량을 각각 구하여라. 단, 공기의 정압 비열 및 밀도는 각각 $c_p = 1,008 \, J/kg^o K$, $\rho_{air \, 15^o C} = 1.225 \, kg/m^3$이다.

   정답 ① $550.67 \, \mathrm{kJ}$, 0, ② $132.7 \, \mathrm{kJ}$, $556.8 \, \mathrm{kJ}$, ③ 0, $736.9 \, \mathrm{kJ}$

3. 흡입 풍량 $40 \, \mathrm{kg/min}$, 흡입 압력 $101.3 \, \mathrm{kPa,abs}$, 온도 $15 \, ^\circ\text{c}$의 공기를 $980 \, \mathrm{kPa}$, abs까지 높이는 2단 공기 압축기가 있다. 압축은 '$pv^{1.31} = $ 일정'에 따르고, 중간 냉각기에 의해 처음의 온도까지 냉각하는 것으로 한다.

   ① 제일 적절한 중간 압력을 구하여라.

   ② 압축기의 이론 동력을 구하여라.

   ③ 압축기의 사이클을 $T - s$ 선도 상에 나타내어라.

   ④ 단단식으로 하고, 등엔트로픽 압축을 하는 것으로 했을 때 필요한 동력을 구하여라.

   ⑤ 중간 냉각기에서 냉수의 온도가 $8 \, ^\circ\text{c}$ 상승하는 것으로 하면 필요한 냉각수 유량을 구하여라. 단, 물의 정압 비열은 $c_P = 4.2 \, kJ/kg^o$C이다.

   정답 ① $315.08 \, \mathrm{kPa}$, ② $147.64 \, \mathrm{kW}$, ④ $176.22 \, \mathrm{kW}$, ⑤ $107 \, l/min$

4. 공기를 $101.3 \, \mathrm{kPa}$, abs에서 $5,065 \, \mathrm{kPa}$, abs까지 압축하는 경우 압축을 1단, 2단, 3단으로 할 때의 압력비, 등온 효율, 체적 효율, 압축 때의 온도상승을 구하여라. 단, 공기의 처음 온도는 $15 \, ^\circ\text{c}$, 틈새비 0.05, 지수는 압축, 팽창 모두 $n = 1.4$로 한다.

정답 항 목	1단	2단	3단
압력비	50	7.071	3.684
등온 효율	0.543	0.748	0.824
체적 효율	0.234	0.848	0.923
온도 상승($^\circ$C)	593	216	130

Chapter 5

원심형 팬, 송풍기 및 압축기

5.1 개 요

원심 송풍기(centrifugal blower)는 통풍, 환기에 사용되는 압력이 낮은 것에서, 기체를 높은 압력으로 압축하는 것까지 여러 가지가 있다. 이것은 압축 압력의 크기에 따라서 원심 팬, 원심 송풍기, 원심 압축기의 3가지로 분류된다. 또한 흡입구의 개수에 의해 편 흡입형과 양 흡입형으로 구분된다.

작동 원리는 원심 펌프와 거의 같다. 즉, 케이싱 내에 있는 회전차의 회전으로 생기는 원심력을 이용하여 기체를 내보낸다. 이때 압축 정도가 높으면 압축에 의한 기체의 온도상승이 크게 되고, 그것에 따라 압축 일이 증가하여 요구 동력이 증가하므로 물로 냉각할 필요가 있다. 또한, 기체의 비체적은 액체에 비해 현저하게 크기 때문에 압력 상승 시에는 회전차의 지름 및 회전 속도를 펌프의 회전차에 비해 크게 하지 않으면 안 된다. 그러나 회전차의 원주속도는 재료의 강도 면에서 제한을 받기 때문에 기체에 가하는 압력에도 한도가 있다. 회전차 하나의 발생 압력비는 1.2 정도로 그 이상의 압력비를 필요로 하는 경우엔 다단식으로 하는 것이 좋다.

그림 5.1은 비속도와 회전차의 형상과의 관계를 나타내는데 비속도는 펌프와 마찬가지로

$$n_q = n \frac{Q^{1/2}}{H^{3/4}} \tag{5.1}$$

나타낸다. 여기서 $Q\,[\mathrm{m^3/min}]$는 풍량, $H[\mathrm{m}]$는 전압, $n\,[\mathrm{rpm}]$은 회전수이다.

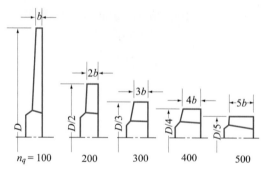

그림 5.1 비속도 n_q와 회전차의 형상

5.2 이 론

기체가 회전차를 지날 때 마찰 및 그 밖의 유동저항이 생기지 않는다고 가정하면 회전차가 기체에 가하는 단위 중량당 에너지, 즉 양정은 펌프의 이론 양정식으로부터

$$H_{th} = \frac{1}{g}(u_2 v_{2u} - u_1 v_{1u}) = \frac{u_2^2 - u_1^2}{2g} + \frac{w_1^2 - w_2^2}{2g} + \frac{v_2^2 - v_1^2}{2g} \tag{5.2}$$

로 나타낸다. 여기서 u_1, u_2는 회전차 입·출구에서의 원주속도, v_{1u}, v_{2u}는 회전차 입·출구에서 기체의 절대속도 v_1, v_2의 원주 방향 분속도, 그리고 w_1, w_2는 기체의 회전차에 대한 상대속도이다. 그리고 우변 제1항과 제2항의 합은 압력수두(pressure head)의 증가량을, 우변의 제3항은 속도수두(velocity head)의 증가량을 표시한다.

그림 5.2는 회전차 입·출구에서의 속도 삼각형으로, 기체는 회전차 내를 매우 짧은 시간 동안에 통과하기 때문에 그 사이에 기체와 그 주위의 회전차 벽면 사이에서 일어나는 열의

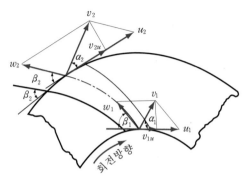

그림 5.2 회전차 입구 및 출구에서의 속도선도

출입은 대단히 작아서 보통 회전차에서 받는 압축 일에 비해 무시된다. 아울러 유동 저항에 의한 손실도 없는 것으로 하면 회전차에 의한 단위 중량당 기체에 가해진 압축 일은 단열 압축과정(adiabatic compression process)에 의한 압축 일로 주어지고 이는 식 (5.2)와의 관계로부터 다음의 관계를 얻는다.

$$L_{ad'} = \frac{\kappa}{\kappa-1} p_1 v_1 \left\{ \left(\frac{p_2}{p_1} \right)^{\frac{\kappa-1}{\kappa}} - 1 \right\} + \frac{v_2^2 - v_1^2}{2}$$

$$= \frac{1}{g} (u_2 v_{2u} - u_1 v_{1u})$$

$$= \frac{u_2^2 - u_1^2}{2} + \frac{w_1^2 - w_2^2}{2} + \frac{v_2^2 - v_1^2}{2} \tag{5.3}$$

그러나 실제로는 기체에 유동 저항이 발생하기 때문에 기체가 받는 에너지 중 일부가 저항에 사용된다. 이 손실 에너지는 열로 바뀌지만 단열 상태로 가정하면 이 열은 기체에 주어져 온도가 상승하고, 그 결과 기체의 내부 에너지는 증가해 비체적이 증대하므로 기체의 압력을 p_1에서 p_2까지 상승시키는 공기기계의 일량은 저항이 없는 등 엔트로픽 압축 때보다 커진다. 이와 같은 압축 과정을 **폴리트로픽 압축**이라 하고, 이때의 기체 상태를 $pv^n = $ 일정에 따라 변화하는 것으로 가정하여 n 의 값을 적당히 정하면 실제에 가까운 일량을 계산해 낼 수 있다. 이때의 압축 일은

$$L_{pol} = \frac{n}{n-1} R T_1 \left\{ \left(\frac{p_2}{p_1} \right)^{\frac{(n-1)}{n}} - 1 \right\} \tag{5.4}$$

로 주어진다. 여기서 n 은 폴리트로픽 지수로 공기기계의 흡입구 및 토출구에서 기체의 온도 T_1, T_2를 알면 다음의 관계를 사용해 알 수 있다.

$$\frac{T_1}{T_2} = \left(\frac{p_1}{p_2} \right)^{\frac{n-1}{n}} \tag{5.5}$$

만일 T_1, T_2의 값을 알 수 없는 경우엔

$$\frac{n-1}{n} = \frac{\kappa-1}{\kappa} \cdot \frac{1}{\eta_{pol}} \tag{5.6}$$

이 되는 관계를 사용해 폴리트로프 효율 η_{pol} 을 경험적으로 추정해 n 의 값을 구할 수 있다.

그리고 공기기계의 설계에서 보통 속도 에너지의 증가는 압력 에너지의 증가에 비

해 작기 때문에 무시하고 식 (5.3)을 대신하여 다음 관계식이 사용된다.

$$\frac{\dfrac{\kappa}{\kappa-1}RT_1\left\{\left(\dfrac{p_2}{p_1}\right)^{\frac{\kappa-1}{\kappa}}-1\right\}}{\eta_{ad}}=u_2v_{2u}-u_1v_{1u} \tag{5.7}$$

여기서 η_{ad}는 단열 효율(adiabatic efficiency)을 나타낸다.

그러므로 기체가 깃을 따라 흐른다고 가정하면 Pfleiderer의 식, 즉 오일러(Euler)의 깃 수 무한인 경우의 이론 수두 $H_{th\infty}$와 이론 수두 H_{th}의 관계식 $H_{th\infty}=H_{th}(1+p)$을 이용하면

$$\frac{\dfrac{\kappa}{\kappa-1}RT_1\left\{\left(\dfrac{p_2}{p_1}\right)^{\frac{\kappa-1}{\kappa}}-1\right\}}{\eta_{ad}}=\frac{1}{1+p}(u_2v_{2u}-u_1v_{1u}) \tag{5.8}$$

이 된다. 단, $P=\psi\dfrac{r_2^2}{zS}$

$$S=\int_{r_1}^{r_2}r\,dx$$

$$\psi=(0.6\sim1.0)\left(1+\frac{\beta_2}{60}\right)$$

이다. 여기서 z는 깃 수, S는 그림 5.3과 같이 메리디언 도면 상에 나타낸 깃의 중심선 A–B의 회전축에 관한 1차 모멘트, ψ는 실험계수, β_2는 깃의 출구 각도이다.

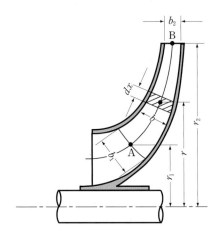

그림 5.3 메리디언 단면

5.3.1 원심형 팬

원심형 팬(centrifugal type fan)이란 회전차의 회전으로 생기는 원심력으로 인하여 압력상승이 9.8 kPa(=1 mAq) 이하인 공기기계로, 축류에 비해 전압이 크고 마찰 저항이 큰 경우 사용된다. 작동원리는 케이싱 내 회전차의 회전에 의해 에너지를 받은 기체는 와류실(vortex chamber)을 거쳐 송출구에 이른다. 회전차 및 케이싱은 보통 강판으로 만들지만 취급하는 기체의 성질에 따라 특수강 또는 특수 재질이 사용된다. 케이싱은 분리가 가능하도록 여러 개로 분할하여 조립되어 있다.

원심형 팬은 회전차의 형에 따라 그림 5.4에서 보는 바와 같이 다익형(multi-blade type), 레이디얼형(radial type), 전향곡형(forward-curved type), 후향곡형(backward-curved type) 및 익형(airfoil type)으로 분리된다.

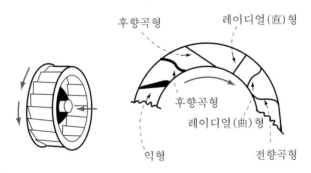

그림 5.4 원심형 팬

1) 다익 팬

다익 팬(多翼 팬, multi-blade fan)은 원심형 팬의 하나로 시로코 팬(sirocco fan)이라고도 하는데, 그림 5.5에서 알 수 있는 바와 같이 날개 출구각이 $\beta_2 \geqq 90°$인 전향곡 날개 (forwardcurved blade)형으로, 길이가 짧고 폭이 넓은 날개를 36~64매 정도 갖고 있다. 날개 출구각 β_2는 120~150°의 것이 주로 사용되고 있다. 회전차의 형상은 축 방향으로 폭이 넓고 강도의 관계에서 발생 압력은 1.3 kPa 정도이다.

전향곡 날개를 갖는 원심 회전차는 반동도(degree of reaction)가 작고 압력계수는 크기 때문에 같은 크기와 회전수에서 다른 형상의 날개에 비해 통풍 능력이 크다. 그러므로 높은 압력 상승을 얻기에는 부적합하고 효율도 그다지 높지는 않지만, 같은 압력 상승을 얻

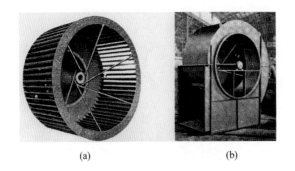

(a)　　　　　　　　　(b)

그림 5.5 다익 팬

는데 다른 형상의 것보다 소형으로 만들고, 원주속도도 작아지기 때문에 소음도 작아 건물의 환기 및 그 밖의 비교적 작은 풍량의 환기, 통풍용으로 사용되고 있다.

2) 래디얼 팬

래디얼 팬(radial fan)은 회전차 출구각 β_2가 대체로 90°인 반지름 방향 날개(radial blade)를 6~12매 갖고 있는 팬으로, 압력 상승은 0.245~3.92 kPa(=25~400 mmAq)이다. 성능 및 효율은 다익과 터보의 중간적 성질을 갖고 있다. 날개는 반지름 방향으로 되어 있기 때문에 원심력에 대해 충분한 강도를 가지며 설계, 제작이 간단하기 때문에 부식, 침식이 불가피하거나 고온의 기체를 다루는 경우에 적당하다. 그리고 날개의 형상 설계를 적절히 함으로써 이물질의 부착이 적고, 날개의 유지 및 보수가 쉽기 때문에 부착성 먼지를 포함하고 있는 기체, 마모성이 강한 고형물을 갖는 기체, 섬유질 등의 특수한 물질의 수송에도 적합하다. 따라서 환기용으로는 사용되지 않는다.

그림 5.6은 래디얼 팬의 대표적인 회전차 형상을 나타내는 것으로 그림 (a)는 개방형(open type)으로 일반적인 목적에 사용되고 자가 세척이 가능하다. 그림 (b)는 림형(rim type)으로 부하가 많이 미치는 데 좋다. 그림 (c)는 배판형(背板形, back plate type)으로 통풍은 좋지만 조각이나 섬유질의 물질 송풍에는 적합하지 않다.

(a) 개방형　　　　(b) 림형　　　　(c) 배판형

그림 5.6 레디얼 팬의 회전차 형상

3) 터보 팬

터보 팬(turbo fan)은 그림 5.7과 같이 후향곡 날개(backward-curved blade) 12～24매를 갖는 원심형 팬으로, 날개 출구각 β_2는 주로 30～50°이다. 원주속도가 똑같은 경우엔 날개 출구각 β_2가 작기 때문에 대형이 되지만 다익 팬보다 효율은 높다. 또한 입구 충돌손실이 작고 반동도도 커 좋은 효율을 얻을 수 있다. 날개수가 비교적 작기 때문에 강도를 지탱하기 위해 그림 (a)와 같이 어느 정도 날개를 두껍게 할 수 있다. 그리하여 안정성이 있고, 효율 및 성능이 증가되며 부식, 침식의 염려가 있거나 고온의 기체를 다룰 땐 다익 팬에 비해 수명이 길다. 따라서 일반 산업용 배풍기로 널리 이용되고 있다.

표 5.1은 일반적으로 사용되고 있는 팬의 비속도 및 효율을 표시한 것이다.

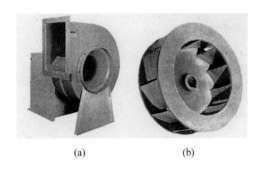

(a)   (b)

그림 5.7 터보 팬

표 5.1 각종 팬의 비속도

종 류	유효 전압 [mmAq]	n_q $[m^3/\mathrm{min}, m, rpm]$	$\eta_{\max}$ 일 때의 n_q $[m^3/\mathrm{min}, m, rpm]$	전압 효율 [%]	정압 효율 [%]
다익 팬	15～200	400～900	500～600	45～65	40～65
터보 팬	50～500	300～800	400～450	55～80	50～75
래디얼 팬	50～250	250～600	400～450	50～70	45～65

5.3.2 원심형 송풍기

원심형 송풍기(centrifugal blower)는 구조적으로 터보 팬과 같으며, 내부 압력 상승은 10～100 kPa 정도이다. 20 kPa 정도까지 비교적 저압의 경우는 단단의 회전차가 사용되지만, 압력 상승이 커서 회전차의 강도(强度)상으로 단단으로는 소정의 압력상승을 얻을 수 없는 경우엔 다단형이 사용된다.

송풍기의 주요 부분은 회전차와 케이싱으로 구성되어 있다. 작동원리는 회전차에 의해 에너지를 받은 기체는 회전차의 주변부에 설치된 디퓨저 혹은 안내깃을 지나 와류실에 보내져 송출구에 이른다. 기체의 밀도는 물에 비해 두드러지게 작으므로 압력을 높이기 위한 회전차 원주속도는 크게 된다. 그 결과 회전차의 회전수 및 지름이 증가하고 원심력도 증대하나 하나의 회전차에 의한 압력 상승은 강도 문제로 제한을 받아 보통 20 kPa 정도까지이다. 날개는 강판제가 많고 송풍기의 회전차 형상은 비속도에 따라서도 다르지만, 원주속도의 증가에 의한 강도상의 제한에서 원주속도가 190 m/s 정도까지의 것은 그림 5.8(a)와 같이 조립식으로 한다. 원주속도가 200 m/s 이상의 경우는 그림 (b)와 같이 심판과 보스 측판을 일체로 주조하고, 소재로는 니켈-크롬강 등을 사용한다. 기체 터빈용이나 항공기 과급기용으로는 두랄루민의 단조 소재로 심판과 날개를 일체로 깎고 원주속도를 250~400 m/s 정도까지 높이는 것도 있다(그림 (c) 참조).

일정 압력 상승 및 풍량에 대해 회전수를 높여 비속도를 크게 하면 회전차의 지름은 작게 되어 경제적이지만, 지름이 너무 작으면 날개의 폭이 넓어져 구조적으로 강도가 약해진다. 또한 회전차 내의 공기 흐름 상태가 나빠져 효율이 낮아지므로 어느 정도 이상으로 비속도를 높이는 것은 불리하다.

그림 5.9는 비속도와 효율의 관계를 표시한다. 송풍기의 압력 상승이 9.8 kPa(=1 mAq) 이상의 경우는 종종 다단식이 사용된다. 그림 5.10은 풍량 조절용으로 흡입 깃을 설치한 2단 원심 송풍기의 한 예를 나타내는 것으로, 날개의 형상으로는 후향곡 날개가 사용되고 날개 출구각은 보통 $\beta_2 = 20° \sim 70°$, 입구각은 $\beta_1 = 30° \sim 40°$ 그리고 흡입 속도는 30~50 m/s 정도이다.

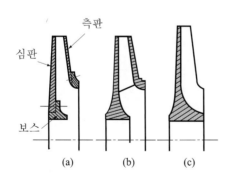

그림 5.8 회전차의 구조

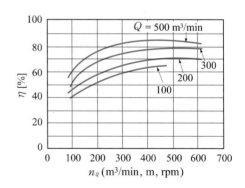

그림 5.9 원심 송풍기의 비속도와 효율의 관계

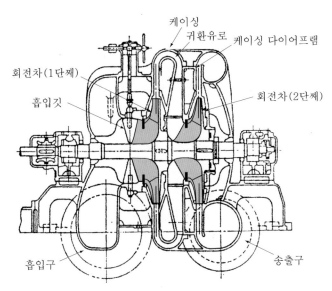

케이싱
귀환유로 케이싱 다이어프램
회전차(1단째)
흡입깃
회전차(2단째)
흡입구
송출구

그림 5.10 가동 흡입 깃 붙이 원심 송풍기의 구조

5.3.3 원심형 압축기

원심형 압축기(centrifugal compressor)는 송출 압력이 98 kPa 정도 이상의 송풍기로, 압축기는 기체의 압축에 따른 온도 상승이 커서 일량이 증대함과 동시에 기계 부분이 열응력(thermal stress)의 증가로 파손의 위험이 생긴다. 그러므로 송풍기에 비해 내압 구조의 것이 사용되고, 케이싱에 물 재킷(water jacket)을 설치하여 물을 통하게 하던지, 회전차의 2~3단째마다 중간 냉각기를 설치하여 회전차를 나와 다음 단에 이르는 기체를 여기에 통과시켜 냉각시킨다. 그래서 기체의 압축 과정을 등온 압축에 가깝도록 해 소요 축 동력을 절약하게 한다. 물 재킷은 냉각효과가 적고, 열 변형을 일으켜 기계 부분에 균열을 생기게 할 염려가 있기 때문에 통상 압력 상승이 200 kPa 정도까지 밖에 사용되지 않는다.

냉각법으로는 회전차를 나온 후의 안내깃이나 케이싱 다이어프램(diaphragm)이 있는 곳에서 행하는 내부 냉각법과 안내깃을 포함시켜 1단 혹은 다단의 압축이 끝난 후 케이싱 외측에 중간 냉각기를 설치해 냉각하는 외부 냉각법이 있다. 어느 쪽도 케이싱의 형상과 관계없이 냉각 용량을 자유로이 갖게 하는 것이 가능하고, 물 누수의 발견 및 수리가 쉽기 때문에 넓게 사용되고 있다. 아울러 압축기를 나온 후에 기체의 냉각장치를 설치하는 경우도 있는데 이것을 후부 냉각기라 하고, 이것으로 배관 내의 기체 속에 포함되어 있는 수분

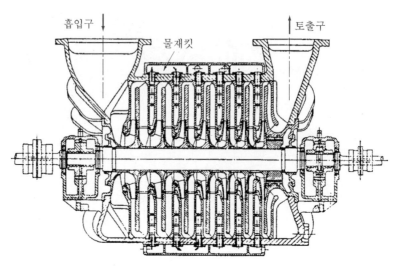

그림 5.11 원심 압축기(내부 냉각법)

의 제거와 기체의 온도를 낮추게 한다. 그림 5.11은 내부 냉각법, 그림 5.12는 외부 냉각법의 한 예를 나타내고 있다. 중간 냉각기로는 다관식 열교환기를 사용하는 일이 많고, 압력이 그다지 높지 않은 때에는 핀 부착 관 속에 냉각수를 통과시켜 냉각하지만, 고압의 경우엔 관을 감아서 냉각수 속에 넣어 관 내로 기체로 통과시켜 냉각시키는 것도 있다.

케이싱의 구조로는 토출 압력이 5~6 MPa 정도까지는 수평 비율형이지만 그 이상의 압력 및 기체 속에 누기를 꺼리는 수소를 포함하는 경우 등에는 내부 케이싱을 수직 비율형으로 하고, 고압에 견디고 기밀의 점에서 유리한 배럴형(barrel type)이 사용된다(그림 5.13 참조). 배럴형은 특수한 용도로서 64 MPa 정도의 고압용으로도 사용되고 있다.

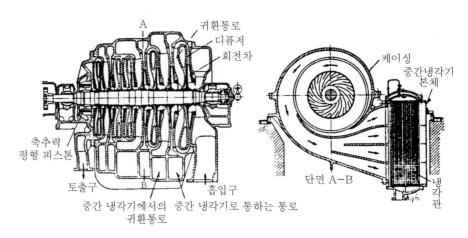

그림 5.12 원심 압축기(9단, 외부 냉각법)

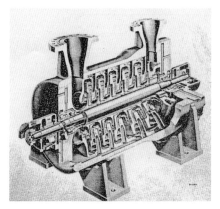

그림 5.13 고압 압축기(배럴형)

그림 5.14 개방형 회전차

다음으로 회전차는 후향곡 날개 혹은 래디얼형 날개에 측판 붙이(side bearer)의 밀폐 회전차가 사용되지만, 비속도 n_q 및 압축성이 큰 경우, 즉 소형 기체 터빈 및 과급기용 원심 압축기에는 고속으로 하기 위해 그림 5.14와 같이 측판에 걸리는 응력을 피해 강도상 유리한 측판이 없는 개방형 회전차가 사용된다.

5.4 특성곡선

원심 송풍기의 특성곡선(characteristic curve)은 펌프의 경우와 마찬가지로 회전차를 일정 회전수로 운전했을 때의 풍량을 횡축에 압력, 소요 축 동력 및 효율을 종축에 나타낼 수 있다. 압력 단위는 저압의 경우는 mmAq, 고압의 경우는 Pa로 그리고 압력표시는 일반적으로 전압으로 하고, 참고로 정압을 동시에 나타내기도 한다. 여기서 송풍기의 전압 및 정압은 다음의 식으로 정의되는 값으로, 정압은 송풍기의 송출구 정압을 이용한다고 하는 생각에서 시작한다.

송풍기 전압 $\quad p_t = p_{t2} - p_{t1} = (p_{s2} - p_{s1}) + (p_{d2} - p_{d1})$ (5.9)

송풍기 정압 $\quad p_s = p_t - p_{d2} = (p_{s2} - p_{s1}) - p_{d1}$ (5.10)

여기서 첨자 t 는 전압, s 는 정압, d 는 동압 그리고 아래 첨자 1, 2는 각각 송풍기의 흡입구 및 송출구의 상태를 나타낸다.

한편, 밀도를 ρ , 속도를 v 라 하면 $p_{d1} = \rho_1 v_1^2/2$, $p_{d2} = \rho_2 v_2^2/2$로 주어지고, 압력비가 작을 때는 $\rho_1 ≒ \rho_2$ 이다.

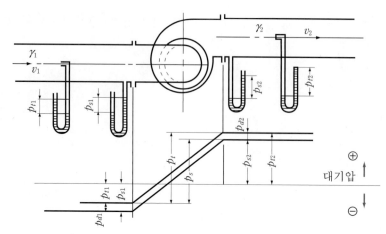

그림 5.15 송풍기의 압력 상승

효율은 보통 전 단열 효율(total adiabatic efficiency) $\eta_{t,ad}$ 에 의해 계산되지만 이론 압축일은 압축기에서는 단열 압축 시의 일

$$L_{ad} = \frac{\kappa}{\kappa-1}(p_2 v_2 - p_1 v_1) \tag{5.11a}$$

$$= \frac{\kappa}{\kappa-1} p_1 v_1 \left\{ \left(\frac{p_2}{p_1}\right)^{\frac{\kappa-1}{\kappa}} - 1 \right\} \tag{5.11b}$$

$$= \frac{\kappa}{\kappa-1} RT_1 \left\{ \left(\frac{p_2}{p_1}\right)^{\frac{\kappa-1}{\kappa}} - 1 \right\} \tag{5.11c}$$

$$= \frac{\kappa}{\kappa-1} R(T_{2ad} - T_1) \tag{5.11d}$$

을, 팬 및 압력비가 작은 송풍기에서는 처음 압력 p_1 에 비해 압력변화 Δp 가 충분히 작은 것으로 하여

$$L_t = v_1 (p_2 - p_1)\left(1 - \frac{1}{2\kappa}\frac{p_2 - p_1}{p_1}\right) + \left(\frac{v_2^2}{2} - \frac{v_1^2}{2}\right) \tag{5.12}$$

혹은

$$L_t = \left(\frac{p_2}{\rho_1} - \frac{p_1}{\rho_1}\right) + \left(\frac{v_2^2}{2} - \frac{v_1^2}{2}\right) \tag{5.13}$$

이고, 여기서 식 (5.12)는 $p_2/p_1 < 1.07$일 때, 식 (5.13)은 $p_2/p_1 < 1.03$일 때 사용한다.

흡입 풍량이 Q_1 [m³/min]일 때의 전압 이론 단열 동력을 W_t, 정압 이론 단열 동력을 W_s, 압력을 p_a로 표시하면,

$p_2/p_1 < 1.07$일 때,

$$W_t = \frac{Q_1}{6 \times 10^4}\left\{(p_{s2} - p_{s1})\left(1 - \frac{1}{2\kappa}\frac{p_{s2} - p_{s1}}{p_{s1}}\right) + (p_{d2} - p_{d1})\right\} \; [\text{kW}]$$

$$W_s = \frac{Q_1}{6 \times 10^4}\left\{(p_{s2} - p_{s1})\left(1 - \frac{1}{2\kappa}\frac{p_{s2} - p_{s1}}{p_{s1}}\right) - p_{d1}\right\} \; [\text{kW}] \qquad (5.14)$$

$p_2/p_1 < 1.03$일 때,

$$W_t = \frac{Q_1}{6 \times 10^4}\left\{(p_{s2} - p_{s1}) + (p_{d2} - p_{d1})\right\} \; [\text{kW}]$$

$$W_s = \frac{Q_1}{6 \times 10^4}\left\{(p_{s2} - p_{s1}) - p_{d1}\right\} \; [\text{kW}] \qquad (5.15)$$

으로 나타낸다.

그림 5.16은 원심 팬의 특성곡선, 즉 그림의 (a), (b), (c)는 각각 다익 팬, 터보 팬, 래디얼 팬 특성곡선의 한 예이다. 그림 (a)는 다익 팬의 특성곡선으로 일반적으로 하나의 최대값과 하나의 최소값을 표시하고, 풍량의 변화에 따른 풍압의 변화가 적다. 그림 (b)와 (c)는 터보 팬 및 래디얼 팬의 특성곡선으로 가운데가 높은 곡선을 표시하고, 풍량의 변화에 따른 풍압의 변화가 크다. 축 동력은 다익 팬 및 래디얼 팬에서는 풍량과 더불어 증대하지만, 터보 팬에서는 정격 유량의 부근에서 최대가 되고, 그 이상의 풍량에서는 감소한다.

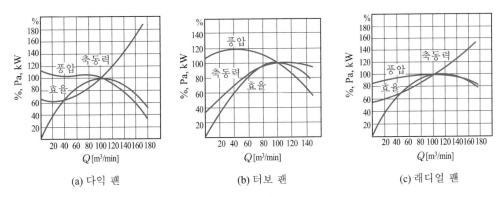

(a) 다익 팬   (b) 터보 팬   (c) 래디얼 팬

그림 5.16 **각종 팬의 특성곡선**

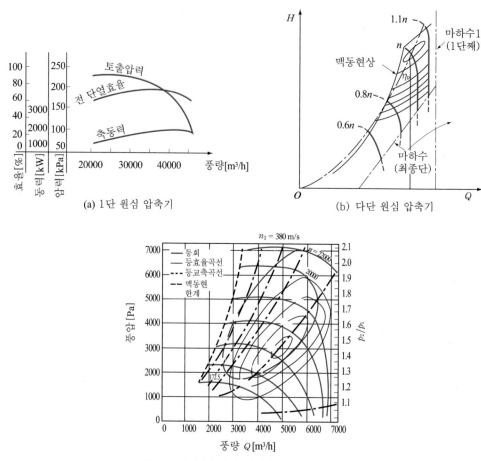

(a) 1단 원심 압축기

(b) 다단 원심 압축기

(c) 1단 원심압축기의 회전수에 따른 특성곡선

그림 5.17 각종 원심 압축기의 특성곡선

그림 5.17은 원심 압축기의 특성곡선을 나타내는데, 그림 (a)는 1단 원심 압축기의 특성 곡선의 한 예로, 풍량이 적어 풍압이 높을 때는 동압이 적기 때문에 전압과 정압은 거의 같다. 그림 (b)는 다단 원심 압축기의 특성곡선의 한 예이다. 그림 (c)는 여러 가지의 회전 수에 대한 단단 원심 압축기의 특성을 나타내는 것으로, 회전수를 여러 가지로 변화시 켜 각 회전수에서의 풍압과 풍량을 표시했다.

효율은 회전수가 변하더라도 이론상으로는 변하지 않지만 저속에서는 레이놀즈수 (Reynolds number)가 떨어짐에 따라 유동 손실 비율이 증가한다. 또한, 고속에서는 마 하수(Mach number)가 증대하여 압력손실이 증대하므로 회전수가 정격값에서 현저히 멀어지면 효율은 떨어진다. 등 효율 곡선을 그리면 정격 회전수일 때 효율은 최대가 되고, 그림 (c)와 같이 이 점을 중심으로 거의 동심의 타원형 곡선이 얻어진다. 여기서 주 의할 것은 각 회전수에서 어떤 풍량 이하가 되면 맥동 현상(surging)을 일으켜 운전이 불안정하게 된다. 그리고 펌프의 맥동 현상에서 기술한 바와 같이 풍압-풍량곡선이 오른쪽 위로 치우쳐져 우향 상승곡선일 때 이 부분에서 송풍기를 사용하면 맥동 현상을 일으키고, 기계가 심한 진동과 소음을 일으키는 일이 많다. 그러므로 실용상으로는 특성곡선에 각 회전수에서의 불안정 한계를 나타낼 필요가 있다.

5.5 맥동 현상

송풍기의 토출구를 교축(絞縮, throtling)해 가면 소 풍량으로 인하여 풍압-풍량곡선의 오른쪽 위에 해당하는 부분에서 풍압이 맥동하여 풍량이 일정하지 않게 되어 소음을 발생하고, 진동을 일으켜 운전에 견디지 못하는 현상을 맥동 현상(脈動, surging)이라 한다. 즉, 그림 5.18에서 풍량-풍압곡선 ABC의 정점 B보다 약간 낮은 풍량의 점 S에서 풍량이 0인 A점까지의 사이인 AS가 맥동 현상의 범위이고, S점을 맥동 현상 한계점이라 한다. 이 점은 회전차의 설계법, 압력의 고저, 송풍기의 형식에 따라 다르다. 더욱이 송풍기의 흡입구, 토출구와 밸브까지 이르는 배관의 길이에 따라서도 다르다.

일반적으로 이 한계는 압력비가 큰 만큼 크고 적은 만큼 적다. 예를 들면, 터보 압축기에서 압력비 5 정도에서는 설계 풍량이 70% 정도, 50∼100 mmAq 정도의 팬에서는 50% 정도이다. 또한 송풍기 토출구에 직접 밸브를 달아 교축한 경우의 맥동 현상 지점이 S라 하면, 토출구에 배관을 한 후에 밸브를 달아 교축한 경우에는 B점으로 이동하는 경향이 있다. 압력비가 높은 대 동력일수록 맥동 현상은 현저하여 운전은 불가능하지만, 풍압이 작아 동력이 작은 것에서는 다소 맥동 현상을 일으키고, 있어도 알지 못하는 경우도 있고 운전을 하는 것도 가능하다.

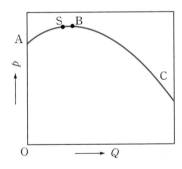

그림 5.18 송풍기의 풍량-풍압곡선

일반적으로 맥동 현상을 일으키는 작은 풍량으로 오랫동안 운전하는 것은 드물고, 플랜트의 기동 시 부하가 변할 때, 간헐적 운전과 같은 경우에 맥동 현상 한계 내의 운전이 부득이하다. 이 경우 맥동 현상을 방지하기 위해 다음과 같은 방법을 취한다.

1) 방풍

제일 간단하게 널리 사용되는 방법으로, 운전 중에 필요 풍량이 맥동 현상 한계점 이하로 풍량을 교축하여 맥동 현상이 일어나게 되었을 경우 그 이상 풍량을 교축하지 않고, 반대로 토출 측의 밸브에서 여분의 풍량을 대기로 내보내어 필요 풍량만을 목적물로 송풍하여 송풍기는 항상 맥동 현상 밖에서 안정도 운전을 하는 방법으로 방풍(放風)이라 한다.

그림 5.19에서 Q_C를 목적물로 송풍하는 경우 Q_B를 방풍 밸브를 통해 방풍하여 송풍기로서는 Q_A를 송풍하는 방법이다. 이 경우 대기로 내보내더라도 위험이 없는 기체에 한한다. 방풍 밸브로서는 유압 또는 공기압 등에 의해 자동 조정을 할 수 있다. 이 방법은 제일 간단하지만 또한 제일 비경제적인 방법이다. 그러므로 항상 방풍하는 경우에는 사용되지 않고 극히 드물게 사용되는 경우에 한한다. 또한 방풍 밸브에서 방풍 시에 생기는 소음 때문에 방음장치를 설치할 필요가 있다.

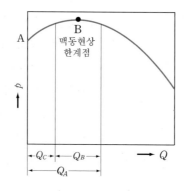

그림 5.19 **방풍법**

2) 바이패스

방풍이 비경제적이고 위험이 있기 때문에 방풍 밸브에서의 기체를 송풍기의 흡입 측으로 되돌려 순환하는 소위 바이패스법이다. 이 경우 주의할 일은 압축열 때문에 고온이 된 기체를 그대로 흡입 측으로 되돌려 보내면, 흡입 기체의 온도가 상승하여 한층 더 압축열이 상승하여 기계적으로 좋지 못할 뿐만 아니라, 소요 압력 상승이 얻어지지 않게 되는 일도 일어나므로, 냉각기를 통해 바이패스한 기체를 냉각하여 되돌려 보내지 않으면 안

된다. 그러나 송풍기에서 멀리 떨어진 배관 또는 탱크 속으로 되돌려 보낼 수 있으면 그 사이에서 기체가 냉각되므로 꼭 냉각기를 통해 놓을 필요는 없다.

3) 흡입 교축

흡입 댐퍼(damper) 혹은 깃(vane)을 교축하면 압력 곡선이 오른쪽으로 내려가 맥동 현상 한계가 그림 5.20과 같이 변하는 것은 풍량 제어의 항에서도 기술한 대로이다. 흡입 교축을 하지 않는 경우의 압력 곡선을 p 라 하고, 맥동 현상 점을 B 라 하면, 흡입 교축하여 각각 p', p'' 로 된 경우에는 맥동 현상 점은 B', B'' 로 왼쪽으로 이동해 맥동 현상 한계가 좁아져 이것을 막을 수 있다.

그러나 이러한 방법은 흡입 교축에 의해 송풍기의 흡입 측이 부압(−)으로 되므로 그랜드(grand)에서 케이싱 내로 공기를 흡입할 수도 있어 어떠한 경우에도 채용할 수 있는 방법은 아니다. 또한 흡입 교축으로 댐퍼보다도 깃을 사용한 편이 동력적으로 경제적이다.

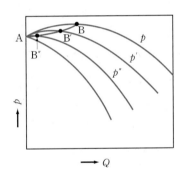

그림 5.20 **흡입 교축**

4) 회전차 출구 안내깃의 교축

회전차 출구에 안내깃을 설치하고 이것을 교축하여 흡입 교축과 똑같은 성능을 얻어 맥동 현상을 방지하는 방법이다. 이 방법은 주로 다단 송풍기의 경우에 효과적이지만 기구상 복잡하게 되고, 공기 속의 먼지가 기구에 쌓이기도 하고, 마모를 일으키고, 압축열에 의한 좋지 못한 일이 생기는 등 현재로서는 거의 사용되지 않는다.

5) 회전차 출구 각도를 작게

맥동 현상은 원심형에서는 피할 수 없는 현상이지만 오른쪽 아래로 내려가는 압력 곡선을 갖는 회전차를 설계할 수 있다면, 다른 별도의 장치를 설치하지 않아도 이것을 방지할 수도 있다. 이를 위해서는 날개의 출구각을 작게 하면 좋다.

예컨대 통상 출구각을 45°로 잡지만 이것을 20°로 한 경우 그림 5.21과 같이 맥동 현상을 일으키지 않는 성능이 얻어진다. 그러나 그림에서 명확한 바와 같이 각도를 작게 하면 작게 하는 만큼 회전차 바깥지름을 크게 하지 않으면 안되므로 송풍기 전체가 크게 되고, 그 결과 중량도 크게 되어 고가가 된다. 또한, 회전차의 응력도 높아지므로 여러 가지 문제를 일으킨다. 아울러 효율 저하는 피하지 못하므로 일반적으로는 그다지 채용하지 않고 있다.

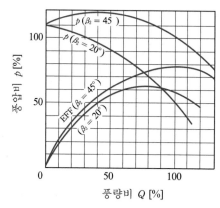

그림 5.21 날개 출구각에 따른 풍압-풍량 곡선

6) 2 밸브 조작법

송풍기의 토출 관로 중에 2개의 밸브를 설치하여 두 밸브 사이의 용적이 어떤 정해진 값 이상으로 된 경우 송풍기 가까이 있는 축의 밸브를 약간 교축함으로써 맥동 현상을 방지하는 방법으로, 이는 실험적으로도 이론적으로도 증명되었다. 이것을 **2밸브 조작법**(two valve controlling)이라 한다. 두 밸브 사이의 용적은 탱크 같은 것이라도 좋다.

7) 축류 동익 혹은 정익 각도의 변화

축류형의 경우는 동익(動翼) 또는 정익(定翼)의 각도를 변화시킴으로써 맥동 현상을 방지할 수 있고, 가변 동익의 경우는 운전 중에 각도를 변화시킴으로써 맥동 현상을 막을 수 있다.

연습문제

1. 다익 팬, 래디얼 팬 및 후향곡 팬의 구조 상의 특징 및 성능 상의 차이에 대해 설명하여라.

2. 원심 압축기에서 압력 상승이 큰 경우에는 중간 냉각이 이루어지는데 그 이유에 대해 설명하여라.

3. 절대 압력 101.3 kPa, 온도 43℃의 공기를 흡입해 전압 2.6 kPa을 발생시키는 대형 팬이 있다. 이 팬의 구동 동력은 220 kW이고, 효율은 75%이다. 매분 흡입 풍량을 구하여라.

   정답 3,796 m³/min

4. 절대 압력 101.3 kPa, 밀도 1.2 kg/m³의 공기를 빨아들여 토출 압력이 140 kPa의 송풍기가 있다. 흡입 압력은 같고 밀도 1.5 kg/m³의 기체를 빨아들인다고 한다면 동일 풍량에서 토출 압력은 얼마인가? 단, 어느 경우도 비열비는 $n = 1.4$로 한다.

   정답 154 kPa

5. 회전수 40,000 rpm으로 48 m³/min의 공기를 빨아들일 때 압력비가 3으로 되는 단단 터보 압축기가 있다. 이것과 상사형의 압축기를 만들어 풍량 65 m³/min, 압력비 5가 되게 할 때의 회전수는 얼마인가? 단, 어느 경우도 흡입 압력 96 kPa, 온도 27℃로 한다.

   정답 48,500 rpm

6. 터보 압축기의 회전차 외주속도 $u_2 = 180$ m/s, 날개 출구 각도 $\beta_2 = 40℃$, $v_{m2}/u_2 = 0.38$일 때 절대 압력 98 kPa, 온도 15℃의 공기를 압력 690 kPa까지 올리는데 필요한 단수를 구하여라. 단, v_{m2}는 회전차 출구에서 흐름의 메리디언 분속도이고, 단열 효율은 $\eta_{ad} = 80\%$, 양정 감소 계수 $p = 0.25$로 한다.

   정답 19단

Chapter **6**

축류형 팬, 송풍기 및 압축기

6.1 개 요

축류형 팬, 송풍기 및 압축기에서는 공기가 모두 회전차 내에서 회전축에 평행하게 흐른다. 그러므로 축류형 공기기계의 압력 상승은 단지, 회전차 내의 공기 흐름의 상대속도의 감소에 의해 생기고, 1단의 압력비는 원심형에 비해 상당히 작다. 그러나 구조적으로 고속 회전이 가능하기 때문에 대 풍량을 비교적 소형으로 얻을 수 있고, 다단 구조로 하기 쉽기 때문에 고압을 비교적 쉽게 얻는 등의 이점이 있다. 따라서 축류형 송풍기는 저압 소형의 것에서 고압 대형의 것까지 광범위하게 있다.

축류형 공기기계의 회전차 및 안내깃의 단면은 통상 익형이라 하고, 회전차의 날개를 동익, 안내깃을 정익이라 하여 2개가 짝이 되어 하나의 단락을 이룬다. 다단 압축이 필요한 경우엔 단락이 많이 필요하지만 가능한 회전차를 고속 회전시켜 단수를 줄인다. 허용 최고 속도는 회전차의 기계적 강도 및 한계 마하수에 의해 제한된다.

6.2 이 론

6.2.1 압력 상승

공기가 회전 익렬에서 축 방향으로 흐르는 경우 유로 내에서 마찰 및 그 밖의 유동 저항이 작용하지 않고, 공기가 회전축에서 일정 반지름의 원통면 위를 흐르는 것으로 하면 날개가 공기에 가하는 전압은 축류 펌프와 마찬가지로 다음의 식으로 나타낸다.

$$H_{th} = \frac{u}{g}(v_{2u} - v_{1u}) = \frac{u_2^2 - u_1^2}{2g} + \frac{w_2^2 - w_1^2}{2g} + \frac{v_2^2 - v_1^2}{2g} \qquad (6.1)$$

여기서 u, v, w는 각각 어떤 반지름에서 회전차의 원주속도, 공기의 절대속도, 상대속도이다. 또한 아래 첨자 u는 절대속도 v의 원주방향 분속도 그리고 1, 2는 각각 회전차 내의 동익의 입·출구의 상태를 나타낸다.

식 (6.1)의 우변 제1, 2항은 압력수두의 증가량을, 그리고 제3항은 속도 수두의 증가량을 나타낸다. 이 속도 수두의 일부는 정익에서 압력으로 변한다. 식 (6.1)은 식 (5.3)과 같이 축류형 공기기계의 단열 일량으로 다음과 같은 관계가 있다.

$$p_1 v_1 \frac{\kappa}{\kappa - 1}\left\{\left(\frac{p_2}{p_1}\right)^{\frac{\kappa - 1}{\kappa}} - 1\right\} + \frac{v_2^2 - v_1^2}{2} = u(v_{2u} - v_{1u}) \qquad (6.2a)$$

혹은

$$\frac{\kappa}{\kappa - 1} R(T_2 - T_1) + \frac{v_2^2 - v_1^2}{2} = u(v_{2u} - v_{1u}) \qquad (6.2b)$$

위 식은 다시 다음과 같이 고쳐 쓸 수 있다.

$$\frac{\kappa}{\kappa - 1} R\left\{(T_2 - T_1) + \frac{1}{R}\left(\frac{\kappa - 1}{\kappa}\right)\frac{v_2^2 - v_1^2}{2}\right\} = u(v_{2u} - v_{1u}) \qquad (6.2c)$$

식 (6.2c)에서 T를 **정온**(靜溫, static temperature), $\frac{1}{R}\frac{\kappa - 1}{\kappa}\frac{v^2}{2}$을 **동온**(動溫, dynamic temperature), 이들의 합을 **전온**(全溫, total temperature) 혹은 **정체 온도**(停滯 溫度, stagnation temperature)라 한다. 이 전온을 T^*로 표시해 식 (6.2c)를 다시 나타내면

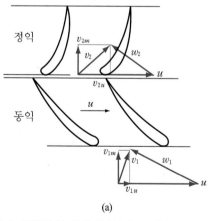

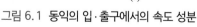

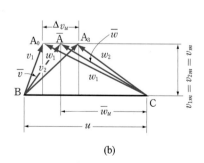

(a)　　　　　　　　　　(b)

그림 6.1 동익의 입·출구에서의 속도 성분

$$\frac{\kappa}{\kappa-1} R\left(T_2^* - T_1^*\right) = u\left(v_{2u} - v_{1u}\right) \tag{6.2d}$$

이 된다.

이 식은 회전차를 통과하는 공기 흐름에서의 속도변화와 온도변화의 관계를 표시하고 있다.

6.2.2 반동도

축류형 공기기계의 회전차 입구에서 공기에 주는 예 선회(pre-whirl)의 정도를 구별하는데 반동도(反動度, degree of reaction)가 사용된다. Δp_s, Δp_t를 각각 단단에서 회전차의 정압 및 전압의 상승량, v_1, v_2는 각각 동익의 입·출구에서 공기의 절대속도, ρ를 공기의 밀도라 하면

$$\Delta p_s = \Delta p_t - \frac{\rho}{2}(v_2^2 - v_1^2) \tag{6.3}$$

이고, 반동도는 전압 상승량에 대한 정압 상승량의 비이므로

$$R = \frac{\Delta p_s}{\Delta p_t} = 1 - \frac{\rho}{2}\left(\frac{v_2^2 - v_1^2}{\Delta p_t}\right) \tag{6.4}$$

이 된다.

위 식의 우변 제2항은 전압 상승량에 대한 동압 상승량의 비로서, 동익 출구의 속도를 정익에서 감속하면 그것에 대응하여 정압은 증가한다. 단단 축류 공기기계는 각 단락의 입구 공기의 속도가 똑같게 되도록 제작되므로, 동압의 증가분은 정익에서 전부 정압으로 변하고 하나의 단락에 주어지는 전압의 상승은 정압 상승과 같다.

식 (6.1)에서 정압의 상승량은

$$\Delta p_s = \frac{\rho}{2}(w_1^2 - w_2^2) = \frac{\rho}{2}(w_{1u}^2 - w_{2u}^2) = \rho \, \overline{w}_u \, \Delta w_u \tag{6.5a}$$

이다. 여기서 $\overline{w}_u$는 그림 6.1(b)에 나타내는 바와 같이 w_1과 w_2의 기하학적 평균을 나타낸다. 그림 6.1을 참조하면 $\Delta w_u = \Delta v_u$이므로 위 식은

$$\Delta p_s = \rho \, \overline{w}_u \, \Delta v_u \tag{6.5b}$$

이고, 또 전압 상승량은 그림 6.1의 속도 삼각형을 참조하면 식 (6.1)에서

$$\Delta p_t = \rho \, u \, \Delta v_u \tag{6.6}$$

그리고 식 (6.5b) 및 (6.6)을 식 (6.4)에 대입하면

$$R = \frac{\overline{w}_u}{u} \tag{6.7}$$

이 된다. 즉, 축류형 송풍기의 반동도는 원주속도에 대한 상대속도 w_1, w_2의 기하학적 평균값의 비로 표시된다.

6.2.3 동익 및 정익의 배열

그림 6.2, 그림 6.3 및 그림 6.4는 축류 공기기계에 사용되는 날개 배열의 3가지 모양으로 동익 및 정익의 입·출구에서의 속도 삼각형을 표시한다. 어느 것이나 축 방향 속도 및 Δv_u를 같은 크기로 하고 있다.

1) 후치 정익형

그림 6.2는 단단의 축류 공기기계에서 공기가 축 방향에서 동익에 유입하고 정익에서 축 방향으로 유출하는 경우로, 회전차의 뒤에 정익을 두어 동익에서 생긴 선회 성분을 없앤다. 이 날개의 배열을 후치 정익형(後置 靜翼形)이라 하고, 회전차 입구에서 공기의 절대속도가 선회 성분을 갖지 않는 경우에 사용된다.

다단식에서 동익 입구의 속도 삼각형은 동시에 앞 단의 정익 출구의 속도 삼각형을 표시한다. 후치 정익형의 반동도는 다음과 같이 된다.

$$R = \frac{\overline{w}_u}{u} = \frac{u - \dfrac{\Delta w_u}{2}}{u} = 1 - \frac{\Delta w_u}{2u} = 1 - \frac{\Delta v_u}{2u} \tag{6.8}$$

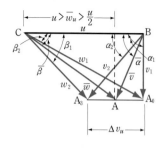
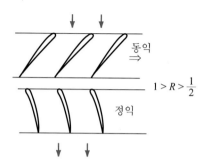

그림 6.2 **날개 배열(후치 정익형)**

여기서 $\Delta v_u / u$는 보통 0.28 정도가 되므로 이때 반동도 R은 0.86이 된다.

그리고 압력 상승은 주로 동익에서 일어나고 정익에서의 압력 상승은 적다. 정익은 동익에 의한 속도 에너지의 상승량, 즉 0.28/2(=0.14)에 상당하는 동압은 정압으로 변화시키는 역할을 하지만, 그 외에 동익에 의해 생긴 유체 흐름의 선회 성분을 없애고 축 방향으로 유출시키는 역할을 한다.

2) 전치 정익형

그림 6.3은 단단의 축류형 공기기계에서 공기가 축 방향에서 정익에 유입하여 동익에서 축 방향으로 유출하는 경우로, 회전차 출구에서의 공기의 절대속도는 선회 성분을 갖지 않지만 회전차 앞의 정익에서 공기가 동익으로 들어오기 전에 동익의 회전과 반대 방향의 예 선회가 주어진다. 그리고 이 선회 성분을 갖는 공기가 동익에 의해 축 방향으로 구부러져 유출하게 된다. 이 날개의 배열을 전치 정익형(前置 靜翼形)이라 한다.

그림에서 알 수 있는 바와 같이 축 방향 속도가 일정한 경우 이 날개의 배열은 최대의 상대속도를 주므로 마하수를 고려하여 허용 최고 회전속도는 다른 형식의 것보다 낮게 하지 않으면 안된다. 이 경우 반동도 R은

$$
\begin{aligned}
R &= \frac{\overline{w}_u}{u} = \frac{u + \dfrac{\Delta w_u}{2}}{u} \\
&= 1 + \frac{\Delta w_u}{2u} \\
&= 1 + \frac{\Delta v_u}{2u}
\end{aligned}
\tag{6.9}
$$

이 된다. 그리고 보통 $\Delta v_u / u \approx 0.23$이므로 이때 반동도 $R = 1.115$가 된다.

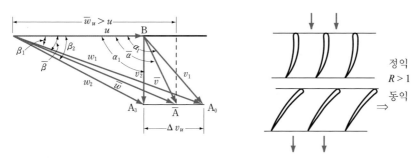

그림 6.3 날개 배열(전치 정익형)

반동도 R이 1보다 크다고 하는 것은 공기 흐름을 정익 내에서 더욱 증속하여 그곳의 압력이 정익 입구에서의 상태보다 내려가고 이것이 동익에서 회복하는 것을 의미하고 있다.

3) 대칭 속도 선도형

그림 6.4는 대칭 속도 선도형 혹은 50% 반동형이라 불리는 것으로 제1단째 입구에서 공기가 동익의 회전 방향에 선회 성분을 갖고 v_1의 절대속도로 유입하도록 전치 정익을 두고, 각 단의 동익 입·출구의 속도 삼각형 사이에 $\alpha_1 = \beta_1$, $\alpha_2 = \beta_2$, $v_1 = w_1$, $v_2 = w_2$, 의 관계를 갖도록 한 것이다. 이 경우는 입구와 출구에서의 속도 삼각형은 대칭으로 된다. 또, 동익의 입·출구에서의 속도 삼각형은 각각 정익의 입·출구에서의 속도 삼각형으로 되기 때문에 동익과 정익은 같은 모양의 것을 뒤집어 설치하면 좋다. 단, 최종 단에서는 공기의 절대속도 v_2의 선회 성분을 없애도록 정익을 두는 것이 필요하다.

이 날개 배열은 동일 축 방향 속도에 대해 동익과 정익에서의 상대속도는 최소로 되기 때문에 회전차 속도를 높여 높은 전압을 주는 것에 적합하다. 예 선회를 더욱 크게 하면 동익에 대한 상대속도는 작게 되지만, Δv_u 가 일정 기준에서는 회전차 출구에서의 절대속도가 증대하기 때문에 정익 내에서 유속이 음속에 이를 위험이 많아진다.

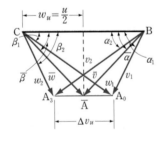

그림 6.4 날개 배열(대칭 속도 선도형)

6.2.4 반지름 방향의 날개 배열

축류 공기기계에서 반지름 방향 날개의 배열 혹은 속도선도를 취하는 방법으로는 자유 와류형(free vortex type), 정 반동도형 및 이들 중간의 반 와류형의 3종류가 있다. 여기서는 자유 와류형과 정 반동도형에 대해 설명하기로 한다.

1) 자유 와류형

그림 6.5에서 축류 공기기계에서 공기 흐름의 반지름 방향 흐름의 평행에 대해 생각해 본다. 축류 공기기계의 회전차 내의 어떤 미소 질량 dm의 공기에 작용하는 원심력을 dF_r라 하면

$$
\begin{aligned}
dF_r &= dm \cdot \frac{v_u^2}{r} \\
&= \rho l r d\varphi dr \frac{v_u^2}{r}
\end{aligned}
\tag{6.10}
$$

이 되고, 이 원심력은 공기가 일정 반지름의 원통면 위를 흐르기 위해서는 공기의 반지름 방향의 압력차에 의한 힘과 평형을 이루지 않으면 안 된다.

미소 요소의 내면에 작용하는 압력을 p, 외면에 작용하는 압력을 $(p+dp)$라 하면 이 압력차에 의한 힘 dF_p는

$$
\begin{aligned}
dF_p &= (p+dp) l (r+dr) d\varphi - p l r d\varphi \\
&\fallingdotseq dp l r d\varphi
\end{aligned}
\tag{6.11}
$$

이 되고, 어떤 반지름 위치에서 반지름 방향의 평행조건 $dF_r = dF_p$에서

$$
\frac{dp}{dr} = \rho \frac{v_u^2}{r}
\tag{6.12}
$$

으로 표시되고, 이 식은 축류 공기기계의 반지름 방향의 정 압력의 기울기(勾配, gradient)를 나타낸다. 그리고 전 압력 p_t는

$$
p_t = p_s + \frac{\rho}{2} v^2 = p_s + \frac{\rho}{2}(v_u^2 + v_m^2 + v_r^2)
\tag{6.13}
$$

이고, 이 식을 r에 대해 미분하면

$$
\frac{dp_t}{dr} = \frac{dp_s}{dr} + \rho \left(v_u \frac{dv_u}{dt} + v_m \frac{dv_m}{dr} + v_r \frac{dv_r}{dr} \right)
$$

이 된다. 여기서 p_s는 정압, v_u, v_m 및 v_r은 각각 원주속도 성분, 축 방향 속도 성분 그리고 반지름 방향 속도 성분이다.

전 압력 및 축 방향 속도 성분이 반지름 방향으로 변하지 않는 것으로 하여 반지름 방향 속도 성분을 무시하면 $v_r = 0$가 되어 위 식은

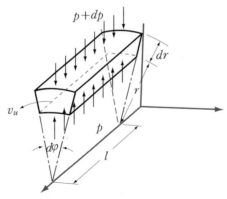

그림 6.5 반지름 방향의 힘의 평형

$$\frac{dp}{dr} + \rho v_u \frac{dv_u}{dr} = 0 \qquad (6.14)$$

으로 된다. 식 (6.12) 및 식 (6.14)에서

$$\frac{v_u}{r} + \frac{dv_u}{dr} = 0 \qquad (6.15)$$

이것을 적분하면

$$r v_u = 일정 \qquad (6.16)$$

으로 나타내고, 이것을 **자유 와류식**이라 한다. 즉, 반지름 방향에 전 압력 p_t 및 축 방향 속도 성분 v_m 의 변화가 없는 축류 공기기계 내 공기 흐름은 자유 와류(free vortex)로 된다.

이와 같은 조건에서 설계한 자유 와류형 날개는 반지름 방향으로 반동도가 변하여 날개에 꽤 비틀림이 들어가고, 동익 끝부분의 상대속도가 크게 되기 때문에 고속 회전에는 적합하지 않다. 그러므로 주로 축류 송풍기에 많이 사용되고 있다. 이상과 같은 자유 와류형 흐름에서의 반동도는

$$R = \frac{\overline{w}_u}{u} = \frac{(u - v_{1u}) + (u - v_{2u})}{2u}$$

$$= 1 - \frac{v_{1u} + v_{2u}}{2u} \qquad (6.17)$$

로 표시되므로, 여기서 $r v_{1u} = K_1$(정수), $r v_{2u} = K_2$(정수)로 놓으면 다음과 같이 쓸 수 있다.

$$R = 1 - \frac{K_1 + K_2}{2ru} = 1 - \frac{K_1 + K_2}{2wr^2} \qquad (6.18)$$

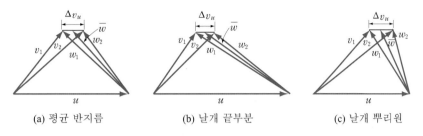

(a) 평균 반지름   (b) 날개 끝부분   (c) 날개 뿌리원

그림 6.6 대칭속도 선도형의 자유 와류형 속도선도

여기서, K_1, K_2 및 ω 는 정수이므로 반동도 R 은 반지름 r 이 작은 허브(hub)부에서 최소이고, 날개 끝부분이므로 갈수록 증대한다.

보통 평균 반지름에서 대칭 속도 선도형(50% 반동형)이 얻어지도록 하므로 다른 반지름 위치에서 속도선도는 비대칭으로 한다. 그림 6.6은 이 관계를 표시하는 속도선도이다.

2) 정 반동도형

자유 와류형에는 반지름 방향으로 반동도가 일정하지가 않지만 반지름 방향으로 반동도 및 전 압력을 일정하게 한 것을 정 반동도형이라 한다. 설계점에서 반지름을 따라 전압이 일정하고, 반동도가 일정하게 되도록 원주속도 분포를 줄 수가 있다. 이 조건을 구해 보도록 한다.

먼저 전압 일정의 조건은 식 (6.6)에서

$$\rho u \, \Delta v_u = 일정 \tag{6.19}$$

그러므로 ρ 가 일정하다고 한다면

$$r \, \Delta v_u = 일정 \tag{6.20a}$$

혹은

$$r(v_{2u} - v_{1u}) = 일정 (= K_3) \tag{6.20b}$$

이다. 또한 반동도 일정의 조건은 식 (6.17)에서

$$\frac{v_{1u} + v_{2u}}{r} = 일정 (= K_4) \tag{6.21}$$

식 (6.20a), (6.20b) 및 식 (6.21)에서 v_{1u}, v_{2u} 를 구하면

$$v_{1u} = \frac{1}{2}\left(K_4 r - K_3 \frac{1}{r}\right) = ar - b\frac{1}{r} \tag{6.22}$$

$$v_{2u} = \frac{1}{2}\left(K_4 r + K_3 \frac{1}{r}\right) = ar + b\frac{1}{r} \tag{6.23}$$

여기서, $a \equiv K_4/2$, $b \equiv K_3/2$ 이다.

따라서 정 반동도형에 대해서는 동익 입구에서 식 (6.22)를 동익 출구에서는 식 (6.23)을 만족하는 원주속도 분포를 주면 좋다. 이 경우의 반동도는 식 (6.22) 및 식 (6.23)을 식 (6.17)에 대입하면

$$R = 1 - \frac{2ar}{2u}$$

$$= 1 - \frac{a}{\omega} \tag{6.24}$$

로 되어, 이것은 반지름 r 과 관계가 없는 값이다.

정 반동도형에서는 축 방향 속도 v_m 은 자유 와류형 경우와 달리 반지름 r 에 따라 변한다. 그리고 $\frac{dp_t}{dr} = 0$ 이 되므로 식 (6.13)에서

$$o = \frac{v_u^2}{r} + v_u \frac{dv_u}{dr} + v_m \frac{dv_m}{dr}$$

이고, 위 식에 식 (6.22) 및 식 (6.23)을 대입하면

$$\frac{1}{2}(v_m^2 - v_{mh}^2) = -2a\left\{\frac{1}{2}a(r^2 - r_h^2) \mp b\ln\left(\frac{r}{r_h}\right)\right\} \tag{6.25}$$

이 된다. 여기서 r_h 는 허브의 반지름, v_{mh} 는 허브에서의 축 방향 속도를 나타내고, { } 내 (−)는 동익 입구, (+)는 동익 출구에 해당한다.

식 (6.25)에서 알 수 있는 바와 같이 축 방향 속도 v_m 은 반지름 위치에 따라 변화하는데 허브 부에서 크고, 날개 끝으로 갈수록 감소한다. 또한, 허브 및 케이싱 벽면 부근의 속도는 점성 때문에 후단으로 될수록 감소하고, 한편 중앙부의 속도는 증대하여 실제 흐름은 복잡한 모양을 나타낸다.

6.2.5 반동도와 효율

기계의 최고 효율점에서의 유동 손실의 대부분은 동익 및 정익에서의 마찰손실이다. 동익 내의 손실은 평균 상대속도 $\overline{w}$ 의 제곱승에 비례하고, 정익 내 손실은 평균 절대속도 v 의 제곱 승에 비례한다고 생각할 수 있다. 그러므로 기계 전체에서의 손실은 $(\overline{w}^2 + \overline{v}^2)$ 에 비례한다. 그러나 속도 삼각형에서 알 수 있는 바와 같이

$$\overline{v}^2 = v_m^2 + \overline{v}_u^2 = v_m^2 + (u - \overline{w}_u)^2$$
$$\overline{w}^2 = v_m^2 + \overline{w}_u^2 \tag{6.26}$$

의 관계가 있으므로

$$\overline{v}^2 + \overline{w}^2 = 2v_m^2 + \overline{w}_u^2 + (u - \overline{w}_u)^2$$

그러므로

$$\frac{1}{u^2}(\overline{v}^2 + \overline{w}^2) = 2\frac{v_m^2}{u^2} + \frac{\overline{w}_u^2}{u^2} + \left(1 - \frac{\overline{w}_u}{u}\right)^2 \tag{6.27}$$

이다. 여기서 식 (6.7)의 관계를 이용하면

$$\frac{1}{u^2}(\overline{v}^2 + \overline{w}^2) = 2\frac{v_m^2}{u^2} + R^2 + (1 - R)^2 \tag{6.28}$$

이 되어 유동 손실은

$$h \propto \left\{R^2 + (1 - R)^2\right\} \tag{6.29}$$

로 R^2 과 $(1 - R)^2$ 의 합에 비례한다. 여기서 h 는 유동 손실을 나타낸다.

식 (6.29)에서 알 수 있는 바와 같이 $R = 0.5$ 일 때 손실 h 는 최소가 되고, 효율은 최대가 된다. 대칭 속도 선도형은 이 점에서도 다른 배열형보다 우수하다. 여러 가지 반동도의 날개 배열에 대한 효율을 표시하면 각각 다음의 값을 갖는다.

    50% 반동형 94.0%
    90% 반동형 92.4%
    110% 반동형 90.6%

이상은 날개의 어떤 반지름 위치에서의 미소 요소에 대한 관계이다. 그러나 날개는 반지

름 방향으로 얼마의 길이를 갖고 있으므로 반지름 위치가 변하면 흐름에 대한 날개의 상대적 관계도 달라진다.

6.3 분 류

6.3.1 축류 팬

회전차의 회전에 의해 축 방향으로 공기를 송풍하는 축류 팬(axial fan)은 비속도가 $nq= 1,000\sim2,500[\text{m}^3/\text{min, m, rpm}]$의 경우에 사용되고, 풍압은 3 kPa 정도까지이다. 보통은 단단으로 사용하지만 풍압이 1 kPa 이상일 때는 2단으로 하는 경우도 있다. 또한 전동기를 케이싱 내 고정자(stator) 혹은 안내깃에 지지하고 축의 끝에 회전차를 설치한 그림 6.7과 같은 직관형이 주로 사용되지만, 동력이 큰 것은 곡관형의 케이싱에 회전차를 설치하고 전동기는 외부에 두어 구동하는 구조를 사용한다.

압력을 필요로 하는 팬은 안내깃이 있고, 깃의 재질로는 동판이 사용된다. 고속 회전에 적합하기 때문에 효율은 다른 형식에 비해 높은 60~70%이다. 또, 가동익을 사용하면 넓은 풍량 범위에 걸쳐 높은 효율을 얻을 수 있기 때문에 대형에는 가동익을 설치한다.

축류 팬은 소형, 경량으로 대풍량이 얻어지기 때문에 터널 등의 환기용, 보일러 및 공랭식 열교환기의 통풍용, 풍동의 송풍용 등에 사용되고 있다. 그러나 축류 팬은 원심형에 비해 동일 풍압에 대해 회전차의 원주속도가 크기 때문에 소리가 큰 결점이 있다.

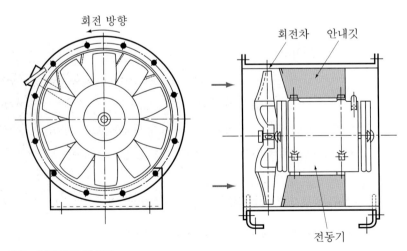

그림 6.7 **축류 팬(직관형)의 구조**

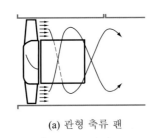
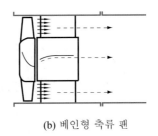

(a) 관형 축류 팬	(b) 베인형 축류 팬

그림 6.8 **축류 팬의 종류**

1) 관형 축류 팬

보통의 풍압에서 넓은 범위의 풍량에 맞게끔 설계된 관형 축류 팬(tube type axial fan)은 기류를 모아 보내는 실린더 내에 하나의 프로펠러가 있다. 헬리컬이나 나사 운동이 전형적인 공기 토출 모양이다(그림 6.8 (a) 참조).

2) 베인형 축류 팬

베인형 축류 팬(vane type axial fan)은 송출 측에 공기 안내깃을 설치한 것이 특징이며, 이것이 관형과 다른 점이다. 관형의 날개(wheel)와 방향 안내깃을 결합시킴으로써 기류 모양을 직선으로 만든다(그림 6.8 (b) 참조).

따라서 난류는 감소되고 효율과 압력 특성을 증대시킨다. 베인형은 압력 상승을 4.9 kPa(=500 mmAq)까지 가능하고 수정하면 더 증대시킬 수 있다. 보통 이들 팬은 비 과부하용, 즉 요구 동력을 감당할 수 있게끔 운전자에 의해 동력을 받게 된다. 이들 기계는 가변 팬 날개 피치가 있어서 성능 변화가 가능하다. 어떤 경우에는 이 팬 날개를 전동기 축에 바로 연결시켜 V 벨트 구동의 단점을 해소시킬 수 있다.

6.3.2 축류 송풍기

축류 송풍기(軸流 送風機, axial blower)는 압력상승이 10~100 kPa 정도의 것으로, 저압용은 축류 팬, 고압용은 축류 압축기와 비슷한 구조를 갖는다.

그림 6.9는 화력 발전소용 보일러의 압입 송풍기의 한 예로 동익은 가변형으로 되어 있다. 보일러용 송풍기로는 오로지 원심형이 사용되어 왔지만 최근엔 넓은 작동 범위와 높은 부분 부하 효율을 갖는 가변 동익형의 축류 송풍기가 널리 사용되고 있다.

표 6.1은 축류 팬 및 송풍기의 형식을 그림으로 나타내고 있다.

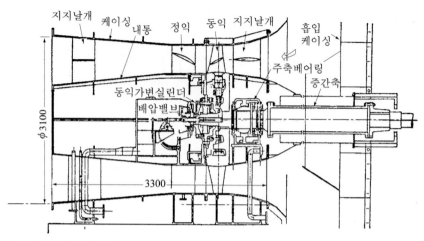

그림 6.9 동익 가변형 축류 송풍기

표 6.1 축류 팬 및 송풍기의 형식

형 식		구 조	정압 [mmAq]	사 용
개방형	AO형		0~20	환기용, 냉각탑용, 공랭 열교환기용
직관형	AE형		15~150	일반 환기용, 통풍용(건축·선박 등)
반전형			30~300	일반 통풍용, 광산, 터널 환기용
곡관형	AB형		20~150	공장 환기용, 보일러 통풍용, 풍동용
흡입 측 구동 직관형	AS형		20~150	보일러 통풍용 풍동용
분기형	AT형		0~100	고온 기체 급·배기용
옥상형	AW형		0~50	옥상 환기용

6.3.3 축류 압축기

축류 압축기(軸流 壓縮機, axial compressor)는 그림 6.10에서와 같이 회전차에 설치된 동익과 케이싱에 부착된 정익이 교대로 배열되어 익렬 배치가 여러 단 중첩된 것으로, 압력 상승에 따른 공기의 밀도는 증대하기 때문에 그것에 대응해 날개의 길이를 줄여 통로 단면적이 감소해 가는 구조로 되어 있다. 하나의 동익과 그것에 연결되는 정익에 의해 단락을 이루고, 한 단락의 비속도 n_q는 800~1,500[m³/min, m, rpm]의 범위로 축류 속도는 110~120 m/s 정도이다.

익렬 내 통로 단면적을 감소시키는 방법에는 회전자의 지름을 일정하게 해 케이싱 안지름을 변화시키는 안지름 일정법과 반대로 케이싱 안지름을 일정하게 하고, 회전자의 지름을 변화시키는 바깥지름 일정법이 있다. 후자는 각 단의 원주속도를 일정하게 하여 높게 취할 수 있기 때문에 소정의 압력비에 대해 전자보다 단수를 적게 할 수 있고, 무게도 줄이는 이점이 있다. 전자는 각 단에 동일한 날개를 이용해 통로면적에 맞게 하여 그 끝을 자르면 되므로 공작 상으로는 편하다. 그림 6.10은 안지름 일정법의 축류 압축기의 한 예이다.

날개는 충분한 강도를 필요로 함과 더불어 내마모성, 내부식성을 가지고 더욱이 가공이 쉬워야 하므로 동익, 정익 모두 SUS 22가 사용된다. 날개의 회전자 및 케이싱의 설치는 그림 6.11과 같이 원주 방향 혹은 축 방향으로 만들어진 홈에 끼워 고정하는 방법(dovetail type)이 많이 채용된다. 회전자는 원주속도 180 m/s 정도를 경계로 하여 그것보다 고속의 것은 원판식, 저속의 것은 원통식으로 한다. 원판식은 그 중앙에 구멍을 뚫어 축에 끼우는데 특히 항공기용으로 사용되고, 원통식은 원통부가 단강(鍛鋼) 혹은 특수강으로 단조한

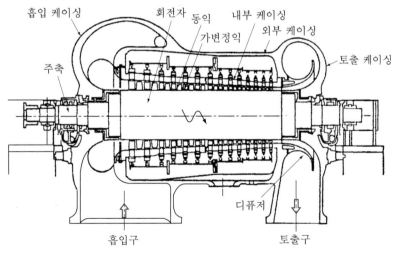

그림 6.10 **축류 압축기(안지름 일정법)**

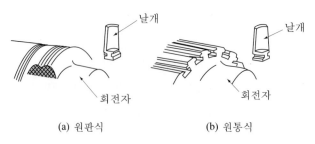

날개

회전자

날개

회전자

(a) 원판식

(b) 원통식

그림 6.11 회전자에 날개를 설치하는 방법

속이 빈 것으로, 그 양끝 축부를 볼트 결합 혹은 용접 결합한다. 주로 지상과 해상용으로 사용된다. 케이싱은 항공기용에는 두랄루민 주물이, 지상용에는 거의 주철이 사용된다. 기계 가공의 편의상 케이싱을 흡입 측, 토출 측 및 중간의 3부분으로 나눌 수 있으며, 상하 둘로 나누는 구조로 하여 볼트로 연결한다.

보통 압력비가 4 정도까지는 단단 실린더로 하고, 압력비가 10~20이 되면 2개의 실린더를 사용해 저압기와 고압기의 사이에 중간 냉각기를 설치한다.

축류 압축기에서도 동익의 원주속도를 높이는 것으로 1단의 압력비를 크게 하여 단수를 줄이고, 그로 인하여 압축기 전체의 무게를 줄일 수 있지만 원주속도의 증대와 더불어 동익에 대한 상대속도의 마하수가 증대하여 압축성의 영향이 현저하게 된다. 동익의 일부에서 상대 유입 마하수 M이 1을 넘는 상태로 운전되는 압축기를 **천음속 축류 압축기**(踐音速, transonic axial compressor)라 한다.

또한 1단의 큰 압력비를 얻기 위해 날개의 높이 전체에 걸쳐 상대 유입속도가 초음속이 되는 초음속 축류 압축기(超音速, supersonic axial compressor)의 개발을 시도하고 있지만, 압력 곡선이 거의 수직으로 서서 작동 범위가 좁고, 또 시동의 곤란 등의 문제가 있어 아직 실용화 단계에는 이르지 못하고 있다.

6.4 특 성

6.4.1 선회 실속

압력비가 높은 축류 압축기를 저속 회전으로 운전하는 경우 압력비가 적기 때문에 뒷 단의 좁은 유로가 저항이 되어 풍량이 제한된다. 앞단의 익렬에서는 설계 상태보다 영각이 크게 되어 실속(失速, stall)을 일으키게 된다. 일부의 날개가 실속을 일으키

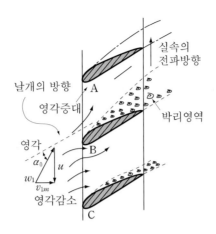

그림 6.12 선회 실속

면 그림 6.12와 같이 날개 B의 박리 영역(剝離, separation zone)이 날개 사이의 유로를 좁히므로 그 전후로 날개에 유입하는 흐름의 방향이 변하여 C의 날개에서는 영각(angle of attack)이 작게 되어 박리가 억제된다. 반대로 아직 실속하지 않은 A의 날개에서는 영각이 크게 되어 새로이 실속이 일어난다. 이와 같이 하여 실속 영역이 그림 6.12의 화살표 방향으로 거의 일정 속도로 전파해 간다. 이와 같은 현상을 선회 실속(旋回 失速, rotating stall)이라 한다.

선회 실속은 맥동 현상의 발생보다 적은 풍량에서 일어나고, 맥동 현상과 같이 심한 풍량의 변동 및 소음의 발생을 볼 수 없기 때문에 외부에서는 판별하기가 어렵다. 이 현상이 반복된다면 동익, 정익에 여진력(勵振力)이 작용하여 날개의 피로 파괴의 원인이 되는 경우도 있으므로 주의할 필요가 있다.

그림 6.13은 다단 축류 압축기 특성의 한 예로, 소 풍량 측에서 선회 실속 영역이 사선으로 표시되어 있다. 또한, 그 점의 실속 한계선은 맥동 현상의 발생 한계에 만나는 맥동 현상 한계선에 거의 일치한다. 다시 말하자면, 선회 실속 속의 날개와 같이 실속영역에서

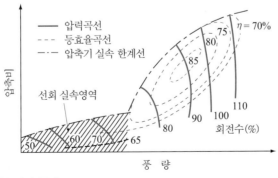

그림 6.13 다단 축류 압축기의 특성

날개가 단순 굽힘 진동을 하는 경우의 공기역학적 감쇠력은 음으로 되므로 날개에 자려진동 (自勵振動, self-excited vibration)이 발생한다. 이 현상을 **실속 플러터**(stall flutter)라 한다.

이상에서 알 수 있는 바와 같이 선회 실속이 일어나고 있더라도 실속 상태에 있지 않는 날개는 정상으로 작용하고 있으므로 동익 전체로서의 풍량은 정상이다. 이 점이 맥동 현상에서 흐름이 비정상으로 되는 것과 내용을 달리한다. 선회 실속은 압축기 등과 같은 감속 익렬에서 심하게 생겨 해가 많지만, 터빈과 같이 증속 익렬에서는 생기더라도 약하고 그 해는 적다.

6.4.2 특성곡선

그림 6.14는 축류 팬의 특성곡선의 한 예로, 풍압–풍량곡선은 풍량 0의 체절점에서 풍압이 최고를 나타내고, 풍량 증가와 더불어 압력이 감소해 계곡부를 형성하지만, 더욱 풍량이 증가하면 다시 압력이 상승해 산을 만든 뒤 급격히 감소한다. 이때 생기는 변곡점은 날개의 실속 발생에 의한 것으로 변곡점보다 낮은 유량에서는 실속이 생기고, 오른쪽 상승 부분에서는 맥동 현상을 일으킨다. 그리고 낮은 유량 영역으로 풍량을 줄일 때 풍압이 급격히 상승하는 현상은 원심력에 기인한 것이다.

그림 6.15는 다단 축류 압축기의 특성곡선의 한 예로, 축류 압축기에서는 풍량이 정격 토출량 설계점보다 약간 감소하면 이로 인한 영향이 후단에 누적되어 전체의 압력비가 두드러지게 증대하고, 효율을 크게 저하한다. 즉, 풍량의 감소는 후단으로 와서 밀도의

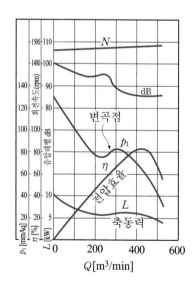

그림 6.14 **축류 팬의 특성곡선**

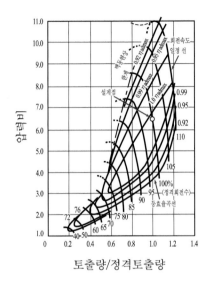

그림 6.15 다단 축류 압축기의 특성곡선

증대, 축 방향 속도의 감소를 초래하게 되어 후단에서 압력비가 현저히 크게 된다.

풍량이 설계점보다 매우 낮을 때는 후단의 몇 개 단은 실속 상태에서 운전하게 되고 전 압력비는 작게 된다. 반대로 풍량이 설계점보다 약간 증가한다면 이 영향은 후단에서 누적되어 축 방향 속도가 정격 풍량에서의 값보다 현저히 증대하고, 전 압력비 및 효율은 현저히 감소한다. 더욱이 풍량이 증대하면 날개에 대한 유속의 마하수가 증대하여 마침내는 초킹(choking)을 일으키게 된다. 이와 같은 실속 혹은 초킹 현상은 압력비가 큰 압축기, 즉 단 수가 많은 만큼 일어나기 쉽고, 안정된 운전이 가능한 영역은 좁게 된다.

이상은 압축기를 정격 회전수로 운전한 경우지만 다음에 정격 이외의 회전수로 운전한 경우에 대해 기술한다. 정격보다 낮은 속도로 운전할 때는 비록 최초의 단에서 흐름의 영각이 설계조건과 일치하는 풍량이더라도 압력 부족 때문에 후단에서 이 조건을 유지하기에는 통로 면적이 부족하다. 그 정도는 후단에서 축 방향 속도가 매우 크게 되어 영각은 매우 작게 된다. 또한, 이 회전수 아래에서 낮은 유량으로 사용하면 처음의 단에서는 축 방향 속도가 작게 되고, 그러므로 영각이 크게 되어 선회 실속은 제 1단에서 일어나고, 이것이 후단에도 영향을 미친다. 정격보다 높은 속도로 운전할 때는 앞쪽 단락에서는 선회 실속이 일어나지 않을 정도에서 축 방향 속도가 크더라도 뒤쪽 단락에서는 과도 압축 때문에 축 방향 속도가 작게 되어 선회 실속을 일으키게 된다. 이와 같은 회전수의 영향은 압력비가 높은 압축기일수록 현저하다. 따라서 압축기가 정상으로 작동하는 범위가 좁게 된다.

연습문제

1. 후치 정익형 배열의 축류 압축기에서 반동도가 1인 경우의 속도 삼각형을 그려라(힌트 : $v_{1u} = - v_{2u}$).

   정답 생략

2. 각 단의 같은 형상인 반동도 50%의 8단 축류 압축기가 있다. 온도 21℃의 공기를 매초 3.1 kg의 비율로 빨아들이고 압력비는 6이다. 각 단 날개의 평균속도는 182 m/s, 흐름의 축 방향 분속도는 106 m/s, 단열 효율은 0.89로 하여 다음의 값을 구하여라. 단, 공기의 정압비열 $C_p = 1.005$ kJ/kg·k 또는 0.240 kcal/kgf ℃, 비열비는 $\kappa = 1.4$로 한다.
   ① 공기에 가한 동력
   ② 동익의 입구·출구에서의 흐름의 방향

   정답 ① 549 kW, ② $\alpha_1 = 77°45'$, $\alpha_2 = 33°42'$

3. 자유 와류권형 날개를 갖는 축류 압축기 각 단의 평균 반지름 위치에서 반동도 50%, 날개 원주속도 182 m/s라고 한다. 동익 입구에서 유속은 135 m/s로 각 단 모두 일정하다. 정압비열 $C_p = 1.005$ kJ/kg·k, 입구에서 공기의 선회속도 성분은 30 m/s일 때 그 단에서의 전온 상승률을 구하여라. 또한 동익 외주 반지름과 평균 반지름의 비가 1.2일 때, 동익 외주에서의 속도 삼각형을 그리고, 반동도를 구하여라.

   정답 22.11℃, 65.2%

4. 절대 압력 101.3 kPa, 온도 15.5℃의 공기를 매초 20.2 kg 토출하는 구동 동력 4,410 kW의 다단 축류 압축기가 있다. 압축기의 폴리트로픽 효율을 90%, 각 단의 전압이 일정하고, 처음의 1단에서 온도가 18.6℃ 상승할 때 다음의 값을 구하여라.
   ① 압축기의 토출 압력
   ② 필요 단수
   ③ 단열 효율

   정답 ① 592 kPa, ② 9단, ③ 87.3%

Chapter 7

사류 송풍기 및 압축기

그림 7.1에서 나타낸 바와 같이 회전차에서의 공기의 유출 방향이 원심형과 같이 반지름 방향 및 접선 방향 성분이 아니고, 축 방향 성분을 갖도록 설계된 송풍기 및 압축기를 사류(斜流, diagonal flow) 송풍기 및 압축기라 한다.

그림 7.2의 회전차의 단면 형상에서 알 수 있는 바와 같이, 사류 압축기의 회전차 출구에서의 사류 각도, 즉 회전차 출구 유로와 회전축과 이루는 각도 α 가 작게 되면 축류 공기기계에 가까워지기 때문에 원심 공기기계와 축류 공기기계의 중간적인 작동 영역, 바꾸어 말하면 원심 공기기계와 축류 공기기계의 중간적인 비속도 영역에서의 사용 가능성을 생각할 수 있다.

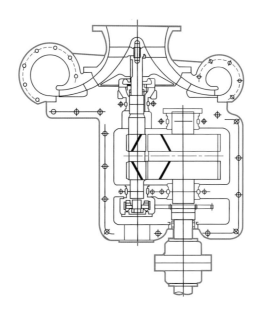

그림 7.1 **사류 송풍기**

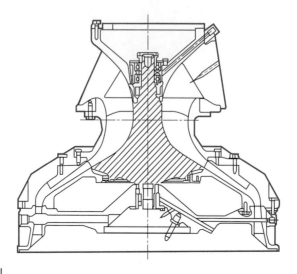

그림 7.2 사류 압축기

이와 같은 작동 영역에서 성능이 우수한 사류 공기기계를 얻으면 좋은 일이지만, 현재까지의 경우 성능상 및 강도상의 문제점도 있고, 또한 사류식에서는 회전차의 축 방향 길이가 길게 되므로 다단화에 적합하지 않고, 회전차 내의 공기 흐름이 복잡하여 성능 예측이 곤란하다.

따라서 사용되고 있는 사류 송풍기 및 압축기는 비교적 적고, 사용되고 있는 것의 대부분은 비교적 원심 공기기계에 가까운 작동 영역을 갖는 것으로 판단된다. 그러나 앞으로는 사류식의 특징을 살려 압력비가 1.5~5, 풍량이 1.7~33.3 m^3/s 정도의 편 흡입 단단의 구성으로 고효율 압축기로서의 이용이 유망하다고 본다. 축류 공기기계에 가까운 작동 영역을 갖는 사류기계의 회전차를 생각할 때 날개 높이와 회전차 바깥지름과의 비가 크게 되고, 이와 같은 사류 회전차 내의 공기 흐름은 이론 해석의 결과 허브 측과 슈라우드 측에서 꽤 다른 흐름을 나타내고, 날개 형상의 선택에 따라서도 이론상 허브 측에 역류가 생기는 경우도 발생한다. 또한 디퓨저에 있어서도 안내깃이 없는 경우에는 2개의 원추면 사이의 선회 흐름으로 되므로 공기 흐름은 외벽에 치우치게 된다. 또한, 내벽에는 역류를 생기게 하기 쉽다는 문제점이 있다. 이 때문에 우수한 성능의 사류 공기기계를 설계하기 위해서는 회전차 내의 공기 흐름을 3차원적으로 파악할 필요가 있다.

사류 회전차 내 공기 흐름을 3차원 이론적으로 구할 경우 공기를 비점성으로 가정하더라도 엄밀한 3차원 해석이 곤란하므로 우선 수직 단면에서의 흐름을 2차원적으로 구하고, 그 다음에 이 수직 단면에서의 속도 분포를 기초로 하여 흐름면에서의 속도를 구하는 2차원의 중첩에 의한 3차원 해석이 잘 사용되고 있다.

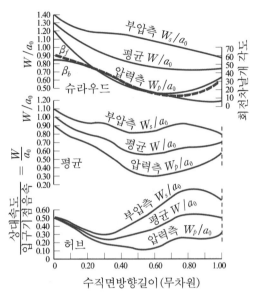

그림 7.3 사류 회전차 내의 이론속도

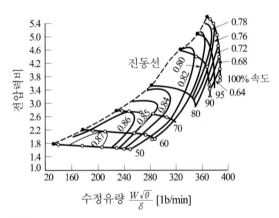

그림 7.4 사류 압축기의 특성

　햄릭 및 달렌바흐(Hamrick & Dallenbach)가 이 방법으로 사류 회전차 내의 비점성 유체 흐름의 이론 해석방법 및 계산 결과를 나타내었다. 달렌바흐에 의하면 그림 7.3에 표시한 이론 상의 날개면 속도분포를 갖는 그림 7.2와 같은 사류 압축기에서의 압력비 3.0에서 단열 효율 85%를 얻는다(그림 7.4 참조).

Chapter 8

용적형 압축기

용적형 압축기(容積形 壓縮機)는 외부에서 공기를 흡입하여 이것을 밀폐 공간에서 압축하여 고압 측으로 토출하는 기계의 총칭으로, 왕복형과 회전형이 있다. 이들 구조는 용적형 펌프와 비슷하다.

8.1 왕복형 압축기

8.1.1 개요

왕복형(往復形) 압축기는 왕복 펌프와 같은 구조로 실린더, 피스톤, 슬라이더(slider), 크로스 헤드(cross head), 그리고 흡입 및 토출 밸브로 이루어져 있다(그림 8.1 참조).

작동 원리는 흡입 밸브와 토출 밸브를 설치한 실린더 내를 왕복 운동하는 피스톤에 의해 저압 측에서 공기를 흡입하고 압축하여 고압 측으로 토출하는 압축기이다. 일반적으로 터보형 압축기에 비해 쉽게 고압이 얻어지지만, 밸브의 개폐에 시간이 걸리므로 피스톤의 이동속도를 소형의 것은 2~3 m/s, 대형의 것은 4~5 m/s 정도로 낮게 하지 않으면 안되고, 기구상 고속 운전을 하기가 어려우므로 기계가 대형이 된다.

또한 피스톤의 왕복 운동으로 진동이 생기기 쉽고, 피스톤과 실린더 등 맨 끝의 움직이는 부분에 윤활제가 공기에 혼입된다. 특히 윤활제의 혼입을 피할 필요가 있는 식료품 및 화학 공업용 등의 경우에는 피스톤 링 대신에 라비린스 패킹(labyrinth packing)을 장착한 라비린스 피스톤을 사용한 것과 탄소 수지제 피스톤 링을 사용한 것이 있다. 이와 같은 압축기를 **무급유(無給油) 압축기**라 한다.

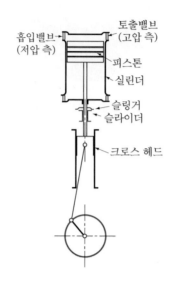

그림 8.1 **왕복 압축기의 구조**

8.1.2 구조

압축기에서 피스톤 끝 부분에 공기를 흡입 및 토출하기 위해 밸브가 필요하고, 밸브의 구조 및 작동의 양호 여부는 압축기의 효율에 크게 영향을 미친다. 밸브의 크기는 실린더의 크기에서 제한을 받지만 가능한 통로 면적을 크게 해 공기저항을 감소시킨다. 또한 작동이 경쾌하게 고속 운전에 적합한 구조로 하는 한편, 수명을 길게 하기 위해 내구성 재료를 사용하는 것이 필요하다.

왕복 압축기에서는 자동적으로 개폐하는 윤형(輪形)의 자동 밸브가 널리 사용되고 있는데, 이외에 여러 가지 구조의 것이 있다. 기본적으로는 그림 8.2(a)에서 알 수 있는 바와 같이 밸브 자리(valve seat), 밸브 판(valve plate), 밸브 용수철(valve spring), 및 밸브 용수철 지지대(holder for valve spring)로 구성된다. 밸브의 종류는 그림 8.2에서처럼 2륜형(그림 (a) 참조) 및 3륜형(그림 (b) 참조) 밸브 판의 형상에 의해 고리 모양의 밸브 자리 통로를 원판 모양의 밸브 판으로 누르는 형식의 링 밸브(ring valve, 그림 (c) 참조), 밸브 자리의 통로를 다수의 사각형 홈을 내어 이것에 단책(短冊) 모양의 밸브 판(밸브 용수철 겸용)을 설치한 페더 밸브(feather valve, 그림 (d) 참조), 그림 (e)와 같은 채널 모양의 밸브 판과 판 용수철을 조합해 설치한 채널 밸브(channel valve) 등이 있다. 또한 그림 8.2(f)와 같이 밸브 받침대의 밸브 판이 만나는 부분에 완충용 홈을 만들어 밸브 판이 열릴 때 이 홈에 공기를 넣고 홈 내에서 갇힌 공기가 쿠션(cushion)이 되어 밸브 판이 밸브 받침대에 직접 강하게 부딪히는 것을 막게끔 한 기체 완충 밸브(gas cushion valve) 등 많은 종류의 것이 사용되고 있다.

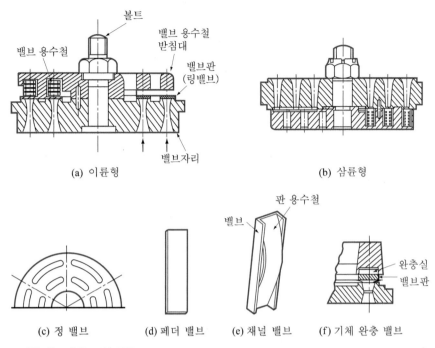

그림 8.2 **자동 밸브의 구조 및 종류**

밸브 판은 밸브 자리와 밸브 받침대 사이에서 빠른 속도로 반복하여 충돌하기 때문에 가능한 무게를 적게 함과 더불어 튼튼하게 하는 것이 필요하다. 이 때문에 보통 니켈－크롬강 같은 특수강을 사용한다. 실린더는 충분한 강도와 기밀성을 필요로 하고, 저압용으로는 주철제, 고압용으로서는 주강 혹은 단강제로 하고, 단강을 사용할 때는 특수 주철로 라이닝(lining)을 한다. 피스톤은 보통 고급 주철로 만들지만 고속의 것은 경합금을 사용한다. 피스톤 로드에는 단강을 사용하고, 표면 경화를 위해 고주파 담금질을 하는 일이 있다. 피스톤 로드의 패킹으로는 저압의 경우 목면, 마, 석면을, 고압의 경우 특히 누기를 피할 때는 석면 혹은 면포를 심(芯)으로 해 특수 콤파운드(compound)를 그 위에 쌓아, V형으로 가압 성형한 것을 사용한다. 피스톤 그 밖의 미끄럼 부분은 기름으로 윤활할 필요가 있고, 이를 위해 스플래시(splash) 방식, 자동 적하 주유 방식, 강제 주유 방식 등이 채용된다.

8.1.3 실린더 배치

왕복 압축기의 실린더 배열 방법에는 여러 가지가 있지만 피스톤이 지면에 대해 수평 방향으로 왕복 운동을 하는 형식인 횡형과 수직 방향으로 왕복 운동하는 형식인 입형이 있다(그림 8.3 참조).

대 용량 압축기의 경우 실린더 안지름 및 피스톤 행정이 고속 운전이 불가능해지므로 다

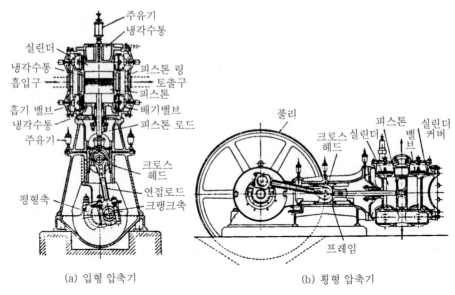

(a) 입형 압축기	(b) 횡형 압축기

그림 8.3 **왕복 압축기의 종류**

(多) 실린더로 하고, 이때 실린더의 결합 방식으로는 2실린더로 L형, V형, 빗형, 병렬형, 대향형(balanced opposed type), 3실린더로 W형, 4실린더로 X형(半星形) 등으로 분류된다 (그림 8.4 참조). 이 중에 V형, 반성형, 대향형은 피스톤의 왕복 운동에 의해 관성력의 평형 이 좋고, 진동의 경감에 큰 효과가 있다.

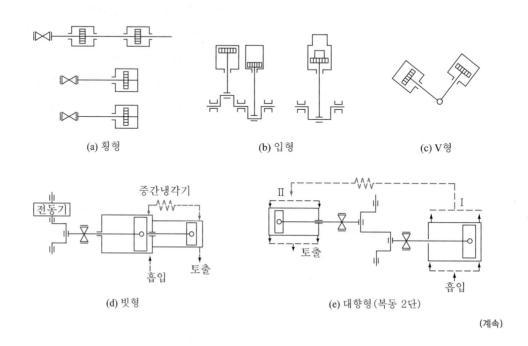

(a) 횡형	(b) 입형	(c) V형
(d) 빗형	(e) 대향형 (복동 2단)	

(계속)

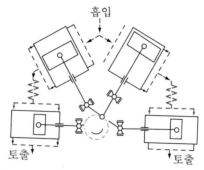

(f) X형 (반성형) (복동 2단)

그림 8.4 실린더 배치의 예

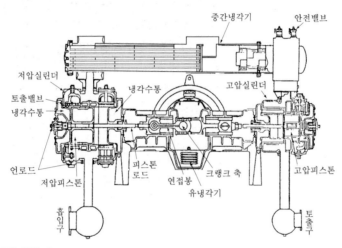

그림 8.5 대향형 2단 압축기

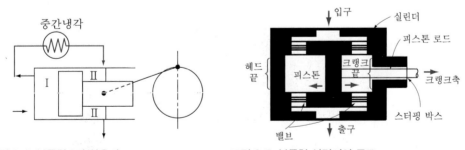

그림 8.6 복동형 2단 압축기   그림 8.7 복동형 실린더의 구조

　그림 8.5는 대향형 2단 압축기로 2개 피스톤의 운동 부분의 무게를 똑같게 하여 관성력이 평형되게 되어 있으므로 진동을 적게 할 수가 있다. 저압 측은 복동형(double-acting cylinder type)으로 실린더의 양 끝에 토출 및 흡입 밸브가 각각 설치되어 있는데 반해, 고압 측은 단동형(single acting cylinder type)으로 한쪽에만 밸브가 설치되어 있다.

또한 왕복 압축기는 작동방식에 따라 단동형과 복동형으로 구별된다. 그림 8.6과 같이 피스톤이 그림의 오른쪽에서 왼쪽으로 이동할 때에는 실린더 I 에서 압축, 실린더 II에서 흡입이 이루어지고, 피스톤이 왼쪽에서 오른쪽으로 이동할 즈음에는 실린더 II에서 압축, 실린더 I 에서 흡입이 이루어진다. 이와 같이 하나의 실린더에서 2회 압축이 가능한 형식을 복동형이라 한다. 그림 8.7은 복동형 실린더의 구조를 나타내고 있다.

왕복 압축기는 단단의 압력비가 크기 때문에 압축 시 실린더에서 냉각을 하지 않는 경우에는 공기는 고온이 되고, 비체적이 증대하여 압축 일이 증가한다. 그리하여 윤활이 불량하고 마침내는 기계의 파손을 일으키게 되므로 실린더를 냉각해야 한다. 실린더 냉각방법으로는 고압용 압축기에서 실린더 주위에 물재킷을 설치해 냉각하는 수랭식이 많지만, 저압용 압축기에서는 실린더에 핀(fin)을 달아 공기로 냉각하는 공랭식도 있다. 압력비가 더욱 크게 되면 다단식을 채용하는데 각 단의 압력비를 $0.1 \sim 1.5 \text{ m}^3/\text{min}$의 소형에서 $2 \sim 5$ 단 정도로 하고, 각 단에서 토출된 공기는 중간 냉각기를 단 사이에 설치해 냉각시킨다. 즉, 다단식의 경우는 앞 단에서 압축되어 고온으로 된 공기를 다음 단에 도달하기까지 냉각하는 중간 냉각기와 최종 단을 나온 공기를 냉각하는 후부 냉각기가 설치된다. 중간 냉각기에는 권관식과 다관식이 있다. 권관식은 관 내의 고압 공기가 흐르도록 하여 냉각하는 방식으로 약 3 MPa 이상의 고압 공기를 냉각하는 데 사용된다. 다관식은 관 속에 고온의 공기가 흐르고 바깥쪽을 냉각수가 흐르도록 하는 경우로 냉각 면적이 크더라도 소형으로 할 수가 있으며 대용량의 경우에 사용된다.

8.1.4 이론

1) 이상 사이클

이상 사이클(ideal cycle)의 이론을 간단히 하기 위해 다음의 가정을 한다.

① 피스톤은 실린더의 끝에서 끝까지 이동한다.
② 공기의 상태는 실린더에 흡입되는 동안에는 흡입구에서와 같다.
③ 피스톤의 마찰 및 밸브의 저항 등을 무시한다.
④ 압축된 공기는 압력 탱크에 들어가고 거기서의 압력, 온도는 변화하지 않는다.

이 가정은 압력 탱크 내의 체적이 매우 큰 경우이든지, 압력 탱크 내에서 배출되는 공기의 양이 각 순간에 압축기에서 보내는 공기의 양과 같은 경우에 성립된다.

이러한 가정을 기본으로 압축기의 $p-v$ 선도를 표시하면 그림 8.8과 같이 된다. 피스톤의 흡입행정은 $p = p_1$의 직선 $A_4 A_1$으로 표시되고, 피스톤이 압축 행정으로 이동한 때에

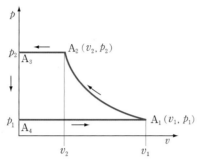

그림 8.8 **왕복 압축기의 이론 $p-v$ 선도**

점 A_1의 흡입 밸브는 닫히고, 실린더 내에 가두어진 공기는 곡선 A_1, A_2에 따라 상태변화를 하면서 압축되고, 실린더 내의 압력이 압력 탱크 내의 압력 p_2에 이르면 점 A_2의 토출 밸브가 열리고, 압축된 공기는 압력 p_2를 기본으로 압력 탱크 내에 강제로 보내진다. 그러므로 압력 p_1을 기본으로 공기를 흡입하고, 이것을 압력 p_2까지 상승해 보내는데 필요한 압축 일은 면적(A_4, A_1, A_2, A_3)으로 표시된다.

흡입 행정 동안에 실린더에 흡입된 공기의 체적을 V, 질량을 M, 공기의 비체적을 v라 하면 압축 일은

$$L = \int_{p1}^{p2} V dp = M \int_{p1}^{p2} v\,dp \tag{8.1}$$

이 되고, 이 일량은 압축이 이루어지는 동안 공기의 상태변화 과정에 따라 다르다.

실제 공기기계의 경우 공기의 상태변화 과정을 정확히 아는 것은 어렵지만, 냉각이 불충분한 때는 단열 변화에 가깝고, 실린더 및 실린더 커버가 충분히 냉각된 때는 등온 압축과 단열 압축의 중간 상태가 되어 $1 < n < \kappa$ 의 폴리트로프 압축이라 간주할 수 있다. n 값은 일반적으로 압축 도중에서 변화하지만 근사적으로는 일정하다고 둔다.

2) 실제 사이클

실제 압축기(real cycle)에서 얻어지는 $p-v$ 선도를 나타내면 그림 8.9와 같으며, 이것을 지압 선도(指壓 線圖, indicated diagram)라 한다. 실제 압축기에서는 피스톤이 맨 끝에 도달하더라도 피스톤과 실린더 커버 사이에 약간의 틈새가 있다. 이 체적을 틈새 체적(clearance volume)이라 하고, 운전 시에 생기는 압축 열에 의해 피스톤 및 피스톤 로드가 팽창하여 피스톤이 실린더 커버와 충돌하는 것을 피하기 위해 설치된다.

틈새 체적을 v_3, v_3에 대응하는 피스톤의 위치를 s_3, 피스톤의 배제 체적을 v_s, v_s에

대응하는 피스톤 행정을 s로 나타낼 때

$$\epsilon = \frac{v_3}{v_s} = \frac{s_3}{s} \tag{8.2}$$

로 표시할 수 있고, 이것을 **틈새비**(clearance ratio)라 한다.

틈새비 ϵ는 보통 0.03~0.10으로 대형 기계에서는 0.12 이상이 되는데 이 틈새 체적이 있기 때문에 압축 행정이 끝나더라도 피스톤 머리 부분에는 압축된 공기의 일부가 남는다. 그러므로 피스톤이 흡입 행정으로 옮겨지더라도 바로 흡입 밸브가 열리지 않고 이 잔류 공기가 팽창하기 시작한다.

흡입 밸브는 실린더 내의 압력이 흡입구의 압력보다 약간 낮아지므로 처음으로 열리는 데, 여기서 압력 저하량 $\Delta p_1 = (0.02 \sim 0.03)p_1$로 지압 선도에서 거의 구별되지 않는다, 이때 처음으로 외부에서 공기가 흡입되므로 이 잔류 공기량은 압축기의 흡입량에 영향을 미친다. 여기서, 실린더 내에 새로 흡입된 공기는 잔류 공기와 혼합되어 그 열을 받음과 동시에 연속 사이클의 압축 열에 의해 고온으로 된 실린더 벽에서도 열을 받는다. 그러므로 압축 시작 시 공기 온도 T_1'는 흡입구에서의 공기 온도 T_1보다 높다. 공기의 흡입량은 일반적으로 흡입구에서의 공기 상태로 나타내므로, 그 상태로 환산하는 데는 그림에서 팽창선 및 압축 선이 $p = p_1$ 되는 선과 만나는 점에서 유효 흡입량(effective suction volume), 즉 유효 흡입 행정(effective suction stroke) $s_1 - s - a_1 - b_1$을 볼 수 있다(그림 8.9 (a) 참조). 그리고 $1''$의 공기 상태는 압력 p_1, 온도 $T_1'' = T_1 + \Delta t_1''$로 주어진다. 여기서 $\Delta t_1''$는 실린더에서 받은 열에 의한 온도 상승으로 $1' - 1''$ 사이의 압축에 따른 온도 상승을 더한 것이다. 그러므로 흡입량을 흡입구의 상태로 환산하면 유효 흡입 행정은 $s_1 T_1 / T_1''$에 상당한다.

실제로 흡입된 체적, 즉 흡입구의 상태로 환산한 체적의 피스톤 배제 체적에 대한 비를 **체적 효율**(volumetric efficiency)이라 하고, 이것을 η_v로 나타내면

$$\eta_v = \frac{s_1}{s} \frac{T_1}{T_1''} = \frac{s - a_1 - b_1}{s} \frac{T_1}{T_1''} \tag{8.3}$$

이다.

앞의 그림 8.9(a)에서 알 수 있듯이 체적 효율 η_v는 ϵ 및 p_2/p_1이 큰 만큼 작게 된다. 즉, $\Delta p_1 = 0$으로 놓으면 이는 피스톤 속도가 빠를 때 혹은 흡입관이 길 때는 흡입 행정의 마지막 흡입 공기의 유동이 정지했을 때 수격 작용(water hammer)에 의한 압력 상승이 일어나고, 실린더 내의 공기 압력은 흡입구의 압력과 거의 같게 되기 때문이다. 따라서 $b_1 = 0$으로 되고 이때의 η_v를 η_v'라 하면 식 (8.3)은

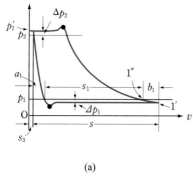
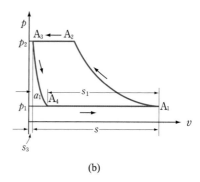

(a)   (b)

그림 8.9 **왕복 압축기의 설계 $p-v$ 선도**

$$\eta_v{}' = \frac{s - a_1}{s} \frac{T_1}{T_1{}''} \tag{8.4}$$

으로 된다. 여기서, $T_1{}''$는 압축비 및 냉각 방법에 따라 다르지만 압축비가 4일 때는 $(T_1{}'' - T_1{}')$는 20℃ 정도이다. 체적 효율 η_v 는 기계를 실제로 운전하여 얻어진 지압선도에서 알 수 있는 값이지만, 그 대략적인 크기는 다음과 같이 구할 수 있다.

그림 8.9(b)에서 나타내는 바와 같이 팽창선 $A_3 - A_4$는 $pv{}'' =$ 일정에 따르고, 토출 행정에서 실린더 내의 압력은 실제로는 토출 밸브의 저항 때문에 p_2보다 약간 높지만, 압력 탱크 내의 압력 p_2와 같다고 한다면 이때의 체적 효율은

$$\eta_v{}'' = \frac{s - a_1}{s} = 1 - \frac{a_1}{s} = 1 - \frac{v_4 - v_3}{v_s} \tag{8.5a}$$

이므로, 여기서 $v_4 = v_3 (p_2/p_1)^{\frac{1}{n}}$ 되는 관계를 이용하면

$$\eta_v{}'' = 1 - \frac{v_3 \left\{ (p_2/p_1)^{\frac{1}{n}} - 1 \right\}}{v_s} \tag{8.5b}$$

혹은

$$\eta_v{}'' = 1 - \frac{s_3}{s} \left\{ \left(\frac{p_2}{p_1} \right)^{\frac{1}{n}} - 1 \right\}$$

$$= 1 - \epsilon \left\{ \left(\frac{p_2}{p_1} \right)^{\frac{1}{n}} - 1 \right\} \tag{8.5c}$$

이 된다. 여기서 n 의 값은 보통 1.2~1.4이고, 큰 값은 p_2/p_1이 작은 경우에 해당한다. 또한 η_v 의 값은 압력비 2~4일 때 0.85~0.93이다.

실제 토출량 V_d는 흡입 상태로 환산한 것으로 밸브 및 피스톤에서 누기를 고려하면 흡입량 V_{s1}보다는 적다. 그러므로

$$\eta_d = \frac{V_d}{V_{s1}} \tag{8.6}$$

으로 두면, η_d를 **토출 효율**(delivery efficiency)이라 하고, 이 값은 압력비 3 정도일 때 0.95~0.98이다.

압축기의 크기를 결정하는데는 실제 토출량과 피스톤의 배제 체적의 비를 알 필요가 있다. 이것을 표시하는 양으로서

$$\eta_u = \frac{V_d}{V_s} \tag{8.7}$$

로, 이 η_u를 **이용 효율**(actual volumetric efficiency)이라 한다. 그리고 η_v, η_d, η_u 사이에는

$$\eta_u = \frac{V_d}{V_s} = \frac{V_{s1}}{V_s}\frac{V_d}{V_{s1}} = \eta_v \eta_d \tag{8.8}$$

의 관계가 있다.

그림 8.10은 p_2/p_1에 대한 η_u의 관계를 나타낸다. 공기의 상태변화를 $p-v$ 선도로 나타내면 공기 온도는 직접적으로는 나타나지 않고, 또한 상태변화에서 열의 주고받는 모양이 분명하지 않다. 이것들을 $T-s$ 선도에서 나타내면 명확하게 된다.

그림 8.11 (a), (b)는 왕복 압축기의 1사이클에서 공기의 상태변화를 $T-s$ 선도에서 나타낸 것의 한 예로, 그림 (a)는 냉각이 충분하지 않을 때 그리고 그림 (b)는 냉각이 충분한 때이다. 어느 쪽이나 모두 A_3-A_4는 잔류 기체의 팽창 과정, A_4-A_1은 외부에서의 공기의 흡입 과정, A_1-A_2는 압축 과정, A_2-A_3는 토출 과정을 나타낸다.

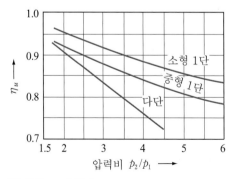

그림 8.10 압력비 p_2/p_1와 이용 효율 η_u의 관계

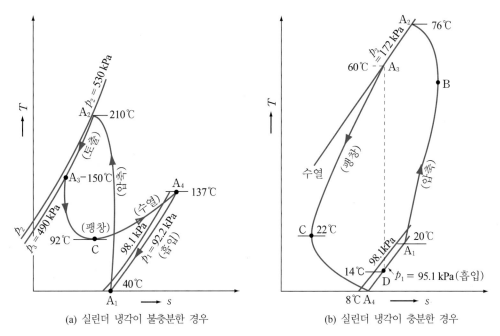

(a) 실린더 냉각이 불충분한 경우   (b) 실린더 냉각이 충분한 경우

그림 8.11 **왕복 압축기의** $T - s$ **선도**

　또한, 그림 (a)는 팽창 과정 $A_3 - A_4$의 처음에는 단열 변화를 하고, 도중의 점 C에서는 실린더에서 열을 받아 온도가 현저히 상승하여 점 A_4에 이른다. $A_4 - A_1$에서 실린더 내의 공기는 외부에서 흡입된 온도가 낮은 공기와 혼합하여 온도는 급격히 낮아진다. 공기의 이와 같은 상태변화는 냉각이 충분히 이루어지지 않았기 때문으로 압축기의 체적 효율을 매우 저하시킨다. $A_1 - A_2$의 압축 과정에서 엔트로피는 거의 일정으로 단열 변화를 한다. $A_2 - A_3$의 토출 과정에서의 공기 온도는 실린더의 온도보다 높으므로 거의 정압으로 실린더에서 열을 빼앗겨 냉각된다. 그림 (b)는 팽창 과정 처음에는 공기 온도가 실린더의 온도보다 높아 공기에서 실린더에 열이 전달되고, 도중의 점 C에서 공기는 실린더에서 열을 받지만 팽창으로 인하여 온도는 떨어진다. $A_4 - A_1$의 흡입 과정에서도 흡입되는 공기는 실린더에서 열을 받아 외부 공기의 온도보다도 상승한다. 이와 같은 상태변화 때는 그림 (a)의 경우보다 체적 효율이 좋다. 우선 잔류 공기가 단열 팽창을 했다고 한다면 팽창 뒤의 온도는 점 D가 되고, 흡입온도는 이것보다 낮으므로 냉각 효과가 좋음을 알 수 있다. $A_1 - A_2$의 압축 과정에서 도중의 점 B까지는 실린더에서 공기에 열이 전달되지만, 점 B보다 뒤에서는 열은 공기에서 실린더로 전달되므로 압축 과정은 그림 (a)의 경우와 같고, 거의 단열 변화로 간주되어 냉각 효과는 그다지 나타나지 않는다. 한편, 팽창 및 흡입 과정에서 냉각 효과는 현저하다. 이 때문에 체적 효율을 높여 일량을 줄인다.

8.1.5 특성

1) 관로에서의 공진

왕복 압축기에서는 실린더로의 흡입 및 실린더에서의 토출이 단속적으로 이루어지므로 흡입 및 토출관로에서 공진(共振, resonance)이 생겨 문제가 되는 경우가 있다. 이들 관로의 고유 진동수와 흡입 및 토출의 횟수가 일치하여 공진 상태가 되면 원활한 흡입이 이루어지지 않기도 하고, 토출관 내의 압력이 이상하게 높게 되기도 하여 배관이랑 다른 구조물에 피로 파괴를 가져오기도 하고, 압력 변동의 증대에 의해 성능이 불안정하게 되어 좋지 못한 운전상태가 되는 등 여러 가지 피해가 생긴다. 그러므로 압축기와 공기 탱크를 연결하는 관로의 길이는 공진을 일으키는 길이 혹은 비슷한 길이를 피하도록 선택하지 않으면 안 된다.

관로의 고유 진동수 f_p 는 관로 끝이 한쪽은 열려 있고, 다른 쪽은 막혀 있다고 할 때

$$f_p = a(2m-1)/4L \tag{8.9}$$

로 주어진다. 여기서 a [m/s]는 음속, L [m]는 관로의 등가 길이로 관로의 길이에 관 단면적에 대한 밸브 실 체적의 비를 더함으로써 구할 수 있고, m 는 진동의 차수이다.

압축기의 토출 측에는 맥동을 완화시켜 다소의 수요 변동에 대처하는 동시에 기름 및 응축된 수분을 분리하기 위해서 공기 탱크(air reservoir)가 설치되어 있다. 여기서 공기탱크의 크기에 대해 간단히 고찰해 보자.

압축기에서의 압력 P_r, 체적 V_d 가 순간적으로 이루어졌다고 생각하고, 그 때문에 체적 V_r 의 공기 탱크에서 압력 P_r 인 공기가 단열 압축되었다면 공기 탱크 내의 압력상승 ΔP는 $P_r V_r^\kappa = (P_r + \Delta P)(V_r - V_d)^\kappa$ 에서

$$\Delta P ≒ \kappa P_r (V_d / V_r) \tag{8.10a}$$

로 된다. 여기서 $\kappa = C_p / C_r$ 은 공기의 비열비로 $\kappa = 1.4$이다.

압축기는 대기압 P_a 상태의 공기를 흡입하여 등온 압축하는 것으로 하면 피스톤 행정 체적을 V 라 할 때, $P_a V = P_r V_d$ 에서 $V_d = P_a V / P_r = V / \gamma \, (\gamma = P_r / P_a$, 압력비)이므로 이것을 식 (8.10)에 대입하면

$$\Delta P = \kappa P_a \frac{V}{V_r} \tag{8.10b}$$

로 된다.

그러나 실제 토출에는 시간이 걸리고 토출에 의한 압력 상승은 일부 공기 탱크에서의 유출에도 이미 압력강하에 의해 감소시킬 수 있게 된다. 일반적으로 왕복 압축기에서 토출에 필요한 시간은 토출 압력 P_r 이 낮은 만큼 길게 되므로 이 경우에 보정을 근사적으로 하면

$$\Delta P = \lambda \kappa \frac{p_\gamma}{\gamma} (\frac{V}{V_\gamma}) \left\{ 1 - \frac{n}{2\pi} cos^{-1}(\frac{\gamma - 2}{\gamma}) \right\} \tag{8.11}$$

이다. 여기서 λ 는 보정 계수($=1\sim2$), n 은 단동의 경우 1, 복동의 경우 2를 취한다.

식 (8.11)에서 맥동률(surging ratio) $\epsilon = \Delta P / P_r$ 의 허용값이 지정되면 공기 탱크의 체적 V_r 이 구해진다. 즉,

$$\epsilon \leq 0.03, \ \lambda = 2, \ \left\{ 1 - \frac{n}{2\pi cos^{-1} (\gamma - 2)/\gamma} \right\} = 1 로 \ 두면$$

$$V_r \geq 100 \ V/\gamma \tag{8.12}$$

이 얻어진다.

2) 특성곡선

그림 8.12는 왕복 압축기의 특성곡선의 한 예로, 횡축에 토출 압력을, 종축에 공기량, 원동기 출력, 회전수, 체적 효율 및 전 단열 효율 등을 나타낸다. 일반적으로 압력변화에 따른 풍량의 변화는 적고, 축동력은 토출압력 증가량과 더불어 증대한다.

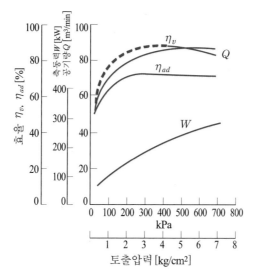

그림 8.12 **왕복 압축기의 특성곡선**

8.1.6 풍량 조절방법

압축기는 토출 압력을 일정하게 유지하며 운전하는 것이 필요하다. 그러나 압축 공기의 사용량은 일반적으로 넓게 변화하므로, 그 증감에 따라 토출량을 토출하고 토출 압력을 일정하게 유지하도록 해야 하므로 쉽지 않으나 다음과 같은 방법들을 사용한다.

1) 회전수를 바꾸는 방법

원동기의 회전수를 바꿀 수 있는 경우로, 예를 들면 내연기관 및 증기터빈에 의해 구동될 때 적용한다.

2) 바이패스 밸브로 토출 공기의 일부를 흡입 측으로 되돌려 보내는 방법

토출 공기를 바이패스하여 흡입 측으로 되돌려 보내기 때문에 동력 손실이 크고, 대풍량의 조절에는 부적당하다. 이 방법은 통상, 별도 조절장치를 같이 사용하여 적은 토출 풍량을 조절하고자 할 때 많이 사용된다.

3) 흡입 밸브를 개방하는 방법

압력 조정 밸브와 흡입 밸브 개방형 언로더(unloader)를 조합하여, 토출 압력을 이용해 흡입 밸브를 개방하고, 압축기는 정지하지 않고 토출을 일시적으로 중지하는 방법으로, 그림 8.13에 그 개략도를 나타낸다.

압력 조정 밸브는 압력 탱크에서 토출된 공기의 토출압력이 밸브 1에 작용하고, 이것이 정격 압력 이상으로 되면 용수철 2의 힘에 대항해 밸브 1을 열어 토출 측이 언로더에 통한다. 흡입 밸브 개방형 언로더는 압력 조정 밸브를 통해 들어온 공기의 압력에 의해 실린더에 작용하고 용수철의 힘에 대항해 흡입 밸브를 개방한다.

4) 흡입 밸브 닫기를 늦추는 방법

흡입 밸브를 닫는 시기를 용수철 힘으로 강제적으로 늦추어 피스톤의 압축 행정에서 실린더 내에 흡입되어 있는 공기의 일부를 흡입 측에 되돌려 보내, 적당한 시기에 흡입 밸브를 닫고 남는 공기를 압축하여 토출한다. 이 방법은 동력 손실이 적고, 용수철 힘을 조절함으로써 공기의 역류 시간을 조절할 수 있다.

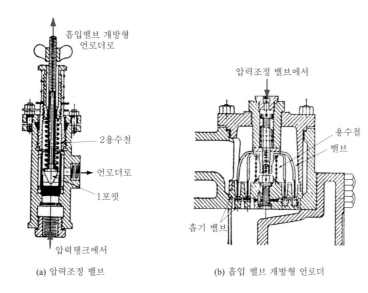

흡입밸브 개방형
언로더로

압력조정 밸브에서

2용수철

용수철
밸브

언로더로

1포펫

흡기 밸브

압력탱크에서

(a) 압력조정 밸브   (b) 흡입 밸브 개방형 언로더

그림 8.13 압력 조절장치

5) 실린더 체적의 틈새를 변화시키는 방법

실린더 주위에 작은 공간을 설치하여 스톱 밸브(stop valve)로 실린더와의 연결 통로를 개폐함으로써 틈새 체적을 변화시키는 방법이다. 틈새 체적이 변하면 체적 효율도 변하므로 토출량을 조절할 수 있고, 조절은 단계적으로 통상 3~5단계로 하도록 하고 있다.

6) 원동기의 회전을 자동적으로 정지, 기동하는 방법

압력 개폐기를 사용해 압력이 규정 이상이 되면 전동기의 주 회로를 차단하여 원동기를 정지시키고, 압력이 어떤 한도 이하로 떨어지면 주 회로를 닫아 다시 운전에 들어가도록 하는 방법이다.

8.2 회전형 압축기

회전형 압축기(回轉形, rotary type compressor)는 케이싱 내에 있는 회전자의 회전에 의해 회전자와 케이싱 사이에 공기를 가두고, 이것을 압축해 고압 쪽으로 보내는 기계로, 대표적인 것으로는 루츠 압축기, 가동익 압축기, 나사 압축기 등이 있다.

8.2.1 루츠 압축기

1) 개요

그림 8.14와 같이 루츠 압축기(roots compressor)는 실린더 내에 2개의 누에고치 모양을 한 기어를 가진 1 : 1의 회전차를 서로 90° 위상을 주고, 다시 케이싱 내벽 및 회전자가 어떤 방법으로도 직접 접촉하지 않게 약간의 틈(0.1~0.4 mm)을 유지해 설치되어 있다. 회전자를 동기 기어(synchronous gear)를 끼워 원동기 축으로부터 동력을 받아 반대 방향으로 회전시킴으로써 케이싱과 회전자 사이에 갇혀 있던 일정 체적의 공기가 토출 측으로 보내진다. 이 이송 중에 공기 체적은 변하지 않으므로 공기의 압축은 가두어진 공간이 토출 측에 개방되는 순간에 이루어지면서 역류 압축에 의해 압력이 P_1에서 P_2로 된다.

사용 토출압력은 1단마다 10~100 kPa 정도, 압력비로 2 정도까지의 저압용으로서 풍량은 0.03~5 m³/s 정도의 것이 사용되고 있다. 공기 외에 가벼운 기체의 압송이랑 진공 펌프에도 적합하다.

또한 2엽식은 토출구에 압력을 가해 회전자를 역회전시켜 회전자의 회전수에서 풍량을 측정하는 유량계(roots meter)로서도 사용되고 있다. 회전자의 치형으로는 인벌류트(involute)형, 사이클로이드(cycloid)형, 엔벌로프(envelop)형 곡선 등이 사용되고 있고, 이들 회전자가 1회전 마다 이론 풍량 V_{th}는 치형의 종류에 따라 다음과 같이 된다.

인벌류트형 $\qquad V_{th} = 0.8545\,d^2b$

사이클로이드형 $\qquad V_{th} = 0.7854\,d^2b$

엔벌로프형 $\qquad V_{th} = 0.7967\,d^2b$

여기서 d는 회전자의 최대 지름, b는 축 방향의 길이를 나타낸다.

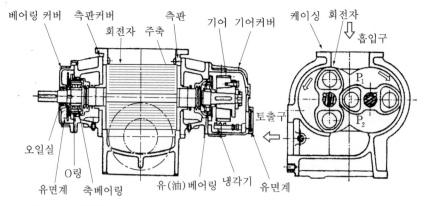

그림 8.14 루츠 송풍기(2엽식)

그러나 실제 토출량 V_a는 2개의 회전자 및 케이싱 벽면의 사이에 틈새가 있으므로 이론 풍량 V_{th} 보다 작고, 통상 $V_a/V_{th}=70\sim95\%$ 정도이며, 대형일수록 그 값은 더 크다.

2) 이론

루츠 압축기는 다른 압축기에서 볼 수 있는 압축 행정에 상당하는 부분이 없고, 흡입 압력 p_1, 비체적 v_1의 공기는 실린더 내벽과 회전자의 사이에 가두어지면서 그대로 토출 구에 보내져 토출 측에서 떠나는 순간에 압력 p_2의 토출 측 공기에 의해 압축된다. 그림 8.15는 도시마력선(圖示馬力線, indicated power diagram)이다.

공기를 비압축성으로 가정하면 단위 질량당 공기의 압축 동력은

$$L_{th} = v_1(p_2 - p_1) \tag{8.13}$$

이고, 풍량 $Q\,[\mathrm{m^3/min}]$에 대한 루츠 압축기의 압축 동력을 W_{th} 라 하면

$$W_{th} = \frac{Mv_1}{60}(p_2 - p_1)\ [W] \tag{8.14a}$$

$$= \frac{Q}{60}(p_2 - p_1)\ [W] \tag{8.14b}$$

$$= \frac{GRT_1}{60}\left(\frac{p_2}{p_1}\right)[W] \tag{8.14c}$$

이 된다. 여기서 $M\,[\mathrm{kg/min}]$은 질량 유량이며, W_{th} 는 이상 루츠 압축기의 압축 동력이라 한다.

한편, 루츠 압축기의 단열 압축 동력은 식 (4.7)에서

$$W_{ad} = \frac{\kappa}{\kappa-1}\frac{Q}{60}p_1\left\{\left(\frac{p_2}{p_1}\right)^{\frac{\kappa-1}{\kappa}} - 1\right\},\ J/s(=W) \tag{8.15}$$

로 주어진다. W_{ad}와 W_{th} 의 비를 이상 루츠 압축기의 단열 효율이라 하고 다음의 식으로 주어진다.

$$\eta_{ad/th} = \frac{W_{ad}}{W_{th}} = \frac{\dfrac{\kappa}{\kappa-1}\left\{\left(\dfrac{p_2}{p_1}\right)^{\frac{\kappa-1}{\kappa}} - 1\right\}}{\left(\dfrac{p_2}{p_1}\right)} - 1 \tag{8.16}$$

여기서 $\eta_{ad/th}$의 값은 $75\sim90\%$ 정도로 압력비가 클수록 작게 된다.

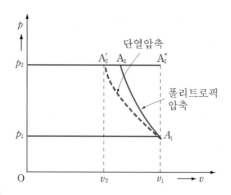

그림 8.15 루츠 압축기의 일

압력은 1단에서 약 90 kPa, 2단에서도 200 kpa 정도까지로 풍량은 1~500 m³/min의 것이 만들어져 있다. 이 압축기는 앞서 기술했던 바와 같이 회전자 및 케이싱 벽면을 서로 접촉하고 있지 않기 때문에 고속 회전이 가능하고 더구나 윤활의 필요가 없다. 그러므로 기름과 섞이는 것을 피하는 기체를 취급하는 데 적합하다.

3) 특성

그림 8.16은 루츠 송풍기의 특성곡선의 한 예로, 일정 회전 속도에서 용적형 기계 특유의 일정 유량 특성, 즉 압력 변화에 대한 유량 변화가 작은 것을 나타내고 있다. 일정 회전 속도에서 압력비가 높게 됨에 따라 약간 유량이 감소하고 있는 것은 회전자와 케이싱 틈에서의 누기 때문이고, 압력비가 높게 되는 만큼 누기량도 증대한다. 누기량은 동일 회전 속도에서는 압력 차가 큰 만큼 크고 동일 압력 차에서는 회전 속도가 작은 만큼 크다.

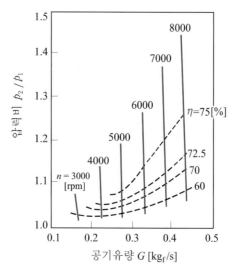

그림 8.16 루츠 송풍기의 특성

루츠 송풍기 및 압축기는 저 유량 영역에서도 터보형 기계에서 나타나는 맥동 현상은 없고 안정된 특성을 갖지만, 운전으로 인한 온도 상승에 의한 회전자의 팽창 및 원동기의 과부하를 피하기 위해 토출 측의 교축에 의한 정격 이상의 압력 상승은 피하지 않으면 안된다. 또한, 운전 시 소음은 다른 압축기에 비해 특히 크기 때문에 이 점을 주의할 필요가 있다.

루츠형 송풍기 및 압축기는 비교적 소 유량의 것에서 대 유량의 것까지 제작되고 압력비가 높은 것, 즉 토출 압력이 100 kPa에 가까운 것은 2단 압축으로 된다.

8.2.2 가동익 압축기

가동익 압축기(sliding vane compressor)는 그림 8.17에서 알 수 있는 바와 같이 하나의 회전자가 실린더 내에 실린더 벽면과 접하여 설치되고, 회전자와 실린더 사이의 공간을 회전자의 반지름 방향 혹은 다소 편심해 자른 틈에 삽입한 날개 판에 의해 많은 실로 나누어진 구조로, 회전자의 회전에 따라 날개 판이 원심력에 의해 실린더 내벽에 접하면서 홈을 출입하여 실의 체적이 변화한다. 나누어진 실의 체적이 제일 큰 부분에서 공기를 흡입하고, 제일 작은 실에서 토출하도록 흡입구 및 토출구가 설치되어 있다.

그림 8.17(b)에서 ABCD로 둘러싸인 체적은 회전자의 회전에 의해 A′B′C′D′까지 체적이 이동되면서 압축되어 고압 측으로 토출된다. 그림의 ABCD 내의 공기의 체적을 V_1, 압력을 p_1(흡입 측 압력 p_s와 같은 것으로 한다), 그림의 A′B′C′D′ 내의 공기의 체적을 V_2, 압력을 p_2, 압축 시의 폴리트로프 지수를 n이라 하고, 공기의 누기량이 없는 경우를 생각하면

$$\frac{V_2}{V_1} = \left(\frac{p_1}{p_2}\right)^{\frac{1}{n}} \tag{8.17}$$

의 관계가 있다.

실린더의 편심량을 m, 날개의 열림 각도를 β, 축방향의 길이를 단위 길이로 하고, 날개의 두께를 무시하면 V_1 및 V_2는

$$V_1 = 2mr\beta \tag{8.18}$$
$$V_2 = mr(1 + \cos\alpha)\beta \tag{8.19}$$

그러므로

$$\frac{V_2}{V_1} = \frac{1 + \cos\alpha}{2} = \left(\frac{p_1}{p_2}\right)^{\frac{1}{n}} \tag{8.20a}$$

혹은

$$\cos\alpha = 2\left(\frac{p_1}{p_2}\right)^{\frac{1}{n}} - 1 \tag{8.20b}$$

로 된다.

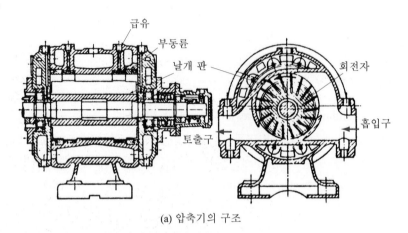

(a) 압축기의 구조

(b) 설명도

그림 8.17 가동익 압축기

　가동익 압축기의 설계점에서 위 식에서의 p_2와 토출 측 압력 P_d는 일치하지만, 이것이 일치하지 않는 경우에는 토출 측에서 역류 압축 혹은 재팽창이 이루어져 효율이 떨어진다.
　한편, 이런 종류의 압축기는 1단에서의 토출 압력이 0.7 MPa 정도까지의 비교적 높은 압력비를 얻을 수 있지만, 풍량 4 m³/min 정도의 작은 풍량의 것이 많다. 그리고 이것 이상의 풍압, 풍량은 2단으로 한다. 체적 효율은 85~90% 정도로 진동도 적다. 대부분은 실린더 내에 윤활유를 주입하는 유랭식이다.

8.2.3 나사 압축기

나사 압축기(screw compressor)는 그림 8.18에서 나타낸 바와 같이 1 : 1의 암, 수 회전자와 케이싱으로 이루어져 있다. 2개의 회전자는 서로 반대 방향으로 회전하고 회전자 및 케이싱으로 둘러싸인 공간은 흡입구에서 토출구로 보내지는 사이에 기어 흠 내에서 체적 변화를 받으므로 그 사이에 공기는 압축된다.

그림 8.19로부터 공기가 압축되는 과정을 좀 더 자세히 살펴볼 수 있다. 즉, ①은 흡입 과정, ②, ③은 압축 과정, ④는 토출 과정을 나타낸다. 나사 압축기는 2개의 회전자가 동기 기어에 의해 케이싱과 회전자, 회전자와 회전자가 접촉 않고 일정 틈을 유지하면서 서로 반대 방향으로 회전하여 압축되는 무 윤활식(그림 8.18(b) 참조)과 케이싱 내에 다량의 윤활유를 주입하여 유막에 의한 틈의 액봉(液封)으로 회전자 사이의 충분한 윤활 및 냉각이 이루어져 동기 기어 없이 회전시키는 유랭 윤활식으로 나누어진다. 전자로는 압력비는 1단으로 4 정도까지, 풍량은 $0.08 \sim 9 \, \text{m}^3/\text{s}$ 정도가 실제 사용되고 있다. 풍량 $Q = 0.08 \, \text{m}^3/\text{s}$ 이하에서는 효율이 나빠지기 때문에 대개가 유랭 윤활식으로 된다. 유랭 윤활식에서는 압축 공기의 직접 냉각 및 각 부분을 시일(seal)하므로 1단마다의 압력비를 $4 \sim 7$, 압력 상승을 $0.3 \sim 0.6 \, \text{MPa}$로 할 수 있고, 동기 기어를 사용하지 않으므로 효율도 높게 된다. 그러나 압축 공기에 기름이 혼입되므로 유 회수기(油 回收機)를 설치한다.

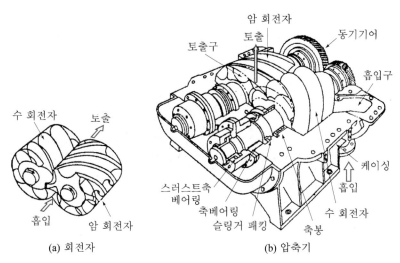

(a) 회전자

(b) 압축기

그림 8.18 나사 압축기

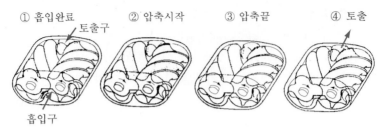

① 흡입완료　　② 압축시작　　③ 압축끝　　④ 토출

토출구

흡입구

그림 8.19 나사 압축기의 압축 과정

나사 압축기의 이론 토출량은 일반적으로 다음 식으로 주어진다.

$$Q_{th} = C_Q D^2 \mathrm{L}n/60 \tag{8.21}$$

여기서 D는 회전자의 지름, L은 회전자의 길이, n은 회전자 B의 매분 회전수, C_Q는 치형에 의해 정해지는 계수로 보통 0.44~0.60이다.

체적 효율은 75~90%로 사용 압력은 1단으로 390 kPa, 2단으로 1 MPa, 3단으로 3 MPa 정도까지이고, 풍량은 5~1,000 ㎥/min 정도의 것이 만들어지고 있다.

연습문제

1. 행정 체적 35 l, 틈새비 6%의 왕복 압축기를 120 rpm으로 운전한다. 흡입 압력 101.3 kPa, abs, 온도 57℃의 공기를 압력 294 kPa, abs.에서 토출할 때의 원동기의 동력을 구하여라. 단, 전 단열 효율을 68%로 한다.

   정답 12.1 kW

2. 밸브 실 체적 400 cm³의 왕복 압축기와 공기탱크의 사이를 안지름 38.1 mm, 길이 10 m의 동관으로 연결했을 때 관로의 1~2차 공진 진동수를 구하여라. 단, 공기는 20℃의 공기로 완전 기체 상태식이 성립하는 것으로 하고, 비열비 $\kappa = 1.4$, 기체정수 $R = 287$ J/kg·k로 한다.

   정답 $f_{p1} = 8.28$ Hz, $f_{p2} = 24.86$ Hz

3. 피스톤 행정 0.3 m, 실린더 안지름 0.1 m, 흡입 압력 101.3 kPa, 압력비 $\gamma = 4$, 단동형 왕복 압축기의 토출 측에 $V_r = 0.08$ m³의 공기탱크를 설치한 경우 토출압력의 맥동률 $\epsilon = \Delta p / p_r$을 구하여라. 단, 실린더의 틈새 체적은 무시하고, $\lambda =$로 한다.

   정답 $\epsilon = 0.017$

4. 실린더 지름 350 mm, 피스톤 행정 300 mm, 틈새비 5.5%의 복동 단단 실린더의 공기 압축기를 125 rpm으로 운전한다. 흡입 압력 101.3 kPa,abs., 온도 38℃, 토출압력 294 kPa이다. 압축 및 재팽창의 행정에서 등엔트로픽 변화를 하는 것으로 하고 피스톤 로드의 영향을 무시하여 다음을 구하라.
   ① 체적 효율
   ② 중량 유량 및 흡입상태로 나타낸 체적 유량
   ③ 압축기의 이론 동력
   ④ 전 단열 효율 75%일 때의 축 동력

   정답 ① 0.937, ② 7.67 kg/min, 6.757 m³/min, ③ 14.22 kW, 18.96 kW

5. 루츠 송풍기를 사용해 압력 101.3 kPa, abs.의 공기를 176 kPa, abs. 아래서 토출할 때의 이상 사이클 단열 효율을 구하여라.

   정답 81.1%

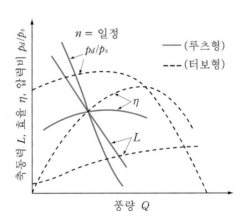

Chapter **9**

터보형 및 용적형 송풍기의 비교

그림 9.1은 용적형의 루츠 송풍기와 터보형의 후향곡 송풍기의 성능곡선을 비교하여 나타낸 것이다. 터보형에서는 풍량의 변화에 대해 토출 압력이 그다지 크게 변하지 않는 특성이 있는데 반해, 용적형에서는 압력이 변하더라도 풍량은 그다지 변하지 않는 특성을 가지므로 압력변화에서도 풍량이 거의 일정한 것이 요구되는 용도에 적합하다고 말할 수 있다. 그러므로 풍량 조절이 필요한 경우에는 바이패스를 설치하는 등이 필요하다. 또한 안전 밸브나 공기탱크를 설치할 필요가 있다.

그림 9.1 **터보형과 용적형 송풍기의 성능 비교 곡선**

Chapter 10

송풍기 및 압축기의 소음

시끄러움을 느끼고 불쾌한 기분을 일으키는 음을 일반적으로 소음이라 한다. 공기기계가 기동하면 기계 내부의 공기에 압력 변동이 일어나고, 압력파가 주위로 전파되어 소음이 된다. 송풍기, 압축기 소음은 공기역학적 원인에 의한 것이 대부분으로 그 하나는 날개의 회전에 의해 공기 중의 어떤 점에서 주기적인 힘이 증가하고, 이것이 압력파(음파)가 되어 전파되는 것이다.

이런 종류의 소음은 회전수의 곱과 같은 주파수의 성분(기본 주파수)과 그의 고조파로 되어 있다. 다른 하나는 공기 중의 와류 발생에 의한 난류 소음으로, 이것은 연속적인 넓은 주파수 성분을 갖고 있다. 이러한 음은 다시 케이싱과 관로의 공진현상에 의해 특정 주파수의 것이 현저하게 크게 되는 것도 있다.

10.1 음의 높이, 강도 및 소음 레벨

사람의 귀로는 약 16~20,000 Hz 범위의 주파수 음을 들을 수 있는데, 음의 주파수에 따라 저주파의 것은 낮다, 고주파의 것은 높다라고 한다. 또한 어떤 한 점에서 음파의 진행 방향에 수직한 단면을 단위 시간에 통과하는 단위 면적당 음의 에너지 크기를 그 점에서 그 방향의 음의 강도(sound intensity)라 한다. 음의 강도를 나타내는데는 음압 레벨(sound pressure level) SPL이 사용되고, 이 값은 주파수에 관계가 없으며 단위는 데시벨(dB)이다.

$$SPL = 10\log\frac{I}{I_0} = 20\log\frac{p}{p_0}\,[\text{dB}] \tag{10.1}$$

여기서 I [W/m²]는 음의 강도, $I_0 = 10^{12}$ W/m²는 음의 강도의 기준값, P [Pa]는 음압의 실효값으로 측정된 값이고, $p_0 = 2 \times 10^{-5}$ Pa는 기준 음압의 실효값으로 1,000 Hz의 음의 최

소 가청 음압에 상당한다.

또한 음원의 출력(음향 출력)을 나타내는 데는 다음의 음향 출력 레벨(sound power level) PWL이 사용된다.

$$\text{PWL} = 10\log\frac{W}{W_0} \text{ [dB]} \tag{10.2}$$

여기서 W 는 음향 출력[W], $W_0 = 10^{-16}$[W]는 기준값이다.

즉, SPL은 음의 강도 I 의 레벨을 나타내고, I 는 자유 공간 속에서는 음원에서의 거리의 제곱승에 반비례해서 감쇄하는 것에 반해, PWL은 음원의 출력 레벨을 나타내고 음원에서의 거리에는 관계가 없다. 그런데 사람의 귀에 느끼는 음의 크기는 음의 강도와 같은 물리량의 크기와는 일치되지 않고, 같은 음의 강도라도 주파수에 따라 다르다.

그림 10.1은 각 주파수에서 1,000 Hz의 순음의 SPL값과 같은 크기에서 들리는 음압 레벨을 곡선으로 연결해서 나타낸 것으로, 등감도 곡선 또는 Fletcher 선도라 불린다. 각 곡선상의 음의 크기의 레벨을 1,000 Hz로의 SPL값으로 나타내고 폰(phon)이라 부른다.

소음은 여러 가지 주파수의 음이 합성된 것이지만 이 소음의 크기 레벨을 소음 레벨이라 하고 소음계로 측정된다. 소음계는 음의 강도를 마이크로폰(micro-phon)으로 받아 미터로 나타내지만 그 읽기가 귀의 감각과 되도록이면 일치하도록 내부에 A, B, C 특성의 청감정(聽感柾)의 회로가 있고, 각각에서 구해진 값은 dB(A), dB(B), dB(C)로 표시되도록 되어 있다. A 특성으로 보정한 소음 레벨은 인간의 청감(40 Phon의 청감 곡선에 상당)에 가깝게 되므로 통상은 A 특성이 사용된다. B 특성은 70 Phon의 청감 보정에 상당하지만 현재는 사용되고 있지 않다. C 특성은 거의 음압 레벨 그대로(100 Phon의 청감 곡선에 상당)를 표시하고 있다고 해도 좋고 참고로 제공된다.

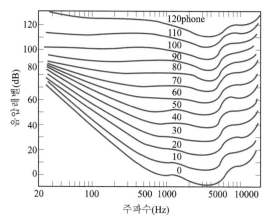

그림 10.1 음의 등감도 곡선(Fletcher 선도)

진동수 100 Hz의 음이 강도 레벨로 50 dB인 경우 크기 레벨로 몇 폰(phone)인가?

정답 그림 10.1에서 주파수 100 Hz에서 음압 레벨 50 dB와의 교점은 20폰 곡선 상에 있어 20폰이다.

음의 세기가 $I = 2.24 \times 10^{-9}$ Watt/cm^{2}인 경우 그 음의 세기의 레벨은 몇 dB인가?

정답 $SPL = 10\log_{10}\dfrac{I}{I_o} = 10\log_{10}\dfrac{2.24 \times 10^{-9}}{10^{-16}} = 73.50\,(dB)$

10.2 송풍기 및 압축기의 소음 레벨

송풍기 소음의 크기는 그 주파수가 주위의 소음의 강도 등에 의해 영향을 받기 때문에 소음의 크기와 음의 레벨의 강도(dB)는 다르고, 일반적으로 레벨의 강도는 소음의 크기보다도 크다.

그림 10.2는 축류 송풍기에서 소음 크기에 대한 음의 레벨 강도의 관계를 나타낸다. 공기기계 중에서도 저압의 팬에 대해서는 어느 정도 소음 특성을 알고 있고, 측정점의 소음 레벨(A 특성)을 L_A라 하고, 그때의 팬의 풍량, 전압을 $Q\,[\text{m}^3/\text{s}]$, $P_T\,[\text{Pa}]$이라 하면

$$L_{SA} = L_A - 10\log Q\,(P_T/9.8)^2\,[\text{dB}(\text{A})] \tag{10.3}$$

로 연관된다. 여기서 L_{SA}는 $Q = 1\,\text{m}^3/\text{s}$, $P_T = 9.8$ Pa의 경우의 소음 레벨 L_A에 상당하고, 팬의 종류(회전차의 형상)에 따라 거의 일정한 값을 갖는다. 이것을 비소음 레벨(specific noise level)이라 하고, 송풍기의 종류별로 표 10.1에 표시하는 값을 갖는다.

소음 레벨은 넓은 주파수 범위의 소음 크기의 평균값을 나타낸 것으로, 보다 정확히 소음을 측정하는 경우에는 보통 1옥타브 밴드 혹은 1/3 옥타브 밴드의 소음 스펙트럼을 취하는 방법이 사용되고 있다.

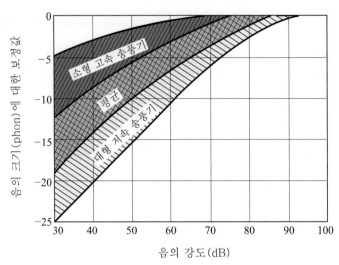

그림 10.2 축류 송풍기에서 소음의 크기(phon)와 강도(dB)의 차

표 10.1 각종 송풍기의 비소음 레벨(최고 효율점)

팬의 종류	L_{SA} [dB]
다익 송풍기	40~45
후향 곡선 송풍기	35~40
익형 송풍기	30~35
저 소음 송풍기	25~30
축류 송풍기	45~50

10.2.1 송풍기의 소음 원인

공기기계의 소음은 기계의 대형화, 고압화에 따라 점점 크게 되고, 주위의 환경에 대한 소음 규제값을 넘는 경우도 자주 생긴다. 송풍기의 소음 원인과 소음을 줄이는 방법을 좀 더 구체적으로 기술하면 다음과 같다.

1) 소음 원인

(1) 날개 회전에 의해 발생하는 소음

날개 회전에 의한 소음은 모든 송풍기 소음의 기초가 되는 것으로, 날개가 어떤 주기를 갖고 공기에 일종의 압력 충격을 주는 것이 그 원인이 된다. 그러므로 이런 종류의 소음은 날개의 폭과 두께 등의 크기 변화에 따라 충격을 주는 방법이 다르기 때문에 소음의 강도도 변한다.

(2) 날개에 의해 발생하는 와류에 의한 소음

송풍기에서는 동익의 전후에 압력 기울기(pressure gradient)가 있지만 공기 흐름이 정상적이고 전혀 박리도 없는 층류라면 소음도 작다. 그러나 실제로 공기 흐름은 일반적으로 배면 혹은 복면에서 다소라도 박리해 와류를 발생하고, 날개의 후연에 있어서 날개의 복배면에서 교대로 와류가 유출된다. 이러한 원인에 의해 많은 소음이 발생된다.

(3) 공기 흐름의 혼란에 의한 소음

공기가 상대적으로 정지해 있는 공기 중에 흘러들어가 혼합되면 소음이 발생한다. 그와 같은 혼합 영역에서는 속도 기울기(velocity gradient)가 존재하므로 와류를 발생한다. 그 와류는 발생하기도 하고, 소멸하기도 하여 불규칙적인 상태로 운동하므로 꽤 넓은 범위의 주파수 소음을 낸다. 이런 공기 흐름의 혼란은 공기 흐름 등에 장애물이나 날카로운 굴곡 등이 있는 경우에 발생하기 쉽다.

(4) 덕트, 케이싱 등의 공진에 의한 소음

소음은 송풍기의 케이싱이나 덕트의 공진에 의해 확대된다. 지금까지 앞에서 언급한 공기역학적인 원인에 의한 소음은 가청 영역에서의 모든 주파수를 포함하고 있으므로, 덕트 등은 그 자연 진동수와 일치한 주파수에서 공진한다. 이 공진은 덕트를 방음재로 피복하여 상당히 막을 수 있다.

(5) 공기역학적 원인에 의하지 않는 소음

송풍기의 소음 중에서 공기역학적 원인에 의하지 않는 것이 있다. 즉,

① 베어링의 소음
② 전동기의 소음
③ 기어 및 벨트 등의 소음
④ 구조물의 공진
⑤ 송풍기의 불균형(unbalance)

등이다.

2) 송풍기 소음을 줄이는 방법

이와 같은 송풍기 소음이 발생하는 경우에 그 소음을 줄이는 방법을 크게 구분하면 송풍기 자체의 발생음을 줄이는 방법, 즉 되도록이면 소음이 나지 않는 송풍기를 설치

하는 방법과 비록 송풍기가 소음을 발생시키더라도 외부에 소음이 전달되지 않도록 하는 방법 등이 있다. 즉, 송풍기의 흡입구가 대기 개방의 경우에는 흡입구에 소음기를 설치하여 음을 흡수, 감쇄시키고, 압축기 등 소음이 현저히 큰 경우에는 건물을 방음 구조로 하는 등 방음장치를 사용하는 방법의 두 가지로 나누어진다.

연습문제

1. 풍량 $1,000 \ \mathrm{m^3/s}$, 토출 전압 $p_T = 200 \ \mathrm{Pa}$의 축류 팬의 소음 레벨 L_A를 구하여라. 단, 비소음 레벨 $L_{SA} = 45 \ \mathrm{dB(A)}$로 한다.

   정답 $L_A = 101 \ \mathrm{dB(A)}$

2. 송풍기가 전동기로 운전되고 있다. 송풍기와 전동기의 복합 소음이 $90 \ \mathrm{dB}$, 전동기의 소음이 $83 \ \mathrm{dB}$이라면 송풍기의 소음은 몇 dB인가?

   정답 $89 \ \mathrm{dB}$

3. 진동수 $200 \ \mathrm{Hz}$의 어떤 음이 강도 레벨로 $30 \ \mathrm{dB}$인 경우 크기 레벨로 몇 폰인가?

   정답 $10 \ \mathrm{phone}$

4. 어떤 공간 한 점에 소음원이 있고 $6 \ \mathrm{m}$ 떨어진 곳에서 음의 세기 레벨이 $80 \ \mathrm{dB}$이라고 하면 $12 \ \mathrm{m}$ 떨어진 곳에서는 몇 dB이 되는가?

   정답 $74 \ \mathrm{dB}$

Chapter 11

진공 펌프

11.1 개 요

진공 펌프(眞空, vacuum pump)는 어떤 용기 안을 대기압 이하의 저압으로 유지하기 위해 용기 내의 공기를 대기 중으로 배출하는 펌프로, 그 주요부의 구조 및 작용원리는 저압의 공기를 대기압까지 압축하여 배출한다는 점에서 압축기와 같다. 그러나 진공 펌프의 운전 조건은 다음의 점에서 압축기와 다르다.

① 흡입 압력과 토출 압력의 압력 차는 작은 데도 불구하고 흡입 압력이 낮은 경우에 압력비는 꽤 크게 된다. 예컨대, 흡입 압력이 1.333 kPa, 토출 압력이 101.3 kPa이라면 압력비는 76이지만, 압력차는 100 kPa이다.

② 그러므로 펌프 내 유로의 유동 저항이 소요 동력에 민감하게 영향을 미치고 압력 손실이 증가하면 소요 동력이 현저하게 크게 된다.

③ 부하는 흡입 측에 걸리고 거기서의 압력은 기계의 기동과 더불어 현저하게 변하며 압력비도 변한다.

이상에 의해 진공 펌프는 구조상의 상세부에 대해 특별한 배려가 필요하게 된다.

11.2 성능 표시

진공 펌프의 성능은 정격 압력과 그때의 배기 용량으로 표시한다. 또한 도달 가능한 흡입 최저 압력은 성능을 평가하는 중요한 요소이다. 대기압 이하의 압력 표시로는 절대 진공을 기준으로 하는 절대 압력을 사용하는 경우와 대기압을 기준으로 하는 계기 압력을 사용하는 경우가 있고, 단위로는 mmHg, mmAq, Pa 등이 사용된다. 최근에는 토르(Torr)라는 단위가 사용되고 있지만, 이것은 mmHg로 나타낸 절대 압력을 뜻한다. 그 외에 대기압을 진공도 0%, 계기 압력 −760 mmHg, 즉 절대 진공을 진공도 100%로 하여 진공 압력을 %로 나타내는 진공도(degree of vacuum)가 있다.

대기압을 p_a, 진공 펌프에 의해 도달된 절대 압력을 p 라 하면 진공도 ϕ 는

$$\phi = \left(1 - \frac{p}{p_a}\right) \times 100 \ (\%)$$ (11.1)

로 표시된다.

진공 펌프의 풍량은 보통 흡입 측 상태의 흡입 체적 혹은 실린더의 배제 체적으로 나타낸다.

11.3 이 론

흡입 측 용기 내의 압력을 p_1, 토출 측 압력을 p_2, 흡입 체적을 V_1이라 하고, 진공 펌프의 압축 과정을 폴리트로픽 압축이라 가정하여 $PV^n = $ 일정에 따른다고 하면 압축 일량 L 은 식 (4.16)에서

$$L = \frac{n}{n-1} p_1 V_1 \left\{ \left(\frac{p_2}{p_1}\right)^{\frac{n-1}{n}} - 1 \right\}$$ (11.2)

로 된다.

진공 펌프에서 보통 p_2는 일정하고, p_1은 기계의 작동 시작에서 시간과 더불어 크게 변한다. V_1을 일정하다고 하면 식 (11.2)에서 압축 일량 L은 p_1에 따라 변하고 p_1의 어떤 값에서 최대로 되는 것을 알 수 있다. 압축 일량 L의 최대값을 구하기 위해 압축 일량 L을 p_1에 대해 미분하여 p_1에 대해 정리하면

$$p_1 = \frac{p_2}{n^{n/(n-1)}}$$ (11.3)

이 된다.

식 (11.3)을 (11.2)에 대입하면 압축 일량의 최대값이 얻어지고, 이것을 $L_{\max}$로 나타내면

$$
\begin{aligned}
L_{\max} &= \frac{n}{n-1} p_1 V_1 (n-1) \\
&= n\, p_1 V_1 \\
&= \frac{p_2 V_1}{n^{1/(n-1)}}
\end{aligned}
\tag{11.4}
$$

로 나타낸다. 여기서 $n = 1.3$으로 놓으면 $L_{\max}$ 때의 흡입 압력 p_1은 식 (11.3)에서

$$
p_1 = \frac{p_2}{1.3^{4.33}} = \frac{p_2}{3.11}
$$

이 된다.

그림 11.1은 $n = 1.3$으로 했을 때의 $V_1 = 1\ \mathrm{m^3}$에 대한 p_1, p_2 및 L의 관계를 나타내는 선도이다.

그리고 실제로 볼 수 있는 흡입 압력과 축 동력의 관계는 그림 11.2에 나타내는 바와 같이 진공 펌프의 형식에 따라 현저하게 다르지만, 왕복형 진공 펌프에서는 그림 11.1과 유사한 경향을 나타내고 축 동력 및 이론 압축 동력이 최대로 되는 흡입 압력도 대략 일치한다.

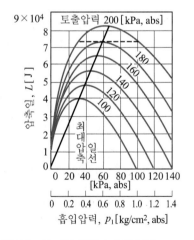
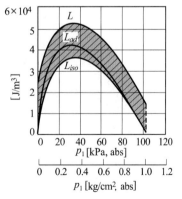

그림 11.1 진공 펌프의 이론 동력과 흡입 압력

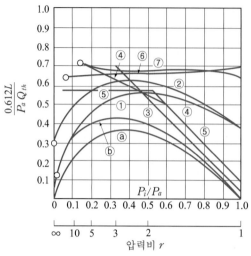

ⓐ 이론 등온압축동력
ⓑ 이론 단열압축동력
① 자유 밸브 왕복식 진공 펌프
② 미끄럼 밸브 왕복식 진공 펌프
③ 1단 루츠 진공 펌프
④ 2단 루츠 진공 펌프

$$\left(\epsilon = \frac{\text{전단 이론체적}}{\text{후단 이론체적}} = 1.6\right)$$

⑤ 2단 루츠 진공 펌프
⑥ 가동익 진공 펌프
⑦ 액봉 진공 펌프

(이 경우 Q_{th} 는 개략값이다.)

그림 11.2 용적형 진공 펌프의 축 동력 특성

11.4 종류 및 특성

진공 펌프에는 일반적인 압축기와 같이 원심식 및 축류식의 터보형과 왕복형 및 회전식 같은 용적형의 기계적 진공 펌프가 있다(그림 11.3 참조). 특히 고 진공 펌프로는 수은이나 적당한 기름을 저압 가열하여 생기는 기체 또는 증기의 분류(噴流)를 이용하여 저압 측 공기를 고압 측으로 보내는 분사식 진공 펌프가 있다. 여기서는 압축기와 중복되는 형식은 피하고 진공 펌프로서의 형식에 대해서 설명하기로 한다.

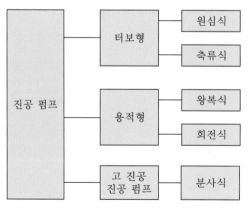

그림 11.3 진공 펌프의 분류

11.4.1 왕복형 진공 펌프

주요부의 구조는 왕복 압축기와 같지만 진공 펌프는 흡입 공기의 비체적이 크기 때문에 압축기에 비해 구동 동력의 비율에 대해 장치가 대형으로 된다(그림 11.4 참조).

통상 실린더 지름과 피스톤 행정의 비는 1.5~3.0으로 잡는다. 실린더, 실린더 커버, 밸브실에는 물재킷(water jacket)을 설치하여 냉각수를 통과시킨다. 틈새 체적은 도달 가능한 진공 압력에 크게 영향을 미치므로 가능한 작게 하는 것이 필요하다. 밸브 기구에 따라 자유 밸브식과 미끄럼 밸브식으로 나누어진다.

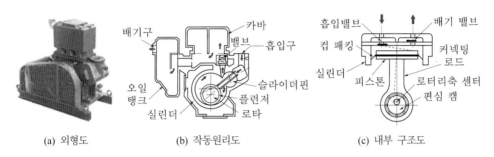

(a) 외형도　　　　　(b) 작동원리도　　　　　(c) 내부 구조도

그림 11.4 **왕복형 진공 펌프**

1) 자유 밸브식

진공 펌프의 도달 가능한 진공 압력은 체적 효율 η_v 가 0이 될 때의 흡입 압력이다. 체적 효율 η_v 는 식 (8.4)에서 $T_l = T_l''$ 로 했을 때 얻어지는 식 (8.5b)를 이용해

$$\eta_v = 1 - \epsilon \left\{ \left(\frac{p_2}{p_1} \right)^{\frac{1}{n}} - 1 \right\}$$

그리고 위 식에서 $\eta_v = 0$ 으로 두면

$$p_1 = p_2 / \left(\frac{1 + \epsilon}{\epsilon} \right)^n \tag{11.5}$$

이다.

등온 압축하는 것으로 가정하면 $n = 1$ 이 되므로 이때 도달 가능한 진공 압력은

$$p_{1,iso} = \left(\frac{\epsilon}{1 + \epsilon} \right) p_2 \tag{11.6}$$

이다.

위 식에서 도달 진공 압력은 틈새비가 작을수록 낮아지는 것을 알 수 있다. 그러나 진공 펌프의 사용에 있어서는 흡입 공기 중에 증기를 포함하는 경우가 많고, 이것이 압축 과정에서 응축되어 그 일부가 점점 실린더 내로 축적되므로, 틈새 체적을 너무 작게 하면 피스톤이 실린더의 끝 부분에 있을 때 이 응축액 때문에 실린더 커버에 충격력이 작용하여 기계가 파손될 염려가 있다.

또한, 밸브 이외의 다른 공기 통로를 좁히면 저항이 증가하므로 압력 손실과 더불어 구동 동력이 증가하게 된다. 이와 같은 종류의 펌프에서 얻을 수 있는 도달 진공 압력은 소형의 것은 3.5 kPa, abs, 대형의 것은 1.9 kPa, abs 정도이다.

2) 미끄럼 밸브식

식 (8.5b)에서 알 수 있는 바와 같이 체적 효율은 흡입 압력 p_1의 저하와 더불어 감소한다. 이것은 피스톤의 흡입 행정에서 틈새 체적에 남은 공기가 흡입 압력 p_1까지, 엄밀히 말하면 p_1보다 약간 낮은 압력까지 재팽창해 처음으로 새로운 공기가 실린더 내로 흡입되므로, 필요한 피스톤 이동거리는 p_1이 낮을수록 크게 되기 때문이다. 그러므로 재팽창하는 공기를 적게 하면 체적 효율은 향상하고 도달 진공 압력을 낮게 할 수 있다.

미끄럼 밸브식은 피스톤 크랭크와 거의 90° 위상차를 갖고 운동하도록 편심륜에 의해 구동되고, 피스톤이 행정의 끝에 왔을 때 틈새부에 남는 공기를 피스톤 반대 측의 저압부로 옮겨 틈새부의 압력을 저하시키고, 흡입 행정에서 재팽창을 최소 한도에서 멈추는 역할을 한다.

그림 11.5(a)는 미끄럼 밸브의 한 예로 미끄럼 밸브가 밸브 행정의 중앙에 있는 상태를 나타낸다. 이때 피스톤은 그 행정의 마지막에 있다. I, II는 섭동면에서 실린더의 양끝에 통하는 통로이고, 밸브에 설치된 통로 u에 의해 피스톤의 양측이 통하므로 여기서 압력은 평형이다. 피스톤이 행정의 끝에 왔을 때 틈새 체적의 공기 압력이 토출 압력 p_2와 같고, 피스톤 반대 측의 압력이 흡입 압력 p_1과 같다고 하면 이 두 상태의 공기가 혼합했을 때의 압력 p_m은 피스톤 배제 체적을 V_s, 틈새 체적비를 ϵ으로 나타내고 피스톤 로드 및 평형 통로의 체적의 영향을 무시하면

$$V_s(1+2\epsilon)p_m = V_s(1+\epsilon)p_1 + \epsilon V_s p_2$$

그러므로

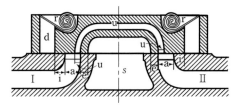

(a) 미끄럼 밸브의 구조

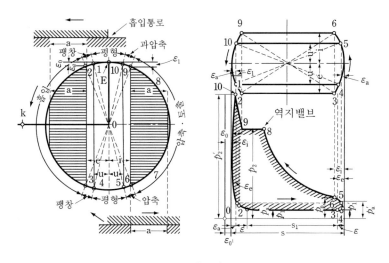

(b) 밸브선

그림 11.5 **왕복동 진공 펌프의 미끄럼 밸브**

$$p_m = \frac{(1+\epsilon)p_1 + \epsilon\,p_2}{1+2\epsilon} \tag{11.7}$$

으로 표시된다. 여기서, p_m은 p_2보다 훨씬 작고 흡입 행정에서의 잔류 공기는 p_m에서 팽창하므로 피스톤 틈새부의 압력이 p_2의 경우에 비해 훨씬 빨리 팽창이 끝나고 체적 효율은 현저히 증대한다.

그림 11.5(a)에서 s는 흡입구에서 통하는 공간으로 그림의 위치에서 통로 u와 랩(lap) e에서 차단되고 있다. 또한 통로 d는 밸브에 설치한 압축 공기의 토출 통로로 역지 밸브 r를 끼워 밸브 상자에 통하게 하고, 통로 a와 랩 i에서 차단되고 있다. 밸브 상자에는 외부로 통하는 토출구가 있고 이곳에서 배기된다. 역지 밸브 r은 실린더 내로 외기의 역류를 막기 위해 설치된 것이다. 그림 11.3(b)와 같이 편심 륜의 크랭크 E는 피스톤의 크랭크 K에 대해 약 90° 변위에 있고, 이것 때문에 피스톤이 행정의 끝에 있을 때는 평형통로 u는 전개의 상태에 있다. 피스톤의 위치와 밸브 작동의 관계를 알기 위해서 피스톤 왼쪽의 작동에 대해서만 주목해 보자.

피스톤이 왼쪽으로 나아갈 때 행정의 끝에 도달하기 조금 전의 점 10에서 평형 통로 u는 피스톤의 좌우를 통한다. 이때 토출 통로 d는 통로 I와 차단되어 있고, 압축 공기는 통로 u를 지나 피스톤 오른쪽의 실린더로 흐르며, 이 흐름은 통로 u가 점 1로 랩에 의해 가두어질 때까지 계속한다. 점 1에서 점 2까지 압축 공기는 실린더 내에서 가두어져 재팽창하고, 점 2로 흡입실 s는 통로 a를 지나 실린더에 통한다. 똑같은 현상이 점 3과 점 4의 사이에서 일어난다. 점 4에서 점 5까지의 사이는 피스톤 오른쪽 실린더에서 압축 공기의 흐름이 있어 실린더 내의 압력은 식 (11.7)로 주어지는 p_m 이 된다. 점 5로 시작해 공기가 압축되고, 점 6으로 실린더는 토출 통로 d와 통하고, 점 6에서 점 9까지의 사이에서 실린더 내의 압력이 토출 압력보다 약간 높게 되었을 때 압축 공기는 역지 밸브 r 을 열어 밀어낸다. 점 9에서 점 10 사이에서 실린더는 다시 닫혀 약간의 과 압축이 일어난다.

이 식의 진공 펌프로 얻어지는 도달 진공 압력은 0.4~1.0 kPa, abs로서 자유 밸브식에 비해 낮지만, 구조상 대형화는 곤란하고 미끄럼 밸브의 구동 때문에 압축기의 소비 동력도 약간 크게 된다. 도달 진공 압력을 더욱더 낮게 하기 위해 2단식이 만들어진다. 즉, 보통 각 단 모두 같은 크기의 실린더를 관형으로 늘어놓고 1단마다 압축한 공기를 다음 실린더에 보낸다. 도달 진공압력은 30~3 Pa, abs이다.

그림 11.6은 미끄럼 밸브식 단단 왕복형 진공 펌프의 구조를 나타낸다.

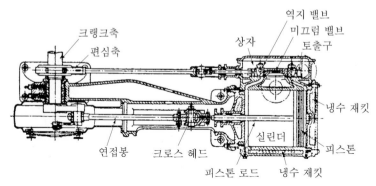

그림 11.6 미끄럼 밸브식 단단 왕복 진공 펌프의 구조

11.4.2 회전형 진공 펌프

회전형 진공 펌프(rotary type vacuum pump)는 회전형 송풍기 및 압축기를 그대로 사용할 수 있다. 도달 진공 압력은 그것만큼 낮지 않지만, 그다지 고 진공이 요구되지 않는 경우에는 구조가 간단하고 취급이 쉬우므로 공업상 넓은 분야에서 사용되고 있다. 회전형에는 루츠식, 액봉식 및 유(油) 회전식 등이 있다.

1) 루츠식 진공 펌프

루츠식 진공 펌프(roots type vacuum pump)는 루츠 송풍기를 진공 펌프로 사용하는 것으로 원리 및 구조가 똑같다. 루츠식 진공 펌프는 루츠 압축기에서 기술한 바와 같이 내부에 요동부가 없으므로 고속 회전이 가능하고, 비교적 낮은 진공이지만 배기량 500 m³/min 정도까지의 대 풍량에 적합하다. 또한 내부 윤활은 필요하지 않으므로 오염을 피하는 공기를 다루는 경우에 적합하다. 흡입 공기가 다소 수분을 포함하고 있더라도 운전에 지장이 없고, 도리어 수분이 회전차 틈새의 시일(seal) 및 압축 열의 제거에 도움이 된다. 그러나 수분이 매우 많은 경우에는 흡입 측에 분리기(分離機, separator)를 설치해 공기 중의 수분을 어느 정도 분리한다. 또한 케이싱 내부에 소량의 물을 주입하여 틈새의 수봉(水封)을 냉각시켜 체적 효율을 상승시키는 경우가 많다. 흡입 압력 − 60 kPa, g 정도까지 사용할 때는 단단식으로 하고, 이 이상 압력을 낮게 할 때는 2단식으로 하여 효율의 저하를 막는다.

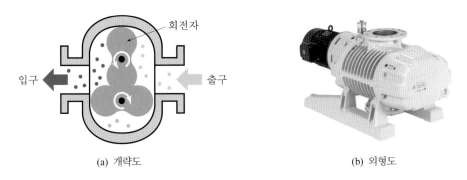

(a) 개략도   (b) 외형도

그림 11.7 루츠식 진공 펌프

2) 액봉식 진공 펌프

액봉식 진공 펌프(water-ring type vacuum pump)는 그림 11.8 (a)와 같이 실린더 내에 적당한 양의 물을 넣고 실린더와 동심으로 설치된 회전차를 회전시키면 물은 원심력을 받아 그림 (b)와 같이 실린더 내면에 붙어 순환류를 만든다. 이때 인접한 날개와 순환류의 자유면으로 둘러싸인 공간의 체적은 1, 2, 3, 4, 5, 6으로 표시하는 바와 같이 모두 일정하다. 그러나 회전차를 그림 (c)와 같이 실린더와 편심해 설치하고, 이것을 회전할 때는 인접하고 있는 날개와 순환류의 자유면으로 둘러싸인 체적은 오른쪽 반에서는 회전에 따라 팽창하고, 왼쪽 반에서는 압축된다.

즉, 회전차의 회전에 따라 순환류의 자유면은 회전차에 대해 반지름 방향으로 이동하여 인접하는 날개로 구분된 각 공간에서 피스톤과 같은 작용을 한다. 그러므로 팽창부, 압축부를 회전차의 측면 혹은 보스부를 지나 각각 흡입구, 토출구로 연통(連通)하면 회전차 1

회전에 1회의 비율로 공기를 흡입하고 토출한다.

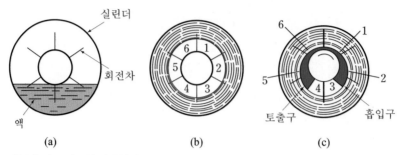

그림 11.8 액봉식 진공 펌프의 작동원리

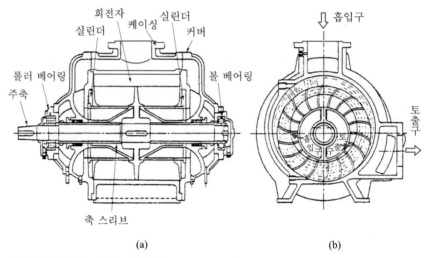

그림 11.9 액봉식 진공 펌프의 구조(편심식, Elmo pump)

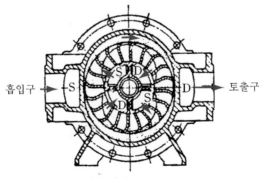

S : 흡기구멍   D : 배기구멍

그림 11.10 액봉식 진공 펌프의 예(대칭식, Nash pump)

운전 중에는 소량의 물이 일정 비율로 흡입구에서 실린더 내로 유입되어 토출구에서 공기와 함께 배출되는데, 이 물은 순환류의 자유면의 상태를 일정하게 유지함과 더불어 압축열을 공기에서 빼앗는 작용도 하게 된다. 그림 11.9는 액봉식 진공 펌프(편심식)의 구조를 나타낸다.

그림 11.9, 10과 같이 실린더를 거의 타원형으로 하고 회전차를 이것과 동심으로 설치해 회전하면, 중앙에 거의 타원으로 빈 공간을 만들고, 그림에서 알 수 있는 바와 같이 회전차 1회전마다 2회의 흡입, 토출을 할 수 있다. 그림 11.9와 같은 형식의 것을 편심식, 그림 11.10을 대칭식이라 하고, 설계자 및 제조회사의 이름을 따서 각각 엘모 펌프(Elmo pump), 내시 펌프(Nash pump)라 부르고 있다.

그림 11.11은 액봉식 진공 펌프 특성곡선의 한 예이다. 전 단열 효율은 25~35%로 다른 종류의 진공 펌프에 비해 나쁘고, 도달 진공압력도 14.7 kPa, abs 정도로 고진공은 얻지 못한다. 구조상 기계 내부에 액체가 들어 있더라도 지장이 없고, 내부로 급유가 필요없어 공기가 더러워지지 않는다. 이것은 다른 종류의 진공에서 볼 수 없는 특별한 장점이다. 화학 공업 분야에서는 자주 증기 또는 수분을 많이 포함하고 있는 공기가 취급되어 이 경우에 이런 종류의 펌프가 좋다.

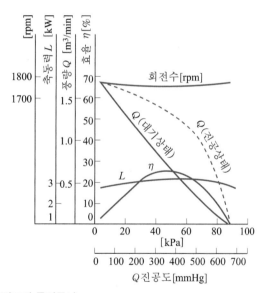

그림 11.11 **액봉식 진공 펌프의 특성곡선**

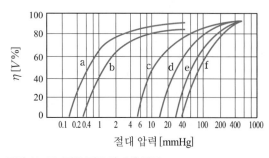

그림 11.12 **진공 펌프의 효율곡선**　　　　　　그림 11.13 **진공 펌프의 축동력**

　그림 11.12는 여러 종류의 진공 펌프에 대해서 절대 압력에 대한 효율을 행정 체적 %로 나타낸 것으로, 곡선 a 및 b는 압력 평형장치를 갖고 있는 2단 진공 펌프, 곡선 c 및 d는 압력 평형장치를 갖고 있는 1단 진공 펌프, 곡선 e 및 f는 압력 평형장치가 없는 회전 피스톤 진공 펌프에 대한 것이다.

　그림 11.13은 진공 펌프의 축동력 L로, a는 대형, b는 소형에 대한 것이다.

3) 유 회전식 진공 펌프

　유 회전식 진공 펌프((油 回轉式, oil rotary vacuum pump)는 고 진공용으로 만들어진 것으로 몇 가지 종류가 있지만, 오늘날 널리 사용되고 있는 것으로 센코형(Cenco type), 게데형(Gaede type), 그리고 키니형(Kinney type)이 있다.

　이 펌프는 회전 압축기의 실린더 내에 기름을 소량 넣어 회전자와 실린더 사이에 유막을 형성시켜 누설을 막아 체적 효율을 높이고, 틈새 체적부에 기름이 충만하여 압축 공기의 잔류를 막으므로 도달 진공 압력을 낮게 할 수가 있어 고 진공도를 얻을 수 있다.

　현재 만들어져 있는 것으로는 용량이 작은 것밖에 없지만 도달 진공 압력은 1단식으로는 1.3 Pa, abs, 2단식으로 0.13 Pa, abs 정도이다.

(1) 센코형 진공 펌프

　센코형 진공 펌프(Cenco type vacuum pump)는 그림 11.14 (a)와 같이 흡입구 및 토출구를 가진 일명 고정자(stator)라고도 하는 실린더 내를 이것과 동심의 축을 가진 편심 회전자가 실린더 면에서 요동하면서 회전한다. 이 회전자면에 격판(partition plate)이 있어 회전자 요동부가 실린더 내를 흡입 측으로 통하는 공간과 토출 측으로 통하는 공간으로 나누고 있다.

　한편, 회전자와 실린더와의 요동부는 회전자의 곡률 반지름을 실린더의 반지름과 일치시켜 양자를 면접촉시킨다. 토출구에는 밸브를 설치해 외기의 역류를 막고 있다. 이와 같은 구조에서 회전자 회전과 더불어 회전자 요동부 뒤쪽의 공간은 팽창하고, 앞쪽의 공간은 압축하여 펌프 작용이 이루어진다.

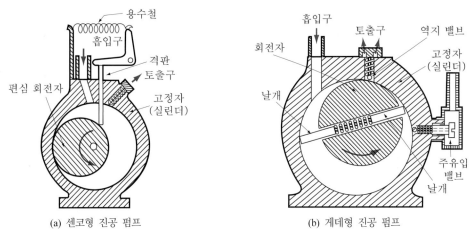

(a) 센코형 진공 펌프   (b) 게데형 진공 펌프

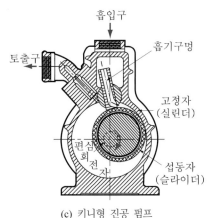

(c) 키니형 진공 펌프

그림 11.14 유 회전식 진공 펌프의 종류

펌프 전체는 기름층(油層) 속에 잠겨 있고, 소량의 기름이 격판의 요동부 및 회전축의 실린더 커버 관통부를 통해 실린더 내로 유입하여 얇은 유막을 형성해 각각의 틈새를 밀봉하고 있다. 또한 이 기름은 토출구 부근의 틈새부에도 충만하여 압축 공기가 이 부분에 잔류하는 것을 막고 있다. 공기의 배출 작용을 늘리듯이 틈새부에 기름을 적극적으로 끌어들여 공기와 섞여 회전자의 회전과 더불어 거품으로 되어 배출시키도록 한 것도 있다.

(2) 게데형 진공 펌프

게데형 진공 펌프(Gaede type vacuum pump)는 센코형 진공 펌프와 구조는 약간 다르지만 그 작동원리는 같다.

그림 11.14 (b)와 같이 실린더에 편심해 있는 회전자가 그 중심을 축으로 하여 실린더

면에 섭동(攝動)하면서 회전한다. 회전자에는 지름 방향으로 잘게 썬 홈에 삽입된 2판의 날개가 있어 용수철에 의해 실린더 내벽에 밀착되어 있다. 회전자와 실린더와의 섭동부에서는 실린더의 곡률 반지름을 회전자의 반지름과 같게 하여 양자를 면접촉시켜 흡입구와 토출구를 차단하고 있다. 회전자의 회전과 함께 실린더, 회전자 및 날개로 둘러싸인 공간의 체적이 변화하여 펌프 작용이 이루어진다.

(3) 키니형 진공 펌프

키니형 진공 펌프(Kinney type vacuum pump)는 그림 11.14 (c)와 같이 실린더 중심을 통하는 축 주위를 회전하는 편심 회전자가 있고, 흡입구는 회전자와 섭동하여 섭동하는 슬라이더(slider)와 한 몸으로 만들어져 있다.

센코형에서는 흡입구와 회전자가 별개의 것으로 용수철에 의해 격판과 회전자가 떨어지지 않도록 하고 있으므로 이 점에 있어서 구조가 다르다. 키니형 진공 펌프는 용수철을 사용하지 않으므로 용수철의 파손에 의한 고장이 생기지 않는 점에서 센코형 및 게데형 보다 우수하다. 그러나 섭동에 의해 생기는 진동을 피할 수 없는 것이 단점이다. 이 때문에 자주 섭동자의 위상을 180° 바꾸어 직렬 2단 혹은 병렬로 제작된다.

연습문제

1. 폴리트로픽 지수 $n = 1.3$일 때 진공 펌프의 이론 압축 일 L 이 최대로 되는 것은 흡입 압력 p_1과 토출 압력 p_2의 비가 얼마일 때인가? 또한 $p_2 = 101.3\,\text{kPa}$, $V_1 = 1\,\text{m}^3$일 때의 $L_{\max}$를 구하여라.

   정답 $p_2/p_1 = 3.12$, $L_{\max} = 42.25 \times 10^3\,\text{J}$

2. 1단 왕복형 진공 펌프에서 최대 진공도가 얻어지는 경우의 흡입측 압력을 구하라. 단 토출압력은 98 kPa, abs.이고, 틈새비 $\epsilon = 0.0646$이며, 폴리트로프 지수가 $n = 1.42$이다.

   정답 1.83 kPa, abs.

3. 진공 펌프도 압축기의 일종이지만 일반 압축기와 비교해 다른 점을 열거하여라.

   정답 생략

Chapter **12**

추진장치

    배, 비행기 및 로켓 등에 사용되는 추진장치에는 프로펠러, 제트 추진장치, 로켓 등이 있다. 프로펠러는 축류형 공기기계의 회전차와 같은 모양을 갖고, 이것이 유체 중에서 회전할 때 유체에 축 방향의 운동량을 주고, 그 반대 방향으로 비행기 혹은 배를 추진하는 장치이다.

    제트 추진장치는 공기를 외부에서 장치 내로 흡입해 흡입 속도보다 높은 속도로 추진 방향과 반대 방향으로 분출시켜 그 반력을 이용하여 추진력을 얻는 것이다. 이때 외부에서 흡입한 공기를 그대로 속도를 높여 분출시키는 경우와 흡입 공기를 압축하여 연료를 분사하고 고온·압축의 기체가 되어 뒤로 분출시키는 경우이다. 전자에서는 흡입 공기와 분출기와의 질량의 차가 없지만, 후자는 차이가 있다.

    로켓도 추진력은 분류의 압력에 기인하지만 연소에 필요한 산소원을 내장해 대기에 의존하지 않는 점에서 제트 추진장치와 다르다.

    그리고, 제트 추진장치 및 로켓은 항공공학에서 다루니 여기서는 송풍기 및 펌프에서 주로 사용되는 프로펠러에 대해 다루기로 한다. 즉, 추진장치의 작동원리를 이해하여 송풍기 및 펌프에서의 그 적용과 활용을 습득하는 능력을 키우고자 한다.

12.1 개 요

    프로펠러의 작동원리는 나사의 일종으로 생각할 수 있어, 즉 프로펠러를 볼트라 한다면 공기 혹은 물은 너트에 해당한다. 이와 같이 생각할 경우 프로펠러가 1회전할 때 나아가는 기하학적인 거리를 피치(pitch)라 하고, 이것은 프로펠러 고유의 값으로 반지름 위치에 따라 변화되는 것과 변화되지 않는 것이 있다. 실제로 공기와 물은 고체와 달리 작은 힘으로도 변형되므로 프로펠러 1회전에 의해 나아가는 거리는 프로펠러의 피치와는 같지 않다.

프로펠러의 지름은 D, 피치를 p, 회전수를 n, 추진속도를 v라 할 때 np는 기하학적인 추진속도로, 이것과 실제 속도 v의 차 $(np-v)$를 **미끄럼 속도**, $S=1-v/(np)$를 **미끄럼율**(slip ratio), $\lambda = v/(nD)$를 **전진율**(advance-diameter ratio)이라 한다. 이것들은 프로펠러의 성능을 나타내는 변수로서 사용된다.

일반적으로 $m=p/D$를 **피치비**(pitch ratio)라 하지만 m과 S, λ의 사이에 다음의 관계가 있다.

$$\lambda = m(1-S) \tag{12.1}$$

그러므로 상사형($m=$일정)의 프로펠러에서 미끄럼율 S를 같다고 하면 전진률 λ도 일정하게 된다.

프로펠러의 단면은 익형을 이용해 날개의 뿌리에는 두껍고, 날개 끝으로 갈수록 차차 얇게 되는 원호 익형에 가까운 단면으로 된다. 그림 12.1에 나타내는 바와 같이 날개 단면의 익현이 프로펠러의 회전면과 이루는 각 α를 피치각(pitch angle) 혹은 날개 각도라 한다. 반지름 위치에 따라 피치가 변할 때는 프로펠러 날개를 대표하는 날개 각도로서, 통상 날개 끝 반지름의 3/4의 단면의 값을 이용한다.

항공기용 혹은 선박용 프로펠러를 설계하는 경우에는 그 추진기관의 출력, 프로펠러의 회전수가 주어지고, 이것에 적합한 지름, 피치, 날개 수 등을 정한다. 이때 항공기용으로는 압축성의 영향을, 선박용으로는 공동현상의 영향을 고려해 날개 단면 형상, 날개의 윤곽 등을 결정한다. 일반적으로 항공기용은 추진속도가 크고 추력은 작지만, 선박용은 추진 속도가 작고 추력이 크게 된다.

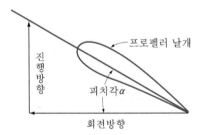

그림 12.1 **프로펠러 날개의 피치각**

프로펠러의 작용은 앞에서 기술했던 바와 같이 그 회전에 의해 유체에 가한 힘의 반력에 의한 것으로, 프로펠러 축 방향의 추력을 얻는 데는 프로펠러가 유체를 축 방향으로 가속시키는 것이 필요하다. 그러므로 프로펠러를 통과하는 유체의 축 방향 속도는 프로펠러의 직전, 직후에서 다르고, 그림 12.2는 이 관계를 나타낸 것이다.

프로펠러의 앞쪽에서 프로펠러에 유입하는 유체의 상대속도를 V_{oa}, 이것은 프로펠러가 정지 유체 내를 진행할 때 방향은 반대이고, 속도 크기는 같다. 프로펠러 뒤쪽의 상대 축 방향 속도는 V_{3a}, 프로펠러를 통과하는 유량을 Q, 유체의 밀도를 ρ 라 하면 프로펠러의 축 동력 F_a 는 운동량 변화에 의한 힘의 관계에서

$$F_a = \rho Q (V_{3a} - V_{0a}) = \rho Q \Delta V_a \tag{12.2}$$

이다.

또한 프로펠러 내의 상대 축 방향 속도의 평균값을 V_{ma}, 프로펠러 지름을 D_0, 허브의 지름을 D_h 라 하면, 프로펠러의 통로 면적은 $A_p = \pi (D_0^2 - D_h^2) / 4$ 이므로 유량은

$$Q = A_p V_{ma} \tag{12.3}$$

이다. 그러므로 식 (12.2)에서 프로펠러 축동력은

$$F_a = \rho A_p V_{ma} \Delta V_a \tag{12.4}$$

이다.

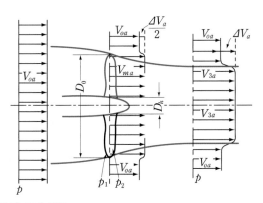

그림 12.2 프로펠러 전·후의 유체 흐름

프로펠러에서 떨어진 앞 쪽과 뒤 쪽의 유체에서는 압력 변화가 없으므로 속도 V_{0a}, V_{3a} 의 위치에서 압력은 모두 p 가 된다. 한편 프로펠러의 회전에 의해 프로펠러의 앞·뒷면에서의 압력이 달라지고 그 압력을 각각 p_1, p_2라 하면 베르누이 방정식에서

$$p - p_1 = \frac{\rho}{2}(V_{ma}^2 - V_{0a}^2)$$

$$p_2 - p = \frac{\rho}{2}(V_{3a}^2 - V_{ma}^2)$$

이고, 위 식의 양변을 각각 더하면

$$p_2 - p_1 = \frac{\rho}{2}(V_{3a}^2 - V_{0a}^2) \tag{12.5}$$

이다. 한편

$$F_a = (p_2 - p_1)A_p \tag{12.6}$$

이므로 식 (12.4)~(12.6)에서

$$V_{ma}\Delta V_a = \frac{1}{2}(V_{3a}^2 - V_{0a}^2)$$

그러므로

$$V_{ma} = \frac{V_{3a} + V_{0a}}{2} \tag{12.7}$$

이 된다.

그리고 항공기 혹은 선박이 추진력 F_a를 받아 속도 V_{0a}로 유체 속을 움직이므로 그때의 동력은

$$L = F_a V_{0a} \tag{12.8}$$

이 된다.

한편 프로펠러는 추진력 F_a를 발생해 유체를 프로펠러에 대해 속도 V_{ma}로 움직이므로, 이때 동력 L_p 는

$$L_p = F_a V_{ma} = F_a\left(V_{0a} + \frac{\Delta V_a}{2}\right) \tag{12.9}$$

이고, 따라서 추진 효율 η_p 는 다음의 식으로 주어진다.

$$\eta_p = \frac{L}{L_p} = \frac{1}{1 + \frac{1}{2}\frac{\Delta V_a}{V_{0a}}} \tag{12.10}$$

여기서는 유동 손실을 무시하고, 프로펠러에서의 후류(wake)에서 선회 성분이 없는 것으로 가정하고 있다. 그러나 실제로는 어느 정도의 선회 성분이 있으므로 식 (12.10)은 실제 효율과는 다소 다르지만 효율의 대략적인 값을 준다.

프로펠러의 회전에 의해 유체에 준 선회 속도 성분 V_{3u}의 크기는 회전차에 의해 발생하는 압력 증가에서 근사적으로 계산할 수 있다. 즉, 깃 수 무한인 경우의 이론 양정식 $H_{th\,\infty} = \frac{u}{g}(v_2\cos\alpha_2 - v_1\cos\alpha_1) = \frac{u}{g}(v_{2u} - v_{1u})$에서 속도수두의 증가를 무시하면 식 (12.4)와 (12.8)에서 다음의 관계식을 얻는다.

$$\rho\, V_{ma}\, \Delta V_a = \rho u\, V_{3u} \tag{12.11a}$$

혹은

$$\frac{V_{3u}}{\Delta V_a} = \frac{V_{ma}}{u} \tag{12.11b}$$

그러므로 프로펠러 후류에 의해 잃는 동력 L_l 은

$$L_l = \frac{\rho}{2}\, Q\, (V_{3u}^2 - \Delta V_a^2) \tag{12.12}$$

이다.

유효 동력 L 을 얻기 위해서는 $(L + L_l)$ 의 동력을 사용한 것이 되므로 추진 효율 η_p 는 다음으로도 나타낸다.

$$\eta_p = \frac{L}{L + L_l} \tag{12.13}$$

여기서 식 (12.2), (12.8) 및 (12.12)의 관계를 사용하면

$$\eta_p = \frac{1}{1 + \frac{1}{2}\left(\dfrac{\Delta V_a^2 + V_{3u}^2}{V_{0a}\,\Delta V_a}\right)} \tag{12.14a}$$

혹은 식 (12.11b)의 관계를 이용하면

$$\eta_p = \frac{1}{1 + \frac{1}{2}\dfrac{\Delta V_a}{V_{0a}}\left\{1 + (\dfrac{V_{ma}}{u})^2\right\}} \tag{12.14b}$$

여기서 u는 프로펠러 원주속도의 평균값으로, 프로펠러의 원주속도를 u_0라 하면 $u = (2/3 \sim 1/\sqrt{2})\,u_0$ 이다.

프로펠러의 작용도 축류형 공기기계의 회전차의 경우와 같이 날개 이론을 사용해 설명할 수가 있다. 그림 12.3은 반지름 r의 위치에서 지면에 직각 방향의 폭 dr의 날개 요소에 대한 유속 및 날개 사이에 작용하는 힘의 관계를 나타낸다. 유체의 원주속도 성분은 날개 앞에서 0, 날개 뒤에서 V_{3u}로 같다. 또한 축 방향 속도 성분은 날개 앞에서 V_{0a}, 날개 뒤에서 $V_{3a} = (V_{0a} + \Delta V_a)$이다. 그러므로 날개 배열을 통과하는 속도는 상대 원주속도 성분 $(u - V_{3u}/2)$와 축 방향 속도 성분 $(V_{0a} + \Delta V_a/2)$의 합 속도 $\overline{w}$로 된다. 이 경우 날개 요소에 작용하는 힘은 dF로, 그 성분에서 어떤 양력 dL 및 항력 dD는 각각

$$dL = C_L \frac{1}{2}\rho w_\infty^2 dr, \quad dD = C_D \frac{1}{2}\rho w_\infty^2 dr$$ 로 나타낸다.

날개 요소에 작용하는 힘 dF를 축 방향의 힘 dF_a, 회전 방향의 힘 dF_u로 분해하고, 토크를 dT라 하면

$$dF_a = dL\cos\beta - dD\sin\beta \tag{12.15}$$

$$dF_u = dL\sin\beta + dD\cos\beta \tag{12.16}$$

$$dT = r\,dF_u = (dL\sin\beta + dD\cos\beta)\,r \tag{12.17}$$

이 된다.

따라서, 프로펠러 전체의 추진력 및 모멘트는 각각 식 (12.15), (12.17)을 날개의 허브부에서 날개 끝까지 적분하고, 여기에 날개수 z를 곱해 얻는다.

그리고, 프로펠러 날개 요소의 회전에 필요한 동력은 $\omega\,dT$이고, 이것으로 진행에 유효한 동력 $dF_a V_{0a}$를 얻은 것이므로 날개 요소의 효율을 η라 하면

$$\eta = \frac{dF_a V_{0a}}{\omega\,dT} \tag{12.18}$$

로 주어진다.

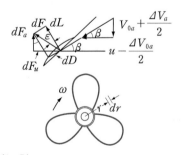

그림 12.3 **프로펠러 날개에 작용하는 힘**

식 (12.15) 및 식 (12.17)에서 $dD/dL = \tan\epsilon$ 으로 두면 위 식에서

$$\eta = \frac{V_{0a}}{\omega r} \frac{\omega r - (V_{3u}/2)\tan\beta}{V_{0a} + (\Delta V_a/2)\tan(\beta+\epsilon)} \tag{12.19}$$

로 된다. 위 식에서 만일 $\epsilon = 0$, $V_{3u} = 0$이면

$$\eta = \frac{V_{0a}}{V_{0a} + \dfrac{\Delta V_a}{2}} = \frac{1}{1 + \dfrac{1}{2}\dfrac{\Delta V_a}{V_{0a}}} \tag{12.20}$$

이고, 이것은 식 (12.14a)와 일치한다.

프로펠러를 설계하는데 모형을 사용해 성능시험을 하고, 그 결과로 상사법칙에 의해 실물의 성능을 추정하는 방법이 자주 사용된다. 프로펠러 전체의 추진력을 F_a, 소요 토크를 T, 동력을 L, 유체의 밀도를 ρ, 프로펠러의 지름을 D, 회전수를 n으로 하면

$$F_a = C_A \rho n^2 D^4 \tag{12.21}$$

$$T = C_T \rho n^2 D^5 \tag{12.22}$$

$$L = C_L \rho n^3 D^5 \tag{12.23}$$

이 된다. 여기서 C_A, C_T, C_L은 상사형의 프로펠러를 상사적으로 운전했을 때에는 변하지 않는 무차원수로 각각 추진력 계수, 토크 계수, 동력 계수라 한다.

식 (12.21)~(12.23)에서 프로펠러의 효율은

$$\eta = \frac{F_a V_{0a}}{L} = \frac{V_{0a}}{nD} \frac{C_A}{C_L} \tag{12.24}$$

으로 표시되므로 η는 V_{0a}/nD라는 전진율의 함수로 된다.

그림 12.4는 프로펠러의 특성곡선의 한 예를 무차원으로 표시한 것이다. 그러므로 이 곡선은 상사형의 프로펠러에 대해 그대로 사용할 수 있다. 프로펠러에는 전진율 V_{0a}/nD가 변하면 그것에 따라 날개각을 변하도록 한 이른바 가변 피치의 것이 많이 사용된다.

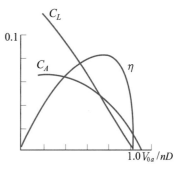

그림 12.4 프로펠러의 특성

PART 04

유체
전동장치

Chapter 13

유체 커플링

13.1 개 요

하나의 축에서 다른 축으로 동력을 전달하는 경우의 축이 일직선 상에 있을 때는 축 커플링이 사용되지만, 이와 같은 경우에 유체를 매개로 하여 동력을 전달하는 커플링을 유체 커플링이라 한다.

유체 커플링은 그림 13.1에서 알 수 있는 바와 같이 크게 구동 축(驅動, driving shaft)에 설치된 펌프의 작용을 하는 회전차와 종동 축(從動, following shaft)에 설치된 터빈의 작용을 하는 회전자로 구성된다. 펌프와 터빈에 해당하는 부분은 서로 마주 향한 목기 모양의 2개의 회전차가 되고, 회전차 내부에는 반지름 방향으로 25~40매 정도의 많은 날개가 있다.

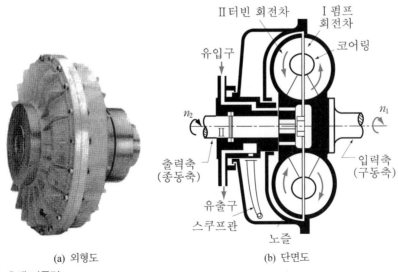

(a) 외형도   (b) 단면도

그림 13.1 **유체 커플링**

그 속에 심(芯)이 되는 코어 링(core ring)이 있다. 그림 13.1은 내부에 코어 링을 설치한 경우로 그 안에 광물유를 채워 한 쪽을 펌프, 다른 쪽을 터빈으로 하여 구동축에서 종동축으로 토크를 전달한다. 최근에는 코어 링이 없는 것도 많이 사용되고 있다.

유체 커플링은 선박의 기관과 프로펠러 축 사이에 그리고 송풍기, 펌프, 및 그 밖의 기관과 그것을 운전하는 원동기 사이에 끼워져 사용되고, 자동차, 디젤 기관차 등을 예로 들 수 있다. 그리고 이 커플링은 동력을 잇고, 끊음에도 기름의 출입에 의해 해결되므로 간단하고, 원동기의 시동을 쉽게 하고, 과부하의 상태에서도 원동기에 무리가 걸리지 않는다. 또한 축의 진동 같은 것은 커플링에 흡수되어 다른 축으로 전달되지 않고 양 축이 정확히 일직선 상에 있지 않고 다소 엇갈리게 마주보는 여유를 갖고 있다.

유체 커플리의 작동원리는 회전차의 내부에 있는 일정량의 작동유가 구동축을 회전하면 펌프 작용에 의해 그림 13.1의 화살표 방향으로 순환하고, 터빈을 작동시켜 종동축을 회전시킨다.

13.2 이 론

다음에는 커플링의 이론에 대해 기술해 본다. 그림 13.1에서 구동 축 측 및 종동 축 측에 아래 첨자 1, 2를 붙여 축 I 및 II의 각속도, 동력, 토크 및 회전속도를 ω_1 & ω_2, L_1 & L_2, T_1 & T_2, 그리고 n_1 & n_2라 하고, 펌프 입구 및 터빈 출구값에 1, 펌프 출구 및 터빈 입구값에 2, 펌프 측에 p, 터빈 측에 t 의 아래 첨자를 붙이는 것으로 한다.

펌프 입구 및 출구의 반지름을 r_1, r_2, 펌프 입구 및 출구 절대속도의 접선 방향의 성분을 v_{u1p}, v_{u2p}, 펌프의 양정을 H_p, 회전차의 수력 효율을 η_{hp}, 축을 둘러싸는 반지름 r_1, r_2의 원 주위를 따르는 순환을 Γ_{1p}, Γ_{2p}라 하면 펌프의 이론으로부터

$$g H_p = \eta_{hp} \omega_1 \left(r_2 v_{2up} - r_1 v_{u1p} \right) \tag{13.1a}$$

혹은

$$H_p = \eta_{hp} \frac{(\Gamma_{2p} - \Gamma_{1p})\omega_1}{2\pi g} \tag{13.1b}$$

이다.

그리고 터빈의 입구 및 출구의 절대속도의 접선 방향의 성분을 v_{u1t}, v_{u2t}, 터빈의 낙차를

H_t, 회전차의 수력 효율을 η_{ht}, 순환을 Γ_{2t}, Γ_{1t}라 하면 수차의 이론으로부터

$$g\,\eta_{ht}\,H_t = \omega_2(r_2 v_{u2t} - r_1 v_{u1t}) \tag{13.2a}$$

혹은

$$\eta_{ht}H_t = \frac{(\Gamma_{2t} - \Gamma_{1t})\omega_2}{2\pi g} \tag{13.2b}$$

이고, 여기서, $\Gamma_{1t} = 2\pi r_1 v_{u1t}$. $\Gamma_{2t} = 2\pi r_2 v_{u2t}$이다.

터빈 입구와 펌프의 출구 사이에 틈이 있더라도 그 사이에 생기는 수두 손실을 작은 것으로 하여 무시하면, 운동량 모멘트가 일정하다는 것에서 혹은 순환이 변하지 않는다고 하는 것에서 터빈의 입구와 펌프의 출구에서는

$$\Gamma_{2p} = \Gamma_{2t}, \quad v_{u2p}r_2 = v_{u2t}r_2 \tag{13.3}$$

의 관계가 성립한다. 같은 이유로

$$\Gamma_{1t} = \Gamma_{1p}, \quad v_{u1t}r_1 = v_{u1p}r_1 \tag{13.4}$$

이다. 또한 $H_p = H_t$이므로 식 (13.1)~(13.4)에서

$$\frac{\omega_2}{\omega_1} = \eta_{hp}\eta_{ht} \tag{13.5}$$

로 된다. 여기서 $s = (\omega_1 - \omega_2)/\omega_1$ 을 **미끄럼율**(slip ratio)이라 한다.

다음에 이 커플링 속을 흐르는 유체의 유량을 Q, 비중량을 γ 라 하면 펌프가 유체에 준 동력은 $\gamma Q H_p/\eta_{hp}$, 터빈이 흡수한 동력은 $\gamma Q H_t \eta_{ht}$ 이므로 이 커플링의 효율을 η 라 하면

$$\eta = \frac{\gamma Q H_t \eta_{ht}}{\gamma Q H_p/\eta_{hp}} = \eta_{ht}\,\eta_{hp} \tag{13.6}$$

그러므로 식 (13.5)에 의해

$$\eta = \frac{\omega_2}{\omega_1} = 1 - s \tag{13.7}$$

로 된다. 즉, 미끄럼율이 클수록 커플링 효율은 떨어진다.

이 커플링의 펌프, 터빈에는 회전차에서 손실을 일으키기 쉬운 안내깃, 와류실, 흡입 및 토출관 등이 없으므로 η_{hp}, η_{ht} 는 보통 펌프, 수차에서는 매우 크다. 그러므로 커플링 효율은 매우 높아 보통의 것은 미끄럼율이 2.5~3%, 효율은 대략 0.97 정도이다.

다음에 펌프 입·출구의 압력을 p_1, p_2, 펌프 회전차에서 일어나는 손실은 상대속도 w 에 의해 $\zeta_p w^2/2g$, 터빈 회전차의 경우 $\zeta_t w^2/2g$, 펌프 입구와 출구에서의 상대속도를 w_1, w_2 라 하고 펌프에 대해 에너지 방정식을 적용하면

$$\frac{p_2 - p_1}{\gamma} = \frac{w_1^2(r_2^2 - r_1^2)}{2g} + \frac{w_1^2 - w_2^2}{2g} - \zeta_p \frac{w^2}{2g} \tag{13.8}$$

이다. 여기서 $(p_2 - p_1)$을 소거하면

$$\left(\frac{w}{w_1 r_1}\right)^2 = \frac{1}{(\zeta_p + \zeta_t)}\left\{1 - \left(\frac{r_1}{r_2}\right)^2\right\}\left\{1 - \left(\frac{w_2}{w_1}\right)^2\right\} \tag{13.9}$$

로 된다.

펌프의 토크를 T_p, 터빈의 토크를 T_t 라 하면

$$T_p = \rho Q(v_{u2p} r_2 - v_{u1p} r_1) \tag{13.10}$$
$$T_t = \rho Q(v_{u2t} r_2 - v_{u1t} r_1) \tag{13.11}$$

이고, $v_{u2p} r_2 = v_{u2t} r_2 \cdots$ 의 관계에 의해 토크 T는

$$T = T_p = T_t \tag{13.12}$$

이다.

속도 w 인 곳의 유로 단면적을 A 로 나타내면 유량은 $Q = Aw$ 이다. 방사상의 날개로 하면 $v_{u2p} = w_1 r_2$, $w_{u1t} = w_2 r_1$ 이므로 토크 T는

$$T = \rho A w(w_1 r_2^2 - w_2 r_1^2) \tag{13.13a}$$

혹은 이것을 무차원으로 나타내면

$$\frac{T}{\rho w_1^2 r_2^5} = \frac{w}{w_1 r_2}\left(\frac{A}{r_2^2}\right)\left\{1 - \left(\frac{r_1}{r_2}\right)^2\left(\frac{w_2}{w_1}\right)\right\} \tag{13.13b}$$

로 된다.

그림 13.2는 식 (13.9), (13.13b)를 참고로 하여 구동축 회전속도 n_1을 일정하게 유지하고, 종동축의 토크 및 속도비 $e = n_2/n_1 = \omega_2/\omega_1$를 변화시켰을 때 유체 커플링의 특성을 설계점에서의 토크 T_d, 입력 L_{1d}를 기준으로 하여 나타낸 것이다.

즉, 흐름속도 w 는 $w_2 = 0$의 경우에 최대값을 갖고 w_2가 증가하면 감소하는 경향을 갖는다. 또한, 토크 T 은 속도비 $e = 0$ 또는 $w_2 = 0$에서 최대값을 갖고, 속도비 e 또는 $w_2 = 0$의 값이 증가하면 감소하고, $e = 1(n_1 = n_2)$ 또는 $w_1 = w_2$에서 $T = 0$으로 된다. 효율 η 는 속도비의 거의 전 영역에서 $\eta = e$ 로 되지만 e 가 1에 가까이 가 토크가 감소하고, $T \simeq T_m$, (여기서 T_m 은 축 베어링의 마찰손실과 펌프의 외주부가 주위 공기와의 유체 마찰저항 등에 의해 약간 생기는 기계손실 토크로)이 되면 급격히 저하하기 시작한다. 유체 커플링은 최고 효율 $\eta_{\max}$ 가 얻어지는 설계 속도점 $e_d = 0.95 \sim 0.98$ 부근에서 사용된다.

또한 순환 유량 Q 는 같은 속도비일 때에는 회전 속도 n_1 에 비례하고, n_1 이 일정한 경우에는 토크와 마찬가지로 속도비 e 의 값이 크게 되면 차차 감소하고, $e = 1$에서는 유체는 회전차와 일체가 되어 강체적으로 회전하므로 $Q = 0$으로 된다. $\omega_2 = 0$ 일 때, 즉

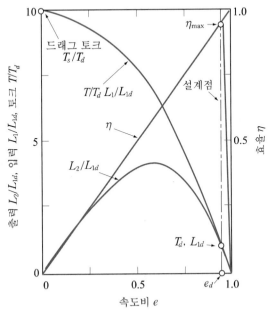

그림 13.2 유체 커플링의 특성곡선

구동축이 회전하고 종동축이 정지해 있을 때($e = 0$, 실속점)의 전달 토크 T_s를 **드래그 토크**(drag torque)라 하지만, T_s는 설계점에서의 값 T_d의 10배 이상이 되는 것도 있다. 드래그 토크가 지나치게 크면 시동 시 및 큰 부하가 종동축에 작용해야 하는 경우에 구동축 측에 무리가 걸리게 되므로 주의하지 않으면 안 된다. 그러므로 드래그 토크가 큰 것은 좋지 못하고, 이것을 줄이는 방법으로는 순환 때의 순환 유량을 줄여 외관상 상유(上油)의 밀도를 줄이든지, 그림 13.3과 같이 배플 판(baffle plate) 혹은 둥근 고리 모양의 밸브를 사용한다. 전자 배플 판은 원판 모양의 판으로 w_2가 작을 때는 w가 크게 되지 않도록 하여 펌프에 걸리는 토크를 억제한다. 둥근 고리 모양의 밸브는 터빈 회전차의 안으로 밀어내도록 한 것으로 같은 목적을 갖고 있다. 또한 저유 탱크(貯油槽)를 설치해 미끄럼이 큰 경우에 기름이 저유탱크로 떨어지도록 한 것도 있다.

또한 커플링에서 기름을 빼내면 축 II의 속도가 바뀌어 변속이 가능하다. 기름을 소요량 빼내기 위해서는 그림 13.4와 같은 스쿠프 관(scoop tube)이 사용된다. 이와 같은 커플링은 일정한 속도인 전동기의 경우 변속하고자 할 때도 사용되지만, 이미 기술한 바와 같이 미끄럼이 크게 되면 효율은 저하된다.

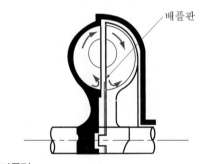

그림 13.3 배플 판 부착 유체 커플링

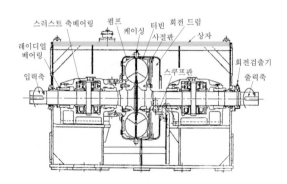

그림 13.4 스쿠프 관

그림 13.5는 내부 유량을 조절할 수 있는 가변 충진식 유체 커플링의 구조를 나타낸다. 즉, 회전차 내의 유량을 변화시킴으로써 전달 토크를 어느 정도 변하게 할 수 있으므로, 구동축 회전속도를 일정하게 유지한 채 속도비 e 를 자유로이, 마음먹은 대로 제어할 수 있도록 한 것이다.

그림 13.5에서 나타낸 바와 같이 급유구에서 회전차 내로 유입된 기름은 다시 펌프와 같이 회전하는 드럼 내에서 원심력에 의해 원통 모양의 기름 층을 형성하고 있다. 회전 드럼 내에는 회전축에 대해 직각 방향으로 직선 운동하는 스쿠프 관이 있고, 그 끝 개구부가 회전차에서 유출한 기름을 받는다. 그러므로 스쿠프 관의 위치에 따라 기름 층의 두께가 결정되고, 이것에 의해 회전차 내의 유량도 간접적으로 제어된다.

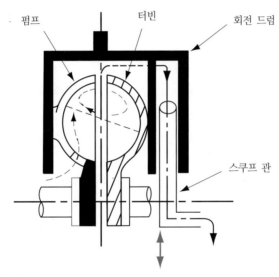

그림 13.5 **가변 충진식 유체 커플링의 구조 예**

연습문제

1. 유체 커플링의 구동축 유량이 24 l /s이다. 이 유체 커플링의 미끄럼이 1.5%일 때 종동축의 회전수는 얼마인가? 또한 이때 유체 커플링의 효율을 구하여라.

   정답 $N = 23.6 \, \text{s}^{-1}$, 98.5%

2. 유체 커플링의 토크 T, 구동축, 종동축의 각속도를 각각 ω_1, ω_2, 작동유의 순환 유량을 Q라 하면 손실 수두 ΔH는 $\Delta H = T(\omega_1 - \omega_2) / g\rho Q$로 나타남을 보여라.

   정답 생략

3. 어떤 유체 커플링에서 구동축 및 종동축의 유량이 각각 37 l /s, 23 l /s, 구동축의 토크가 54 N·m, 작동유(비중 0.85)의 순환 유량이 0.004 m³/s라 한다면 손실 수두는 얼마인가?

   정답 142 m

4. 구조적 상사인 유체 커플링에서 그 속을 흐르는 작동 유체의 흐름도 상사인 경우 펌프의 회전수 n_p, 유량 Q, 토크 T 사이에 다음의 식이 성립함을 증명하여라.

   정답 $n_p Q^5 / T^3 =$ 일정

Chapter 14

토크 변환기

14.1 개 요

토크 변환기(torque convertor)는 그림 14.1에 나타낸 바와 같이 펌프와 터빈의 회전차로 되어 있는 유체 커플링의 순환 유로에 안내깃(固定子, stator)을 새로이 붙인 것으로, 안내깃은 구동축, 종동축과는 관계없이 고정된 케이스에 직접 지지되어 있다.

토크 변환기는 유체 커플링과 달리 토크의 크기가 변화되도록 된 것으로 가장 간단한 것은 펌프 회전차, 터빈 회전차와 안내깃을 조합시킨 것이고, 이 조합에 의해 펌프 축에 가해진 토크와 터빈 축의 토크 비율을 변화시킬 수 있다.

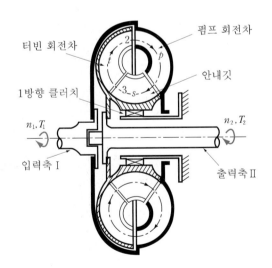

그림 14.1 **토크 변환기**

그림 14.1과 같은 펌프, 터빈, 안내깃의 3요소로 되어 있는 토크 변환기를 생각해 보자. 펌프 입구 및 안내깃의 출구에 1, 펌프의 출구 및 터빈의 입구에 2, 터빈의 출구 및 안내깃의 입구에 3, 펌프에 p, 터빈에 t, 안내깃에 s 의 첨자를 붙이고 펌프 축 및 터빈 축의 회전 각속도를 각각 ω_1, ω_2라 하면, 펌프의 경우 유체에 가한 토크는

$$T_p = \rho Q(v_{u2} r_2 - v_{u1} r_1)$$
$$= \frac{\rho Q}{2\pi}(\Gamma_2 - \Gamma_1) \tag{14.1}$$

이고, 마찬가지로 터빈이 받는 토크는 $\rho Q(v_{u2} r_2 - v_{u1} r_1)$이므로 터빈이 유체에 준 토크를 T_t라 하면

$$T_t = \rho Q(v_{u3} r_3 - v_{u2} r_2)$$
$$= \frac{\rho Q}{2\pi}(\Gamma_3 - \Gamma_2) \tag{14.2}$$

이 된다. 또한, 안내깃이 유체에 준 토크는

$$T_s = \rho Q(v_{u1} r_1 - v_{u3} r_3)$$
$$= \frac{\rho Q}{2\pi}(\Gamma_1 - \Gamma_3) \tag{14.3}$$

이고, 이것들의 합은

$$T_p + T_t + T_s = 0$$

이므로 터빈 축이 받는 토크 $-T_t$는 $(T_p + T_s)$와 같다.

일반적으로 n 개의 요소로 이루어질 때 각 요소의 출구와 입구의 $v_u r$의 차를 $\Delta v_u r$, 순환의 차를 $\Delta \Gamma$라 표기하면

$$\sum \Delta v_u r = 0, \ \text{또는} \ \sum \Delta \Gamma = 0 \tag{14.4}$$

로 표시할 수 있다.

다음에 펌프가 유체에 가한 에너지는 펌프 내의 손실을 H_{lp} 라 하면

$$\frac{\omega_1^2(r_2^2 - r_1^2)}{2g} + \frac{v_2^2 - v_1^2}{2g} + \frac{w_1^2 - w_2^2}{2g} - H_{lp}$$

$$= \frac{1}{g}(\omega_2 r_2 v_{u2} - \omega_1 r_1 v_{u1}) - H_{lp} \tag{14.5}$$

이 되고, 터빈에서 외부에 가해진 에너지는 터빈 내의 손실을 H_{lt} 라 하면

$$\frac{1}{g}(\omega_2 r_2 v_{u2} - \omega_2 r_3 v_{u3}) - H_{lt} \tag{14.6}$$

이 된다. 또한 안내깃에서의 손실을 H_{ls} 라 하면

$$\frac{1}{g}\{(\omega_2 r_2 v_{u2} - \omega_1 r_1 v_{u1}) - (\omega_2 r_2 v_{u2} - \omega_3 r_3 v_{u3})\} = H_{lp} + H_{lt} + H_{ls} \tag{14.7}$$

이다.

일반적으로 출·입구에서의 $\omega r v_u$ 의 차를 $\Delta \omega r v_u$, 손실을 H_l 이라 하면 에너지의 관계는

$$\frac{1}{g}\sum \Delta \omega r v_u - \sum H_l = 0 \tag{14.8}$$

로 된다. 이들 관계는 펌프, 터빈, 안내깃의 설계 기초가 되는 식이다.

이 토크 변환기의 효율은 터빈 토크의 크기를 T_t, 속도비를 $e = \omega_2/\omega_1$, 토크비를 $t = T_t/T_p$ 라 하면

$$\eta = \frac{T_t}{T_p}\frac{\omega_2}{\omega_1} = et \tag{14.9a}$$

로 나타낸다. 혹은

$$\eta = 1 - \frac{g\sum H_l}{\omega_1(v_{u2}r_2 - v_{u1}r_1)} \tag{14.9b}$$

이다.

여기서 손실은 각각의 유로 속을 흐를 때 마찰 손실과 날개 입구에서의 충돌 손실이다.

토크 변환기의 토크비 $t = T_t / T_p$, 효율 $\eta = T_{t\omega_2} / T_{p\omega_1} = et$ 는 속도비 e 에 따라 그림 14.2와 같은 변화를 한다. 이미 유체 커플링에서 기술한 바와 같이 속도비 $e = w_2/w_1$ 가 작게 되면 유량은 증대하므로 마찰 저항은 속도비 e 가 증가하면 감소한다. 이것에 대해 설계점 부근에서의 속도비 e 에서는 깃 입구에서 충돌 손실이 일어나지 않지만, 속도비 e 가 그 점에서 멀어지면 수차, 펌프의 경우와 달리 회로 내에 안내깃이 있어서 저항이 증가 하기 때문에 효율을 90% 이상 얻는 것은 어렵다.

토크비 t 는 속도비 $e = 0$ 일 때 최대가 되고 e 가 증가하면 감소한다. 토크비가 $t = 1$ 이 되는 점을 **클러치 점**(clutch point)이라 한다. 속도비 $e = 0$ 의 토크비를 **실속 토크비**라 하고, t_s 로 나타내고 이것은 설계 속도비가 작을수록 크고, 보통 2~4의 범위에 있다. 안내깃에 작용하는 토크 T_s 는 속도비 e 의 증가에 따라 감소하고, 어느 일정 속도비 $e_c (> e_d)$ 이상 에서는 $T_s < 0$ 으로 된다. 이 상태에서는 종동축에 대해 제동기의 역할을 하므로 오히려 장해가 된다.

그러므로 $T_s < 0$ 으로 되는 범위에서 성능을 개선하기 위해서 여러 가지 방법이 고려되 고 있다. 즉, 이 범위에서는

① 토크 변환기를 사용하지 않고 기계적으로 직결한다.
② 유체 커플링과 조합시킨다.
③ 토크 변환기 커플링을 사용한다.
④ 토크 변환기의 가동 안내깃에 의한 방법 등이다.

이 중에서 ①, ②는 $T_s < 0$ 의 범위에서는 토크 변환기를 사용하지 않는 것에 대해, ③은 그림 14.1에 나타낸 바와 같이 안내깃이 한 방향 클러치(one-way clutch)를 끼워 케이스에 고정시켜 놓고 $T_s < 0$ 되는 범위에서는 자유로이 펌프와 같은 방향으로 공전하여 실질적 으로 그 기능을 잃도록 설계되어 있다. 이 상태에서는 유체 커플링과 똑같은 동작 상태로 되고, 그림 14.2에 나타낸 바와 같이 유체 커플링으로서의 특성곡선으로 옮겨간다. T_s 의 부호를 바꾸는 점은 한 방향 클러치가 미끄러지기 시작하는 점에서도 있는데, 이를 클러치 점이라 부른다. 또한 이와 같은 구조의 토크 변환기를 토크 변환기 커플링이라 한다. ④는 안내깃이 고정부와 가동부로 되어 있고, 가동부의 날개 각도는 링, 캠, 핸들에 의해 외부에 서 어떻게 변경하도록 되어 있어, 이것에 의해 각 속도비 e 에서 적당한 날개 각도가 되도 록 조절하는 것이다.

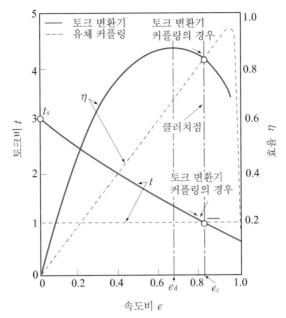

그림 14.2 토크 변환기의 특성곡선

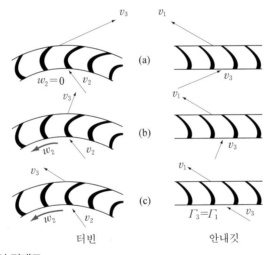

그림 14.3 터빈 안내깃의 전개도

그림 14.3은 터빈, 안내깃을 편의상 전개하여 그린 것으로 w_2의 2, 3의 값에 대한 터빈 날개, 안내깃의 출·입구 흐름의 방향이 나타나 있다. 그림 (a)는 $w_2 = 0$의 경우로 터빈 날개는 정지해 있으므로 속도 v_3는 거의 터빈 날개 출구 방향을 취하고, 안내깃 입구에서 심하게 구부러져 충돌 손실이 생긴다. 그림 (b)는 설계점 부근의 상태를 나타낸다. 그림 (c)는 클러치 점의 경우로, 안내깃 입구의 v_3와 출구의 v_1의 방향은 같아 $\Gamma_3 = \Gamma_1$으로 이

상태에서는 터빈을 나간 흐름은 안내깃에 의해 구부러지지 않는다. 또한 안내깃 입구에서의 충돌손실은 크다. w_2가 더욱 크게 되면 흐름은 안내깃에서는 그 상태의 반대 방향으로 구부러지게 되어 다시 큰 손실을 일으킨다. 거기서 안내깃을 한쪽 방향으로만 회전 가능한 구조로 하여 클러치 점 이상에서 자유로이 회전시키면 안내깃 입구에서의 충돌 손실이 줄고, 유체 커플링과 같이 작용하므로 이와 같은 구조로의 토크 변환기는 클러치 점 이상에서 그림 14.3에서 e_c 이상 영역에서의 점선으로 나타난 성능을 표시한다. 다시 안내깃을 2열로 나누어 먼저 터빈 출구에 가까운 것을 회전시키고, 다시 w_2가 증가할 때 그 다음의 안내깃이 회전하기 시작하도록 한 것도 있다.

이상은 토크 변환기의 제일 간단한 예이지만 이와 같은 펌프, 터빈, 안내깃의 요소를 몇 개든지 짝을 지어 구성할 수 있다.

1. 다음 그림의 토크 변환기에서 유로 단면적 $A = 2\pi rb$ 가 모든 곳에서 일정한 것으로 할 때 구동축 및 종동축의 토크 T_1, T_2는 각각

$$T_1 = \rho v_m A \left[\{ (r_2\omega_1 - v_m \tan\alpha_{1,2}) \} r_2 + v_m r_1 \tan\alpha_{3,2} \right]$$

$$T_2 = \rho v_m A \left[\{ (r_2\omega_1 - v_m \tan\alpha_{1,2}) \} r_2 - (r_3\omega_2 - v_m \tan\alpha_{2,2}) r_3 \right]$$

으로 나타남을 증명하라. 단, ρ 는 유체의 밀도, v_m 은 메리디언 속도, α 는 수직 단면에 대한 날개의 경사각, 첨자 1,2 : 2,2 : 3,2는 각각 펌프, 터빈, 안내깃의 출구를 표시한다.

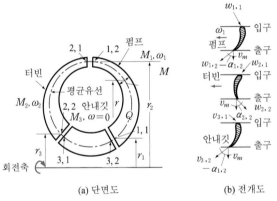

(a) 단면도　　　　　(b) 전개도

그림 14.4 토크 변환기

2. 문제 1의 경우에서 $r_2 = 0.2$ m, $r_1 = r_3 = 0.1$ m, $n_1 = 2{,}000$ rpm, $e = 0.5$, $v_m = r_2\omega_1$, $A = 0.024$ m^2, $\rho = 900$ kg/m^3, $\alpha_{1,2} = -37°$, $\alpha_{2,2} = -41°$, $\alpha_{3,2} = -26°$가 주어졌을 때 T_1, T_2를 구하여라.

정답 $T_1 = 11.45$ kN·m, $T_2 = 15.64$ kN·m

3. 클러치 점 이상의 속도비에서 운전되는 토크 변환기의 성능을 개선하는 방법에는 어떠한 것이 있는가?

4. 토크 변환기의 구동축 동력을 37 kW로 했을 때 종동축은 매초 20회전으로 230 N·m 토크를 낸다. 토크 변환기의 효율을 구하여라.

정답 78%

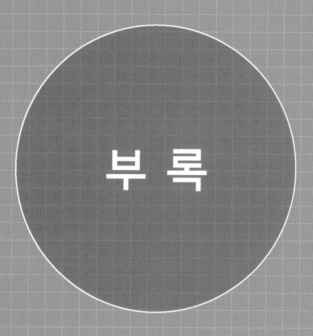

부 록

① 물의 포화증기압

온도 (temperature)		압력 (pressure)		비체적 (specific volume) [m³/kg]		엔탈피 (enthalpy) [kcal/kg]			엔트로피 (entropy) [kcal/kg°K]		
t [℃]	T [°K]	p [kg/cm²]	h [mmHg]	v'	v''	i'	i''	$r=$ $i''-i'$	s'	s''	$r/T=$ $s''-s'$
0	273.16	0.006228	4.58	0.0010002	206.3	0.00	597.1	597.1	0.0000	2.1860	2.1860
1	274.16	0.006697	4.93	0.0010001	192.5	1.01	597.6	596.6	0.0036	2.1796	2.1760
2	275.16	0.007194	5.29	0.0010001	179.9	2.01	598.0	596.0	0.0073	2.1733	2.1660
3	276.16	0.007724	5.68	0.0010000	168.1	3.02	598.5	595.4	0.0109	2.1670	2.1561
4	277.16	0.008289	6.10	0.0010000	157.2	4.02	598.9	594.9	0.0145	2.1609	2.1464
5	278.16	0.008891	6.54	0.0010000	147.1	5.03	599.3	594.3	0.0182	2.1549	2.1367
6	279.16	0.009530	7.01	0.0010001	137.7	6.03	599.8	593.8	0.0218	2.1488	2.1270
7	280.16	0.010210	7.51	0.0010001	129.0	7.03	600.2	593.2	0.0253	2.1427	2.1174
8	281.16	0.010932	8.04	0.0010002	120.9	8.04	600.7	592.6	0.0289	2.1367	2.1078
9	282.16	0.011699	8.61	0.0010003	113.4	9.04	601.1	592.1	0.0325	2.1308	2.0983
10	283.16	0.012513	9.20	0.0010004	106.4	10.04	601.5	591.5	0.0361	2.1250	2.0889
11	284.16	0.013376	9.84	0.0010005	99.87	11.04	602.0	590.9	0.0396	2.1192	2.0796
12	285.16	0.014292	10.5	0.0010006	93.79	12.04	602.4	590.4	0.0431	2.1134	2.703
13	286.16	0.015263	11.2	0.0010007	88.13	13.04	602.9	589.8	0.0466	2.1078	2.0612
14	287.16	0.016290	12.0	0.0010008	82.86	14.04	603.3	589.3	0.0501	2.1022	2.0521
15	288.16	0.017378	12.8	0.0010010	77.94	15.04	603.8	588.7	0.0535	2.0965	2.0430
16	289.16	0.018529	13.6	0.0010011	73.34	16.04	604.1	588.1	0.0570	2.0910	2.0340
17	290.16	0.019747	14.5	0.0010013	69.06	17.04	604.6	587.5	0.0605	2.0855	2.0250
18	291.16	0.021034	15.5	0.0010015	65.05	18.03	605.0	587.0	0.0639	2.0800	2.0161
19	292.16	0.022395	16.5	0.0010017	61.30	19.03	605.5	586.4	0.0673	2.0746	2.0073
20	293.16	0.023830	17.5	0.0010018	57.80	20.03	605.9	585.9	0.0708	2.0693	1.9985
21	294.16	0.025347	18.6	0.0010020	54.53	21.03	606.3	585.3	0.0742	2.0639	1.9897
22	295.16	0.026948	19.8	0.0010023	51.46	22.02	606.8	548.8	0.0776	2.0587	1.9811
23	296.16	0.028637	21.1	0.0010025	48.59	23.02	607.2	548.2	0.0810	2.0535	1.9725
24	297.16	0.030415	22.4	0.0010027	45.90	24.02	607.6	583.6	0.0843	2.0483	1.9640
25	298.16	0.032291	23.8	0.0010030	43.37	25.02	608.1	583.1	0.0876	2.0431	1.9555
26	299.16	0.034266	25.2	0.0010033	41.01	26.01	608.5	582.5	0.0910	2.0380	1.9470
27	300.16	0.036347	26.7	0.0010035	38.79	27.01	608.9	581.9	0.0943	2.0330	1.9387
28	301.16	0.038536	28.3	0.0010038	36.70	28.01	609.4	581.4	0.0976	2.0280	1.9304
29	302.16	0.040838	30.0	0.0010041	34.75	29.01	609.8	580.8	0.1009	2.0231	1.9222
30	303.16	0.043261	31.8	0.0010044	32.91	30.00	610.2	580.2	0.1042	2.0182	1.9140

기체 종류	분자식	분자량 m	기체 상수 R	비체적 v [m³/kg]		밀도 ρ [kg/m³]		비중 (공기=1)	비열 [kcal/kg℃]		C_p/C_v =κ	임계 온도 t_c[℃]	임계 압력 P_c [atm]	임계 밀도 ρ_c [g/cm³]	융점 [℃]	비점 [℃]	융해열 [kcal/kg]	기화열 [kcal/kg]
				1 ata 15℃	760 mmHg 0℃	1 ata 15℃	760 mmHg 0℃		C_p 15℃	C_v 15℃								
건조공기		28.968	29.27	0.843	0.773	1.186	1.293	1.000	0.241	0.172	14.01	140.7	37.2	0.35	-	-	-	-
산 소	O_2	32.000	26.50	0.763	0.700	1.310	1.493	1.105	0.218	0.156	14.00	-118.8	49.7	0.430	-218.4	-183.0	3.3	51
질 소	N_2	28.020	30.26	0.871	0.799	1.147	1.251	0.967	0.249 180℃	0.178 180℃	1.401	-147.1	33.5	0.311	-210.52 26 atm	195.67 3°K	6.1	48
헬 륨	He	4.003	212	6.1	5.60	0.164	0.1785	0.1381	0.25	0.151	1.66	267.9	2.26	0.693	272	268.8	1.089	6
네 온	Ne	20.183	42	1.21	1.11	0.825	0.900	0.695	-	-	-	228.3	26.8	0.484	248.7	245.9		20.3
아르곤	Ar	39.940	21.25	0.61	0.561	1.64	1.781	1.380	0.125	0.748	1.67	-122.4	48.0	0.531	-190	-185.8	70.43	39.8
크립톤	Kr	83.700	10.2	0.294 20℃	0.27	3.41 20℃	3.708	2.868	-	-	-	62.5	54.0	-	-157 ±0.1	-152 ±0.3	4.670	-
크세논	Xe	131.300	-	0.122	0.112	8.285	8.892	6.88	-	-	-	16.6	58.0	1.155	-111.5 ±0.5	-107.1 ±0.3	-	-
수 소	H_2	2.016	420.6	12.110	11.110	0.0826	0.0899	0.0691	3.408	2.42	1.407	-239.9	12.8	0.0310	-259.14 100 mmHg	-252.79	14.0	108
일산화 탄소	CO	28.000	39.29	0.872	0.800	1.146	1.250	0.966	0.248 16℃	0.177 16℃	1.404	139.0	35.0	0.311	205 5.1 atm	190 승화점	7.132	51.55
탄산가스	CO_2	44.000	19.27	0.555	0.509	1.802	1.964	1.538	0.200 14℃	0.153 14℃	1.302	31.1	72.8	0.464	-57	-78.5	45.3	-
암모니아	NH_3	17.043	49.78	1.433	1.315	0.698	0.760	0.588	0.514	0.393	1.309	132.4	111.5	0.235	-77.7	-33.4	83.9	327 -83.6℃
아세틸렌	C_2H_2	26.016	32.60	0.939	0.862	1.065	1.161	0.898	0.383	0.304	1.26	36.0	62.0	0.231	83.6	-81.8	-182.6℃	164.2
메 탄	CH_4	16.032	52.89	1.523	1.398 100℃	0.657	0.715 100℃	0.553	0.528 100℃	0.403 100℃	1.31	-82.5	54.8	0.162	184	161.4	14.5	131
수증기	H_2O	18.016	47.07	-	1.674	-	0.598	0.463	0.490	0.368	1.33	374.0	217.7	0.4	0	100.0	79.7	539
NH3 합성가스	-	-	99.55	-	2.72	-	0.3679	0.284	0.8055	0.573	1.406	-	-	-	-	-	-	-
0℃, 1 ata 프로판	C_3H_8	44.090	19.4	0.560	0.508	1.792	1.970	1.521	-	-	-	95.6	43.0	-	-190	-45		107 20℃
에틸렌	C_2H_4	28.032	30.25	0.871	0.799	1.251	1.260	0.974	-	-	-	9.7	50.9	0.22	-169	-102	25.0 -103℃	61.1 -346℃
염 소	Cl_2	71.000	11.55	0.343	0.316	2.92	3.167	2.449	0.115	0.085	1.36	144.0	76.1	0.573	-100.5	33.9	23	64

습도 환산표(통풍 건습계에 의한 상대습도 %)

건·습구 온도 차 [℃]	실온 (건구온도) [℃]																
	-10	-8	-6	-4	-2	0	+2	4	6	8	10	12	14	16	18	20	22
0	95	96	97	97	98	98	100	100	100	100	100	100	100	100	100	100	100
0.2	90	91	93	94	96	96	97	97	98	98	98	98	98	99	99	99	99
0.4	84	85	87	90	92	92	94	94	95	95	95	96	96	97	97	97	97
0.6	79	80	82	85	88	89	91	92	92	92	92	93	94	95	95	95	95
0.8	73	75	77	81	84	85	86	89	89	89	90	91	92	93	93	93	93
1.0	67	70	73	77	80	82	84	85	86	87	88	89	90	91	91	91	91
1.2	61	64	68	73	76	78	80	83	83	84	85	87	88	89	89	90	90
1.4	54	59	64	69	72	74	77	80	80	81	83	85	86	87	87	88	88
1.6	48	54	59	65	69	71	75	77	78	79	80	82	84	85	85	86	86
1.8	43	49	55	61	65	68	72	74	75	77	78	80	82	83	83	84	85
2.0	38	45	51	57	62	65	68	71	73	75	76	78	80	81	81	82	83
2.2	32	41	47	53	58	61	64	68	70	72	74	76	78	79	80	81	81
2.4	26	37	43	49	55	57	61	65	67	70	72	74	76	77	78	80	80
2.6	20	32	39	45	51	54	59	63	65	68	70	72	74	76	77	78	79
2.8	15	27	35	41	47	51	56	60	62	65	67	70	72	74	75	76	77
3.0	10	22	32	38	44	48	53	58	60	63	65	68	70	72	73	74	75
3.2		18	28	34	41	45	49	54	57	60	63	66	68	70	72	72	74
3.4		14	24	30	37	42	47	52	54	58	61	64	66	68	70	70	72
3.6			21	27	34	39	44	48	52	55	59	62	64	66	68	69	71
3.8			18	24	31	36	41	46	50	53	57	60	62	64	66	68	69
4.0			15	22	29	33	39	43	47	51	54	57	60	62	64	66	68
4.2				19	26	30	36	41	45	48	52	55	58	60	62	64	66
4.4				16	24	27	33	39	42	46	50	53	56	58	60	63	65
4.6				13	21	25	31	36	40	44	48	51	54	57	59	61	63
4.8				11	19	22	28	33	38	42	46	50	53	55	58	60	62
5.0				9	17	20	25	31	36	40	44	48	51	54	56	58	60
5.5							18	25	30	35	39	43	47	49	51	54	57
6.0							12	18	25	30	34	38	42	46	48	51	54
6.5								12	19	25	29	33	38	42	45	47	50
7.0								7	14	20	24	29	34	38	41	44	46
7.5									9	15	19	24	30	34	37	40	43
8.0									4	10	15	20	25	30	34	36	40
8.5										9	15	21	26	31	33	37	
9.0										11	18	23	27	30	34		
9.5											14	19	24	27	31		
10.0													10	16	20	24	28
10.5														12	16	20	25
11.0														8	13	17	22
11.5															10	15	19
12.0															6	11	16
12.5																	12
13.0																	9

[주의] 이 표의 값은 공기가 2.5 m/s 또는 그 이상의 속도로 움직이고 있을 때에 대한 것이다.

응용 예 : 실온(건구온도) 20℃, 건습구 온도차 1.8℃일 때에는 상대습도가 표에서 84%로 된다(Hütte에 의한다).

* 실온이 0℃ 이하일 때에는 습구의 표면이 얼음으로 덮혀 있으면 된다.

(계속)

건·습구 온도 차 [℃]	실온 (건구온도) [℃]																
	24	26	28	30	32	34	36	38	40	42	44	46	48	50	52	54	56
0	100	100	100	100	100	100	100	100	100	100	100	100	100	100	100	100	100
0.5	96	96	96	96	96	96	96	97	97	97	97	97	97	97	97	97	97
1.0	92	92	93	93	93	93	93	94	94	94	95	95	95	95	95	95	95
1.5	88	88	88	89	89	89	90	91	92	92	92	92	92	92	92	92	92
2.0	84	84	85	86	86	87	87	88	88	89	90	90	90	90	90	90	90
2.5	80	81	82	83	83	84	85	85	85	86	87	87	87	87	87	87	87
3.0	76	77	78	79	80	81	81	82	82	83	84	84	84	84	84	84	85
3.5	72	73	74	75	76	78	79	79	79	80	81	81	81	81	82	82	83
4.0	69	70	71	72	74	75	75	76	77	78	79	79	79	79	80	80	81
4.5	65	66	67	69	71	72	72	73	74	75	76	76	76	76	77	78	79
5.0	62	64	65	66	68	69	69	70	71	72	73	74	74	74	75	76	77
5.5	59	61	62	63	64	65	66	67	68	70	71	72	72	72	73	74	75
6.0	56	58	59	61	62	63	64	65	66	68	69	70	70	70	71	72	73
6.5	52	54	56	58	60	61	62	63	64	65	66	67	68	68	69	70	70
7.0	49	51	53	55	57	58	59	60	61	62	63	64	65	66	67	68	68
7.5	46	48	51	53	55	56	57	58	59	60	61	62	62	64	65	66	66
8.0	43	45	47	50	52	53	54	55	56	58	59	60	60	62	63	64	64
8.5	40	43	45	47	49	51	52	53	54	55	56	57	58	60	61	62	62
9.0	37	40	42	44	46	48	49	50	51	53	54	55	56	58	59	60	60
9.5	34	37	40	42	44	46	48	49	49	51	52	53	54	56	57	58	58
10.0	31	34	37	40	42	44	45	46	47	49	50	51	52	54	55	56	57
11.0	26	29	32	35	37	39	40	42	43	45	46	47	48	50	51	52	53
12.0	20	24	27	30	32	34	36	38	40	42	43	45	46	47	48	49	50
13.0	15	19	22	25	27	30	32	34	36	38	39	41	42	44	45	46	47
14.0	10	14	17	20	23	26	28	30	32	35	36	38	39	41	42	43	44
15.0			12	16	19	22	24	26	28	31	33	34	36	37	38	39	41
16.0			13	16	18	21	23	25	28	30	31	33	34	36	37	38
17.0				12	15	18	20	22	25	27	28	30	31	33	34	35
18.0					12	14	17	19	22	24	25	27	29	30	32	33
19.0									17	19	21	22	24	26	27	29	30
20.0									14	16	18	20	22	24	25	27	28
21.0									11	13	15	17	19	21	22	24	25
22.0									8	11	13	15	17	19	20	22	23
23.0											10	12	14	16	18	20	21
24.0											8	10	12	14	16	18	19
25.0													10	12	14	16	17
26.0													8	10	12	14	15
27.0															10	12	13
28.0															8	10	12
29.0																8	10
30.0																7	8

(계속)

건·습구 온도 차 [℃]	실온 (건구온도) [℃]																
	58	60	62	64	66	68	70	72	74	76	78	80	82	84	86	88	90
0	100	100	100	100	100	100	100	100	100	100	100	100	100	100	100	100	100
0.5	97	97	97	97	97	97	97	97	97	98	98	98	98	98	98	98	98
1.0	95	95	95	95	95	95	95	95	95	96	96	96	96	96	96	96	96
1.5	92	92	92	93	93	93	93	93	93	94	94	94	94	94	94	94	94
2.0	90	90	90	91	91	91	91	91	91	92	92	92	92	92	92	92	92
2.5	87	87	88	88	88	88	88	88	88	90	90	90	90	90	90	90	90
3.0	85	85	86	86	86	86	86	86	86	88	88	88	88	88	88	88	88
3.5	83	83	84	84	84	84	84	84	85	86	86	86	86	86	86	86	86
4.0	81	81	82	82	82	82	82	83	84	84	84	84	84	84	84	85	85
4.5	79	79	80	80	80	80	80	81	82	82	82	82	82	82	82	83	83
5.0	77	77	78	78	78	78	78	79	80	80	80	80	80	80	80	81	81
5.5	75	75	76	76	76	76	76	77	78	78	78	78	78	78	79	79	80
6.0	73	73	74	74	75	75	75	76	76	77	77	77	77	77	78	78	79
6.5	71	71	72	72	73	73	73	74	74	75	75	75	75	75	76	76	77
7.0	69	69	70	70	71	71	71	72	72	73	73	73	74	74	74	75	75
7.5	67	67	68	68	69	69	69	70	70	71	71	71	72	72	73	73	73
8.0	65	65	66	67	67	68	68	69	69	70	70	70	71	71	72	72	72
8.5	63	63	64	65	65	66	66	67	67	68	68	68	69	69	70	70	70
9.0	61	61	62	63	63	64	64	65	65	66	66	66	67	67	68	69	69
9.5	59	59	60	61	62	62	62	63	64	65	65	65	66	66	67	67	67
10.0	58	58	59	60	61	61	61	62	63	64	64	64	65	65	66	66	66
11.0	54	55	56	57	57	58	58	59	60	61	61	61	62	62	63	63	63
12.0	51	52	53	54	54	55	55	56	57	58	58	58	59	59	60	60	61
13.0	48	49	50	51	52	52	52	53	53	54	55	55	56	56	57	57	58
14.0	45	46	47	48	49	49	49	50	51	52	53	53	54	54	55	55	56
15.0	42	43	44	45	46	46	46	47	48	49	50	50	51	51	52	52	53
16.0	39	40	41	42	43	44	44	45	46	47	48	48	49	49	50	50	51
17.0	36	37	38	39	40	41	41	42	43	44	45	45	46	46	47	48	49
18.0	34	35	36	37	38	39	39	40	41	42	43	43	44	44	45	46	47
19.0	31	32	33	34	35	36	37	38	39	40	40	41	42	42	43	44	45
20.0	29	30	21	32	33	34	35	36	37	38	38	39	40	40	41	42	43
22.0	25	26	37	28	29	30	31	32	33	34	34	35	36	36	37	38	39
24.0	20	22	23	24	25	26	27	28	29	30	31	31	32	32	33	34	35
26.0	17	18	19	20	22	23	23	25	25	26	27	28	29	29	30	31	32
28.0	13	14	16	17	18	19	20	21	22	23	24	25	26	26	27	28	29
30.0	9	11	13	14	15	16	17	18	19	20	21	22	23	23	24	25	26
32.0		8	10	11	12	13	14	15	16	17	18	19	20	20	21	22	23
34.0					10	11	12	13	14	15	15	16	17	18	19	19	20
36.0							9	10	11	12	13	14	15	15	16	17	18
38.0											11	12	13	13	14	15	16
40.0													11	11	12	13	14

길이

mm	m	in	ft
1	0.001	0.03937	0.00328
1000	1	39.371	3.2809
25.4	0.0254	1	0.08333
304.79	0.30479	12	1

면적

cm^2	m^2	in^2	ft^2
1	0.0001	0.15501	0.0010764
10×103	1	1550.1	10.7643
6.4514	0.00064514	1	0.006944
929	0.0929	144	1

체적

dm^3 또는 l	m^3 또는 kl	ft^3	영국 gal	미국 gal
1	0.001	0.035317	0.21995	0.26419
1.000	1	35.3166	219.95	264.19
28.3153	0.028315	1	6.22786	7.48055
4.5465	0.045465	0.16057	1	1.20114
3.7852	0.0037852	0.13368	0.83254	1

중량

kg	T(tonne)	뉴턴(N)	lb	영국 Ton
1	0.001	9.84205	2.20462	0.0009842
1,000	1	9,842.05	2.20464	0.984205
0.10160	0.0001016	1	0.22400	0.001
0.45359	0.0004536	4.46425	1	0.0004464
1.0160474	1.01605	10	2.240	1

속도

m/s	m/min	ft/s	ft/min
1	60	3.2809	196.854
0.01667	1	0.05468	3.2809
0.30479	18.2874	1	60
0.00508	0.3048	0.01667	1

유량

l/s	m³/h	m³/s	ft³/h	ft³/s
1	3.6	0.001	127.14	0.03532
0.2777	1	0.000278	35.317	0.0098
1000	3600	1	127.150	35.3165
0.00787	0.02832	0.00000786	1	0.000278
28.3153	101.935	0.02832	3600	1

압력

bar	kg/cm²	lb/in²	표준기압 atm	Hg (℃) m	Hg (℃) in	Aq (15℃) m	Aq (15℃) ft	비 고
1	1.0204	14.51	0.9860	0.75055	29.55	10.213	33.51	bar＝1 Mdyne/cm²
0.98	1	14.22	0.9672	0.7355	28.96	10.009	32.84	＝10⁶ dyne/cm²
0.06890	0.07031	1	0.06800	0.05171	2.036	0.7037	2.309	1 kg/cm²(국제표준)
1.0133	1.0340	14.706	1	0.76052	29.94	10.35	33.95	＝0.980665 bar
1.3324	1.3595	19.34	1.3149	1	39.37	13.61	44.64	1표준기압(0℃, g＝
0.03384	0.03453	0.4921	0.03340	0.02540	1	0.3456	1.134	980.665 cm/s²에서의
0.09791	0.09991	1.421	0.09663	0.07349	2.893	1	3.281	760 mmHg의 압력)
0.02984	0.03045	0.4331	0.02945	0.02240	0.8819	0.3048	1	＝1.01325 bar

비 고 (이어서): 1 bar는 1 atm이라 해도 가능하다.

밀도

kg/m³ 또는 g/l	g/m³	lb/ft³	oz/ft³
1	1000	0.06243	0.99882
0.001	1	0.0000624	0.0009988
16.0194	16019.4	1	16
1.0012	1001.2	0.0625	1

일량 및 열량

kg-m	ft-lb	kWh	PSh	HPh	kcal	BTU
1	7.23314	0.000002724	0.000003704	0.000003653	0.002342	0.009293
0.1383	1	0.000000377	0.000000512	0.000000505	0.000324	0.001285
367100	2655200	1	1.35963	1.34101	859.98	3412
27×10^4	1952900	0.73549	1	0.98635	632.54	2509.7
273750	198×10^4	0.74569	1.01383	1	641.33	2544.4
426.85	3087.4	0.001163	0.001581	0.001558	1	3.96832
107.582	778.168	0.000293	0.000398	0.000393	0.252	1

주) PS＝미터 마력

동력

kW/s	kg·m/s	ft lb/s	PS	HP	kcal/s	BTU/s
1	101.97	737.56	1.3596	1.3410	0.2389	0.9486
0.0098	1	7.233	0.0133	0.0132	0.00234	0.00929
0.00136	0.1383	1	0.00184	0.00182	0.000324	0.00129
0.7355	75	542.3	1	0.9864	0.1757	0.6969
0.7457	76.038	550	1.01383	1	0.178	0.7068
4.1860	426.85	3087.44	5.6913	5.6135	1	3.9683
1.0550	107.58	778.168	1.4344	1.4148	0.252	1

전효율

cal/g 또는 kcal/kg	BTU/lb	kcal/m³	kcal/m³	BTU/ft³
1	1.8	1	0.028315	0.112364
0.55556		35.3166	1	3.9683
		8.8996	0.252	1

열전달 계수

kcal/m² h℃	cal/cm² s℃	BTU/ft² h℉
1	0.00002273	0.2048
36000	1	7373
4.8826	0.0001356	1

⑤ SI 단위계

양	단위			
	명칭	기호	정의	SI 기본단위에 의한 표시
압력	Pascal	Pa	N/m^2	$m^{-1} \cdot kg \cdot s^{-2}$
에너지	Joule	J	$N \cdot m$	$m^2 \cdot kg \cdot s^{-2}$
기체상수, 비열	Joule per kilogram per Kelvin	$J/(kg \cdot K)$	$N \cdot m/(kg \cdot K)$	$m^2 \cdot s^{-2} \cdot K^{-1}$
일률, 동력	Watt	W	J/s	$m^2 \cdot kg \cdot s^{-3}$
주파수	Hertz	Hz	l/s	s^{-1}
힘	Newton	N	$kg \cdot m/s^2$	$m \cdot kg \cdot s^{-2}$
비 에너지	Joule/kilogram	J/kg	$N \cdot m/kg$	$m^2 \cdot s^{-2}$
표면장력	Newton per meter	N/m	N/m	$kg \cdot s^{-2}$
점도	Pascal second	$Pa \cdot s$	$N/m^2 \cdot s$	$m^{-1} \cdot kg \cdot s^{-1}$

6 공기의 열역학적 성질

1974년 IMO(International Metteorological Organization)에서 공기의 물리적 성질에 관한 위원회가 개최되었다. 그 보고는 다음과 같다.

M : 건(조)공기의 상당 분자량, 28.966

γ : 표준상태의 건(조)공기의 비중량, 1.29309 kg/m³

γ_w : 수증기의 비중량, 0.804264 kg/m³

  1 kg/cm² = 680.665 mb

  1 atm = 1.03322 kg/cm²

t : 온도, ℃

T : 절대온도, $(t + 273.16)$°K

$1/A$: 열의 일당량, 426.939 [kg m/kcal]

$\overline{R}$: 이상기체 기체상수, 847.828 [kg m/kg mol °K]

R_a : 공기의 기체상수, 29.27 [kg m/kg°K]

R_w : 수증기의 기체상수, 47.060 [kg m/kg°K]

h_a : 건(조)공기의 엔탈피, 0.23995t [kcal/kg]

S_a : 건(조)공기의 엔트로피, 0.552509 log T − 0.157859 log P − 1.818381 [kcal/kg°K]

P : 압력, kg/cm²

h_w : 수증기의 엔탈피, 1.015226 log T − 0.253806 log p_w − 0.846651 [kcal/kg°K]

P_w : 수증기 압력, kg/cm²

h : 습공기의 엔탈피, 597.31x + (0.2399050 + 0.440904x)t [kcal/kg](건공기)

x : 절대온도, 건(조)공기 1 kg에 포함되어 있는 수증기의 중량, kg

S : 습공기의 엔트로피, (0.552509 + 1.015225x) log T − (0.157859 + 0.253806x)

  log P − (1.818382 + 0.846651x) + S_m [kcal/kg](건공기)

  S_m = (0.2538053 log$x$ + 0.0523425)x − 0.157859(1 + x/0.62197)

    log(1 + x/0.62197)

  logP_w = −7.90298(373.16/T − 1) + 5.02808 log(373.16/T) − 1.3816×10⁻⁷

  $(10^{11.344(1 − T/373.16)} − 1) + 8.1328×10 − 3(10^{−3.49149(373.16/T − 1)} − 1) + 0.014184$,

  t = −50~100℃에 적용가능

$$\log P_v = 0.09718(273.16/\,T - 1) + 3.56654\ \log(273.16/\,T) + 0.876793(1 - T/273.16)$$
$$- 2.205686, \ t = 0 \sim 100\,℃에\ 적용가능$$

$P_w\ \&\ P_v$: $T[°K]$의 물 및 물과 평형상태에 있는 수증기의 포화증기압, kg/cm^2

$\quad\quad P$: 습공기의 전압, kg/cm^2

$\quad\quad p$: 수증기 분압, kg/cm^2

$p = P\ x(0.62197 + x),\ \ x = 0.62197\ p/(P - p)$

여기서 p 에 P_w 또는 P_v를 대입하면 포화공기의 절대습도 x 가 구해진다.

7 공기의 물리적 성질

1) 공기의 밀도

온도 $t\ [℃]$, 압력 $p\,[\text{mmHg}]$에서의 건공기(dry air)의 밀도 ρ 는

$$\rho = 0.13177 \times \frac{273.16}{273.16 + t} \times \frac{p}{760}\ [\text{kg} \cdot \text{s}^2/\text{m}^4]$$

2) 공기의 비중량

$$\gamma = \rho g = 9.80665\rho$$
$$= 9.80665\left(0.13177 \times \frac{273.16}{273.16 + t} \times \frac{p}{760}\right)[\text{kg}/\text{m}^3]$$

습공기(moist air)의 밀도 ρ' 는

$$\rho' = 0.13177 \times \frac{273.16}{273.16 + t} \times \frac{p - 0.378\phi\,p_s}{760}\ [\text{kg} \cdot \text{s}^2/\text{m}^4]$$

여기서 ϕ : 상대습도(부록 2. 습도 환산표 참조)

$\quad\quad P_s$: 온도 $t\ [℃]$에서의 포화수증기압, mmHg(부록 8. 포화 습공기표 참조)

3) 공기의 점성계수

온도 $t\ [℃]$에서의 공기의 점성계수 μ 는

$$\mu = 1.7521 \times 10^{-6} \times \frac{393.16}{393.16 + t} \times \left(\frac{273.16 + t}{273.16}\right)^{3/2}[\text{kg} \cdot \text{s}/\text{m}^2]$$

건공기의 밀도 및 비중량

밀도 ρ [kg·s²/m⁴]						비중량 γ [kg/m³]					
t [℃]	p [mmHg]					t [℃]	p [mmHg]				
	740	750	760	770	780		740	750	760	770	780
−10	0.1332	0.1350	0.1368	0.1386	0.1404	−10	1.306	1.324	1.341	1.359	1.377
−5	0.1307	0.1325	0.1342	0.3160	0.1378	−5	1.282	1.299	1.316	1.333	1.351
0	0.1283	0.1300	0.1318	0.1335	0.1352	0	1.258	1.275	1.292	1.309	1.326
5	0.1260	0.1277	0.1294	0.1311	0.1328	5	1.235	1.252	1.269	1.285	1.302
10	0.1237	0.1254	0.1271	0.1288	0.1304	10	1.214	1.230	1.246	1.263	1.279
15	0.1216	0.1232	0.1249	0.1265	0.1282	15	1.193	1.209	1.225	1.241	1.257
20	0.1195	0.1211	0.1228	0.1244	0.1260	20	1.172	1.188	1.204	1.220	1.276
25	0.1175	0.1191	0.1207	0.1223	0.1239	25	1.152	1.168	1.184	1.199	1.215
30	0.1156	0.1171	0.1187	0.1203	0.1218	30	1.133	1.149	1.164	1.179	1.195
35	0.1137	0.1152	0.1168	0.1183	0.1199	35	1.115	1.130	1.145	1.160	1.175
40	0.1119	0.1134	0.1149	0.1164	0.1179	40	1.097	1.112	1.127	1.142	1.156

4) 공기의 동점성 계수

온도 t [℃]에서의 공기의 동점성 계수 ν 는

$$\nu = \mu/\rho \quad [\text{m}^2/\text{s}]$$

5) 공기의 비열

오른쪽 선도는 습도 및 압력에 따른 정압 비열을 나타낸다.

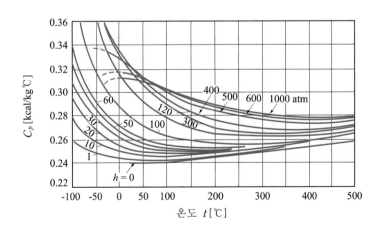

6) 공기의 내부 에너지와 엔탈피

단위 질량의 공기에 가해진 열 에너지는 내부 에너지 e 를 증가시킴과 동시에 팽창 일 p/ρ 를 행한다. 엔탈피를 i 라 하면

$$i = e + p/\rho$$

으로 나타내진다. 이 관계를 열역학 제 1법칙이라 하고

$$dQ = de + pd(1\rho) = d_i - (1/\rho)dp$$

이 된다.

열의 이동은 엔트로피의 증가를 초래한다.

$$ds = dQ/T > 0$$

공기의 정압비열 C_p, 엔탈피 i, 엔트로피 s 의 값($p = 1 \, \text{kg/cm}^2$ 하에서)

t [℃]	C_p [kcal/kg℃]	i [kcal/kg]	s [kcal/kg℃]	t [℃]	C_p	i	s	t [℃]	C_p	i	s
0	0.2401	0	0	180	0.2441	43.49	0.1222	400	0.2555	98.37	0.2207
20	0.2402	4.81	0.01696	200	0.2449	48.38	0.1327	420	0.2567	103.5	0.2282
40	0.2404	9.61	0.03281	220	0.2458	53.29	0.1429	440	02578	108.6	0.2356
60	0.2407	14.42	0.04770	240	0.2468	58.22	0.1527	460	0.2590	113.8	0.2427
80	0.2412	19.24	0.06174	260	0.2477	63.16	0.1621	480	0.2600	119.0	0.2497
100	0.2417	24.07	0.07503	280	0.2488	68.12	0.1713	500	0.2610	124.2	0.2565
120	0.2422	28.91	0.08766	300	0.2498	73.11	0.1801	600	0.2665	150.6	0.2886
140	0.2428	33.76	0.09969	320	0.2509	78.12	0.1887	700	0.2714	177.5	0.3178
160	0.2434	35.63	0.01112	340	0.2520	83.15	0.1970	800	0.2759	204.9	0.3445
				360	0.2531	88.20	0.2052	900	0.2797	232.6	0.3693
				380	0.2543	93.27	0.2130	1000	0.2831	260.8	0.3923

7) 표준 대기

공기는 습기가 없는 이상기체로 하고, 해면상에서의 표준상태 기온 $t = 15℃$, 기압 $p_0 = 760 \, \text{mmHg} = 1,013.25 \, \text{mb} = 10,332 \, \text{kg/m}^2$, 밀도 $\rho_0 = 0.12,492 \, \text{kg} \cdot \text{s}^2/\text{m}^4$에서의 고도를 $H \, [\text{m}']$라 하면

$$H\,[\mathrm{m'}] = \frac{1}{\mathrm{g}_s} \int_0^z \mathrm{g}\,\mathrm{d}z$$

여기서 g : 중력 가속도(해발 실고도 z (m)의 함수)

g_s : 표준 중력 가속도, 9.80665 m/s²

가 되지만, 실제상으로는 $H(\mathrm{m'}) = z(\mathrm{m})$라 생각해도 좋다.

대류권($H \leq 1,100\ \mathrm{m'}$)에서는

$$p/p_0 = (1 - aH)^b$$
$$\rho/\rho_0 = (1 - aH)^{b-1}$$
$$a = 0.000022557,\quad b = 5.2561$$

성층권($H \geq 1,100\ \mathrm{m'}$)에서는

$$t = -56.50℃$$
$$p/p_0 = 0.22336\ \mathrm{e}^{-\kappa}$$
$$\rho/\rho_0 = 0.29707\ \mathrm{e}^{-\kappa}$$
$$\kappa = 0.00015769\,(H = 11000)$$

표준 대기

$H(m')$	t [℃]	p/p_0	p [mmHg]	ρ/ρ_0	ρ [kgs²/m⁴]	μ [kgs/m²]	v [m²/s]	α [m/s]
$\times 10^3$						$\times 10^{-6}$	$\times 10^{-5}$	
0	15.0	1.0000	760.0	1.0000	0.12492	1.829	1.464	340.4
1	8.5	0.8870	674.1	0.9075	0.11336	1.796	1.584	336.6
2	2.0	0.7846	596.3	0.8216	0.10263	1.762	1.717	332.7
3	−4.5	0.6919	525.9	0.7421	0.09271	1.729	1.865	238.7
4	−11.0	0.6083	462.3	0.6687	0.08353	1.695	2.029	324.7
5	−17.5	0.5331	405.2	0.6009	0.07506	1.660	2.212	320.7
6	−24.0	0.4656	353.9	0.5385	0.06727	1.626	2.416	316.6
7	−30.5	0.4052	308.0	0.4812	0.06011	1.590	2.646	312.4
8	−37.0	0.3513	267.0	0.4287	0.05355	1.555	2.903	308.2
9	−43.5	0.3034	230.6	0.3807	0.04755	1.519	3.194	303.9
10	−50.0	0.2609	198.3	0.3369	0.04208	1.482	3.522	299.6
11	−56.5	0.2234	169.8	0.2971	0.03711	1.445	3.895	295.2
12	−56.5	0.1908	145.0	0.2537	0.03170	1.445	4.560	295.2
14	−56.5	0.1392	105.8	0.1851	0.02312	1.445	6.251	295.2
16	−56.5	0.1015	77.2	0.1350	0.01687	1.445	8.569	295.2
18	−56.5	0.0741	56.3	0.0985	0.01231	1.445	11.75	295.2
20	−56.5	0.0540	41.1	0.0719	0.00898	1.445	16.10	295.2

포화 습공기 표

포화 습공기 표(대기압 760 mmHg, 0℃ 이하는 얼음과 닿는 포화공기)

t [℃]	P_s [mmHg]	x_s [kg/kg′]	i_s [kcal/kg′]	v_s [m³/kg′]
-20	0.7339	0.6340×10^{-3}	-4.427	0.7179
-19	0.8515	0.6976×10^{-3}	-4.149	0.7208
-18	0.9362	0.7671×10^{-3}	-3.868	0.7237
-17	1.029	0.8429×10^{-3}	-3.583	0.7266
-16	1.129	0.9255×10^{-3}	-3.294	0.7296
-15	1.239	1.016×10^{-3}	-3.000	0.7325
-14	1.358	1.113×10^{-3}	-2.702	0.7355
-13	1.488	1.220×10^{-3}	-2.398	0.7384
-12	1.629	1.336×10^{-3}	-2.089	0.7414
-11	1.782	1.462×10^{-3}	-1.774	0.7444
-10	1.948	1.598×10^{-3}	-1.452	0.7474
-9	2.128	1.746×10^{-3}	-1.124	0.7504
-8	2.323	1.907×10^{-3}	-0.7875	0.7535
-7	2.535	2.081×10^{-3}	-0.4432	0.7565
-6	2.764	2.270×10^{-3}	-0.09015	0.7596
-5	3.011	2.474×10^{-3}	0.2724	0.7627
-4	3.279	2.695×10^{-3}	0.6450	0.7653
-3	3.568	2.934×10^{-3}	1.029	0.7689
-2	3.880	3.192×10^{-3}	1.424	0.7721
-1	4.217	3.471×10^{-3}	1.832	0.7753
0	4.581	3.772×10^{-3}	2.253	0.7786
1	4.925	4.057×10^{-3}	2.665	0.7817
2	5.292	4.361×10^{-3}	3.089	0.7850
3	5.682	4.685×10^{-3}	3.525	0.7882
4	6.098	5.031×10^{-3}	3.974	0.7915
5	6.540	5.399×10^{-3}	4.437	0.7948
6	7.010	5.791×10^{-3}	4.914	0.7982
7	7.511	6.208×10^{-3}	5.407	0.8015
8	8.042	6.652×10^{-3}	5.917	0.8050
9	8.606	7.124×10^{-3}	6.443	0.8085
10	9.205	7.625×10^{-3}	6.988	0.8120
11	9.840	8.159×10^{-3}	7.553	0.3155
12	10.514	8.725×10^{-3}	8.138	0.8192

(계속)

t [°C]	P_s [mmHg]	x_s [kg/kg']	i_s [kcal/kg']	v_s [m³/kg']
13	11.23	9.326×10^{-3}	8.744	0.8228
14	11.98	9.964×10^{-3}	9.373	0.8265
15	12.78	0.01064×10^{-3}	10.03	0.8303
16	13.61	0.01136×10^{-3}	10.70	0.8341
17	14.53	0.01212×10^{-3}	11.41	0.8380
18	15.47	0.01293×10^{-3}	12.14	0.8420
19	16.47	0.01378×10^{-3}	12.91	0.8480
20	17.53	0.01469×10^{-3}	13.70	0.8501
21	18.65	0.01564×10^{-3}	14.53	0.8543
22	19.82	0.01666×10^{-3}	15.39	0.8585
23	21.07	0.01773×10^{-3}	16.29	0.8629
24	22.38	0.01887×10^{-3}	17.23	0.8673
25	23.75	0.02007×10^{-3}	18.21	0.8719
26	25.21	0.02134×10^{-3}	19.23	0.8766
27	26.74	0.02268×10^{-3}	20.30	0.8813
28	28.35	0.02410×10^{-3}	21.41	0.8862
29	30.04	0.02560×10^{-3}	22.58	0.8912
30	31.83	0.02718×10^{-3}	23.80	0.8963
31	33.70	0.02885×10^{-3}	25.07	0.9016
32	35.67	0.03063×10^{-3}	26.41	0.9070
33	37.73	0.03249×10^{-3}	27.80	0.9126
34	39.90	0.03447×10^{-3}	29.26	0.9183
35	42.18	0.03655×10^{-3}	30.80	0.9242
36	44.57	0.03875×10^{-3}	32.40	0.9304
37	47.08	0.04109×10^{-3}	34.08	0.9367
38	49.70	0.04352×10^{-3}	35.84	0.9431
39	52.45	0.04611×10^{-3}	37.70	0.9499
40	55.34	0.04884×10^{-3}	39.64	0.9568
41	58.36	0.05173	41.67	0.9640
42	61.52	0.05478	43.81	0.9714
43	64.82	0.05800	46.06	0.9792
44	68.29	0.06140	48.43	0.9872
45	71.90	0.06499	50.91	0.9955
46	75.68	0.06378	53.52	1.004
47	79.62	0.07279	56.27	1.013
48	83.75	0.07703	59.15	1.022
49	88.06	0.08151	62.21	1.032
50	92.56	0.08625	65.42	1.042

(계속)

t [°C]	P_s [mmHg]	x_s [kg/kg′]	i_s [kcal/kg′]	v_s [m³/kg′]
51	97.25	0.09126	68.81	1.053
52	102.14	0.09657	72.37	1.064
53	107.24	0.1022	76.14	1.076
54	112.6	0.1081	80.12	1.088
55	118.1	0.1144	84.33	1.101
56	123.9	0.1211	88.78	1.114
57	129.9	0.1282	93.49	1.128
58	136.2	0.1358	98.48	1.143
59	142.7	0.1438	103.76	1.158
60	149.5	0.1523	109.37	1.175
61	156.5	0.1613	115.3	1.192
62	163.3	0.1709	121.7	1.210
63	171.5	0.1812	128.4	1.230
64	179.5	0.1922	135.6	1.250
65	187.6	0.2039	143.2	1.272
66	196.2	0.2164	151.4	1.295
67	205.1	0.2293	160.2	1.320
68	214.3	0.2442	169.5	1.346
69	223.9	0.2597	179.6	1.374
70	233.8	0.2763	190.4	1.404
71	244.1	0.2943	202.0	1.436
72	254.8	0.3136	214.6	1.471
73	265.8	0.3346	228.1	1.508
74	277.3	0.3573	242.8	1.548
75	289.2	0.3820	258.8	1.592
76	301.5	0.4090	276.3	1.640
77	314.3	0.4385	295.3	1.691
78	327.5	0.4709	316.2	1.748
79	341.1	0.5066	339.2	1.810
80	355.3	0.5460	364.6	1.879
81	369.9	0.5898	392.8	1.955
82	385.1	0.6387	424.3	2.040
83	400.7	0.6936	459.6	2.134
84	416.9	0.7557	499.5	2.241
85	433.6	0.8263	544.9	2.362
86	450.9	0.9072	597.0	2.502
87	468.8	1.001	657.2	2.662
88	487.2	1.111	727.7	2.850

(계속)

t [°C]	P_s [mmHg]	x_s [kg/kg′]	i_s [kcal/kg′]	v_s [m³/kg′]
89	506.2	1.241	811.2	3.073
90	525.9	1.397	911.6	3.340
91	546.2	1.589	1035	3.667
92	567.1	1.829	1189	4.076
93	588.7	2.138	1387	4.603
94	611.0	2.551	1652	5.306
95	634.0	3.130	2023	6.291
96	657.7	3.999	2581	7.770
97	682.1	5.449	3511	10.24
98	707.3	8.352	5373	15.17
99	733.3	17.06	10960	29.98
100	760.0	–	–	–

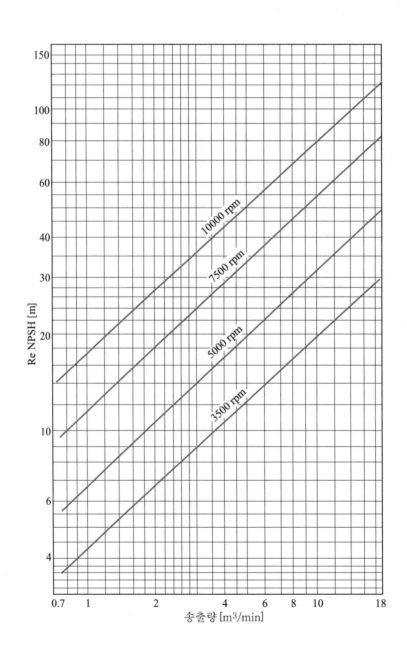

일반용 펌프(1)						농업용 펌프(2)		전용 펌프(3)	
구경 [mm]		송출량 [m³/min]		유속[m/s]		구경 [mm]	표준 송출량 [m³/min]	구경 [mm]	표준 송출량 [m³/hr]
호칭 구경	상당 가스 관경 B	수량 최대	표준수량	수량 최대	표준수량				
20	¾	0.03	0.025	1.60	1.33				
25	1	0.06	0.05	2.04	1.7				
35	1¼	0.10	0.08	1.74	1.39			30	2~4.5
40	1½	0.15	0.13	1.99	1.73	38	0.13	40	4.5~8
50	2	0.26	0.20	1.83	1.41	50	0.23	50	8~14
70	2½	0.45	0.30~0.40	1.95	1.30~1.74	65	0.42	70	14~25
80	3	0.65	0.50~0.63	2.16	1.66~2.10	75	0.56	80	25~40
100	4	1.2	0.85~1.1	2.11	1.49~1.93	100	1.1	100	40~63
130	5	1.9	1.4~1.7	2.39	1.76~2.14	125	1.7	130	63~100
160	6	2.7	2.1~2.6	2.24	1.74~2.16	150	2.5	160	100~160
180	7	3.8	3.3	2.49	2.16	175	3.6		
210	8	5.0	4.0~4.8	2.40	1.93~2.31	200	4.8	200	160~280
260	10	8.0	6.0~7.5	2.52	1.89~2.36	250	7.5	260	280~450
300	12	12	9.0~11	2.84	2.12~2.60	300	11	300	450~700
360		16	14	2.62	2.29	350	15	360	700~1100
400		21	20~17	2.79	2.26~2.65	400	21		
450		27	25	2.83	2.62	450	27		
500		33	30	2.85	2.55	500	33		
550		41	37	2.87	2.60	550	38		
600		49	45	2.89	2.65	600	47		
						650	55		
700		66	65~55	2.87	2.39~2.83	700	64		
						750	76		
800		88	85	2.91	2.81	800	84		
						850	96		
900		110	95	2.89	2.50	900	108		
						950	120		
1000		140	115~140	2.98	2.45~2.98	1000	132		
						1100	159		
						1200	189		
						1300	230		
						1500	300		

수량 Q [m³/min]

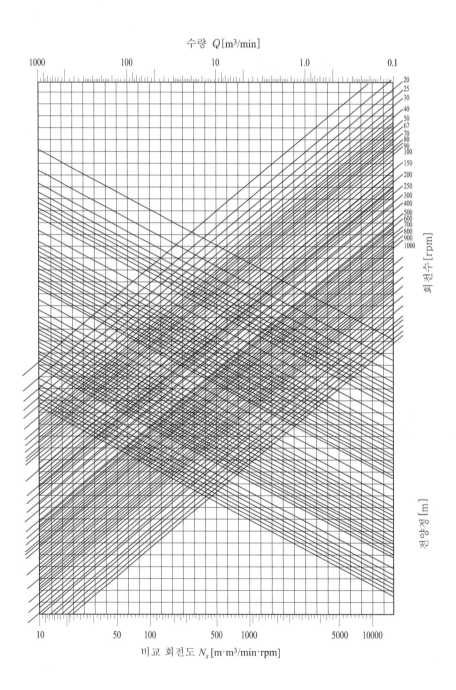

비교 회전도 N_s [m·m³/min·rpm]

회전수 [rpm]

전양정 [m]

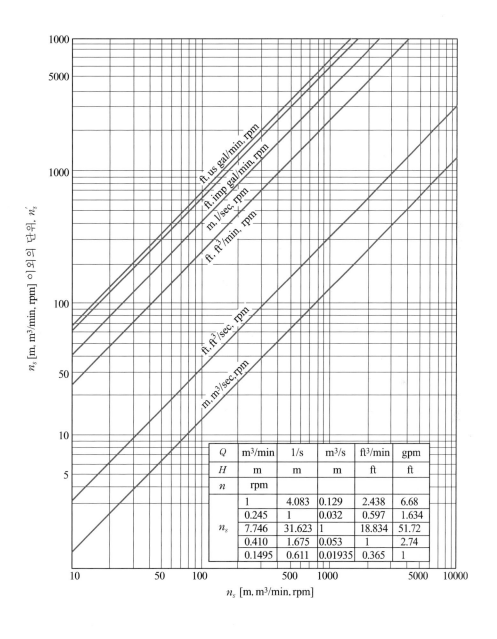

Q	m³/min	l/s	m³/s	ft³/min	gpm
H	m	m	m	ft	ft
n	rpm				
n_s	1	4.083	0.129	2.438	6.68
	0.245	1	0.032	0.597	1.634
	7.746	31.623	1	18.834	51.72
	0.410	1.675	0.053	1	2.74
	0.1495	0.611	0.01935	0.365	1

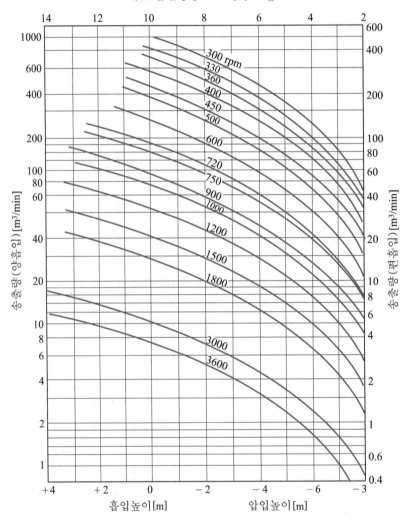

유효 흡입양정 NPSH[m] = H_{sv}

1. 교재편집위 편, 1990, 유체기계 연습, 동아학습사

2. 조강래, 2002, PC에 의한 펌프 설계의 기초, 대영사

3. Stepanoff, 1983, Central and Axial Flow Pumps, 탑 출판사

4. Terry Wright, 1999, Fluid machinery, -performance, Analysis, and Design-, CRC Press

5. 小野高庶呂, 1995, 新 펌프 入門, 성안당

6. 原田幸夫, 1996, 流體機械, 朝倉書店

7. 外山幸雄, 2014, 繪とき ポンプ基礎のきそ, -選定·運轉·保守點檢-, 日刊工業新聞社

8. 安達勸·村上芳則, 1998, システムとしてとらえた 流體機械, 培風館

9. 大橋秀雄, 2007, 流體機械, 森北出版株式會社

10. 柏原俊規 佐?紳二, 中村克孝, 廣田和南, 2000, 渦卷ポンプの 設計-設計製圖の 基礎-, パワ-社

11. 飯島一成, 2005, 入門-機械&保全ブックス- ポンプの本, JIPM ソリユ-シヨン

12. 高橋 徹, 1998, -機械工學入門シリ-ズ-流體のエネルギ-と流體機械, 理工學社

13. 板東 修, 2008, Excelで 解く配管とポンプの流れ, Ohmsha

14. タ-ボ機械協會, 2005, タ-ボ機械-入門編-, 日本工業出版

저자 소개

김영득 Kydeug0510@naver.com

고려대학교 기계공학과 공학박사
전 대림엔지니어링 설비부 근무
현재 인덕대학교 기계자동차학과 교수
(사)한국생물안전협회 회장
에너지환경 협동조합 이사장

김성도 sdkim@mjc.ac.kr

KAIST 공학박사
전 현대모비스 연구소 선임연구원
현재 명지전문대학 기계과 교수

FLUID MACHINERY

2판
실무 유체기계

2017년 2월 25일 1판 발행 ｜ 2021년 8월 31일 2판 발행

지은이 김영득·김성도 ｜ **펴낸이** 류원식 ｜ **펴낸곳 교문사**

편집팀장 김경수 ｜ **편집진행** 김선형 ｜ **표지디자인** 신나리

주소 (1088) 경기도 파주시 문발로 116 ｜ **전화** 031-955-6111 ｜ **팩스** 031-955-0955
홈페이지 www.gyomoon.com ｜ **E-mail** genie@gyomoon.com
등록 1968. 10. 28. 제406-2006-000035호
ISBN 978-89-363-2227-4 (93550) ｜ **값** 22,800원